CÁLCULO MENTAL	STEAM lab	SITUACIÓN DE APRENDIZAJE
– Complementarios de números de 1 cifra – Sumar por compensación – Restar por compensación	**LABORATORIO DE PROBLEMAS.** Determinar si un problema se puede resolver **TRATAMIENTO DE LA INFORMACIÓN.** Interpretar gráficos de barras bidireccionales	En el mundo somos muchas personas
– Complementarios de 1 cifra – Sumar descomponiendo términos – Restar descomponiendo sustraendo	**LABORATORIO DE PROBLEMAS.** Ordenar datos de un problema **TRATAMIENTO DE LA INFORMACIÓN.** Interpretar diagramas de dispersión	Leo, leo... ¿Qué lees?
– Comp. de números de 1 cifra – Sumar 1.001, 2.001, 3.001... – Restar 1.001, 2.001, 3.001...	**LABORATORIO DE PROBLEMAS.** Extraer datos de la resolución **TRATAMIENTO DE LA INFORMACIÓN.** Interpretar coordenadas cartesianas	Vamos a buscarnos
– Complementarios de decenas – Sumar 999, 1.999, 2.999... – Restar 999, 1.999, 2.999...	**LABORATORIO DE PROBLEMAS.** Cambiar datos en un problema **TRATAMIENTO DE LA INFORMACIÓN.** Representar en coordenadas cartesianas	Macedonia de simetrías

Nuestro reto: PREVENIR ENFERMEDADES. *Realizaremos una encuesta sobre acciones saludables.*

– Comp. de números de 2 cifras – Multiplicar decenas, centenas... – Dividir entre decenas, centenas...	**LABORATORIO DE PROBLEMAS.** Completar enunciados utilizando los datos adecuados **TRATAMIENTO DE LA INFORMACIÓN.** Interpretar gráficos de sectores	Las fracciones en el hogar
– Comp. de números de 2 cifras – Calcular el doble – Calcular la mitad	**LABORATORIO DE PROBLEMAS.** Determinar preguntas con palabras diferentes **TRATAMIENTO DE LA INFORMACIÓN.** Representar gráficos de sectores	Conociendo el mundo
– Comp. de números de 2 cifras – Calcular el doble – Calcular el doble	**LABORATORIO DE PROBLEMAS.** Relacionar enunciado y preguntas **TALLER DE PROGRAMACIÓN.** Bloques	El agua que consumes
– Comp. de números de 3 cifras – Calcular la mitad – Calcular la mitad	**LABORATORIO DE PROBLEMAS.** Determinar si un problema está bien resuelto **TALLER DE PROGRAMACIÓN.** Profundizar en los bloques	A hombros de la tecnología

Nuestro reto: PROMOVER LA CONVIVENCIA. *Haremos un estudio estadístico sobre la convivencia en clase.*

– Comp. de números de 3 cifras – Multiplicar por 5 – Dividir entre 5	**LABORATORIO DE PROBLEMAS.** Estimar la solución **TALLER DE PROGRAMACIÓN.** Bloques anidados	Corriendo tras la pelota
– Comp. de números de hasta 3 cifras – Multiplicar por 4 – Dividir entre 4	**LABORATORIO DE PROBLEMAS.** Ordenar las operaciones que resuelven un problema **TALLER DE PROGRAMACIÓN.** Variables	Ciudades saturadas
– Comp. de números de 3 cifras – Calcular el 10 % – Calcular el 20 %	**LABORATORIO DE PROBLEMAS.** Inventar problemas a partir de una situación **TALLER DE PROGRAMACIÓN.** Profundizar en variables	Cada gota cuenta
– Comp. de números de 3 cifras – Calcular el 50 % – Calcular el 25 %	**LABORATORIO DE PROBLEMAS.** Inventar problemas **TALLER DE PROGRAMACIÓN.** Variables y bloques	Educación para todos

Nuestro reto: LUCHAR CONTRA EL CAMBIO CLIMÁTICO. *Analizaremos la contaminación en el aire.*

¿En qué gastamos más?

Parte del gasto total de los hogares dedicada a cada apartado

Comparte tus preguntas

- Inventa una pregunta que incluya la palabra *fracción*.
- Plantea una pregunta de forma que para resolverla haya que hacer una suma de fracciones y otra en la que haya que hacer una resta de fracciones.

5

Haz memoria

- Representa de dos formas distintas la fracción cuatro quintos.
- Escribe tres fracciones que sean mayores que la unidad y tres menores.
- Halla dos fracciones que sean equivalentes a 3.

Resuelve mentalmente

- Si en 2021 se hubieran gastado 16 € más en cada hogar, ¿cuál habría sido el gasto por hogar?
- Si el gasto medio por persona en 2021 hubiera sido de 15 € menos, ¿cuál habría sido ese gasto?

TU PLAN DE TRABAJO

Aprenderás

- Las fracciones equivalentes
- Los números mixtos
- La reducción a común denominador
- La comparación de fracciones
- La suma, la resta, la multiplicación y la división de fracciones

Pasarás a la acción

- LABORATORIO DE PROBLEMAS
- TRATAMIENTO DE LA INFORMACIÓN

Pondrás a prueba lo aprendido

- COMPRUEBA TU PROGRESO
- SITUACIÓN DE APRENDIZAJE
- REPASA LO QUE SABES

Fracciones equivalentes

Descubre

- Has dividido una empanada en 2 porciones iguales y te has comido una. ¿Qué fracción de empanada te has comido?
- Si la dividieses en 4 porciones iguales y te comieras la misma cantidad de empanada, ¿qué fracción de empanada comerías?
- Y si la dividieses en 8 porciones iguales y también te comieras la misma parte, ¿qué fracción comerías?

Aprende

Dos o más fracciones son **equivalentes** si representan la misma cantidad.

- Si dos fracciones son equivalentes, al multiplicar sus términos en cruz se obtiene el mismo producto.

  Ejemplo $\frac{6}{8}$ y $\frac{3}{4}$ son equivalentes porque $6 \times 4 = 8 \times 3 = 24$. $\rightarrow \frac{6}{8} = \frac{3}{4}$

- Se pueden obtener fracciones equivalentes a una fracción dada por **amplificación** y por **simplificación**.
  - Por amplificación: multiplica los dos términos de la fracción por un mismo número distinto de cero.
  - Por simplificación: divide los dos términos de la fracción entre un mismo número distinto de cero.

  Ejemplo Observa cómo se obtienen fracciones equivalentes a $\frac{9}{15}$.

  Por amplificación: $\frac{9}{15} = \frac{9 \times 4}{15 \times 4} = \frac{36}{60}$ ($\frac{9}{15}$ y $\frac{36}{60}$: Fracciones equivalentes)

  Por simplificación: $\frac{9}{15} = \frac{9 : 3}{15 : 3} = \frac{3}{5}$ ($\frac{9}{15}$ y $\frac{3}{5}$: Fracciones equivalentes)

Practica

1 **PIENSA** y contesta.

La superficie de la huerta se reparte así:

 $\rightarrow \frac{1}{4}$  $\rightarrow \frac{2}{8}$  $\rightarrow \frac{5}{10}$

¿Ocupan la misma superficie de huerta? ¿Por qué?

- Los tomates y las cebollas.
- Los tomates y los pimientos.
- Los pimientos y las cebollas.

2 **COMPLETA** las fracciones para que sean equivalentes.

- $\frac{2}{5} = \frac{8}{\square}$
- $\frac{9}{12} = \frac{\square}{4}$
- $\frac{\square}{3} = \frac{10}{15} = \frac{20}{\square}$

3 **HALLA** dos fracciones equivalentes a cada fracción.

- Por amplificación: $\frac{1}{3}$ $\frac{3}{5}$ $\frac{4}{3}$ $\frac{2}{7}$ $\frac{9}{4}$
- Por simplificación: $\frac{16}{20}$ $\frac{24}{18}$ $\frac{30}{70}$ $\frac{40}{64}$ $\frac{45}{60}$

4 **PIENSA** y escribe si es verdadero o falso. Razona tu respuesta.

- El numerador de una fracción equivalente a $\frac{10}{50}$ tiene que ser un número de dos cifras.
- El denominador de una fracción equivalente a $\frac{1}{4}$ puede ser un número impar.

5 **LEE** y escribe qué fracciones son irreducibles.

Una fracción es **irreducible** si no se puede simplificar.

$\frac{1}{2}$ $\frac{5}{7}$ $\frac{3}{6}$ $\frac{8}{3}$ $\frac{4}{20}$ $\frac{9}{10}$ $\frac{15}{60}$

6 **CALCULA** la fracción irreducible.

Hazlo ASÍ

1.º Calcula el máximo común divisor de los dos términos de la fracción.

2.º Divide el numerador y el denominador entre ese número.

Calcula la fracción irreducible de $\frac{40}{30}$.

1.º m.c.d. (40 y 30) = 10

2.º $\frac{40}{30} = \frac{40 : 10}{30 : 10} = \frac{4}{3}$ ← Fracción irreducible

- $\frac{5}{10}$
- $\frac{27}{12}$
- $\frac{12}{20}$
- $\frac{14}{21}$
- $\frac{36}{24}$
- $\frac{40}{64}$

Conecta con la realidad

7 **PIENSA** y calcula.

Hoy habéis hecho pizzas para cenar.

- Sueles dividir la pizza en 4 partes iguales y te comes 3. Si hoy la has dividido en 8 partes iguales, ¿cuántos trozos te tienes que comer? ¿Qué fracción representan?
- Tu madre la divide en 6 partes y se come 3. Si la hubiese dividido en 2 partes, ¿cuántas se comería? ¿Y si la dividiera en 12? ¿Qué fracciones representan esas partes?

8 **LEE** y resuelve.

Has llenado dos cubiteras con la misma cantidad de agua, una tiene 12 cubitos grandes y otra 24 cubitos pequeños.

- Pones 4 cubitos grandes en una jarra. ¿Qué fracción del hielo de la cubitera es? ¿Cuántos cubitos pequeños deberás echar para tener la misma cantidad de hielo?
- Pones 6 cubitos pequeños en una jarra. ¿Qué fracción del hielo de la cubitera echas en la jarra? ¿Cuántos cubitos grandes deberás echar para tener la misma cantidad de hielo?

Cálculo MENTAL

Calcula cuánto le falta a cada número para llegar:

- **A 40:** 34 18 23 9 27 31 25 16 22
- **A 90:** 87 59 32 6 13 74 41 28 65

Números mixtos

Descubre

Las latas de refresco suelen venir en packs de 6 unidades, aunque también se pueden comprar sueltas por unidades.

- Si necesitas 8 latas, ¿cuántos packs enteros y latas sueltas tienes que comprar? ¿Qué fracción del pack representan las latas sueltas?
- Si se compran 2 packs enteros y $\frac{5}{6}$ de otro pack, ¿cuántas latas son?
  ¿Y si se compran 2 packs y $\frac{1}{3}$?

Aprende

Un **número mixto** está formado por un número natural y una fracción propia.

Ejemplo

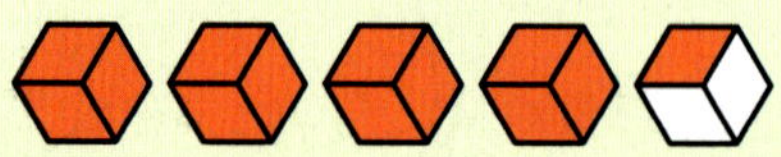

$\frac{13}{3}$ son 4 unidades y $\frac{1}{3}$ de otra. → $\frac{13}{3} = 4 + \frac{1}{3} = 4\frac{1}{3}$

- Observa cómo se escribe una fracción impropia en forma de número mixto.

  $\frac{13}{3}$ → $13 \,\underline{|\,3}$ (resto 1, cociente 4) → $4\frac{1}{3}$

- Observa cómo se escribe un número mixto en forma de fracción.

  $4\frac{1}{3} = \frac{4 \times 3 + 1}{3} = \frac{13}{3}$

Practica

1 **ESCRIBE** en forma de número mixto o de fracción.

- $\frac{7}{5}$
- $\frac{19}{4}$
- $\frac{15}{2}$
- $2\frac{5}{6}$
- $3\frac{4}{7}$

2 **CONTESTA** y explica con un ejemplo por qué.

- ¿Se puede expresar una fracción propia como número mixto?
- ¿Y una fracción equivalente a un número natural?

3 **EXPRESA** con un número mixto.

- El agua que cabe en 18 vasos de un quinto de litro.
- La cantidad de pizza que son 30 porciones si cada pizza está dividida en 8 porciones iguales.

4 **PIENSA** y resuelve.

$\frac{1}{2}$ kg

$\frac{1}{4}$ kg

Expresa las respuestas con números naturales, fracciones o números mixtos.

- Necesito 2 kg y medio de pasta. ¿Cuántos paquetes grandes tengo que comprar?
- He comprado 7 paquetes pequeños, ¿cuánto pesa la pasta que llevo?
- En el armario hay entre 3 y 4 kg de pasta en paquetes pequeños sin abrir, ¿cuántos kilos podrían ser? ¿Cuántos paquetes puede haber?

Reducción a común denominador

Descubre

Corta una tira de papel. Tú quieres coger la mitad y otro estudiante la tercera parte. Si partes la tira por la mitad, te va a ser difícil darle la tercera parte. Si lo haces al revés, ocurrirá lo mismo.

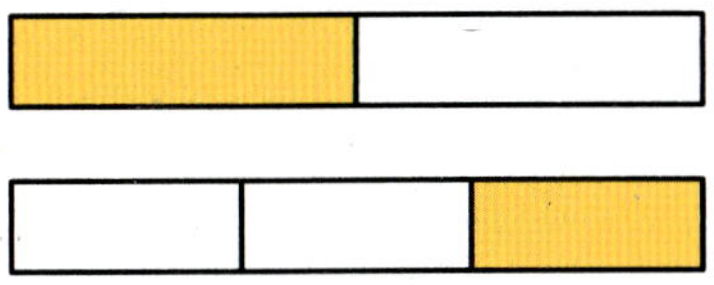

- ¿En cuántas partes puedes dividir la tira para que sea más fácil repartirla? ¿Cuántas partes tendrá cada persona?
- ¿La solución es única? ¿Se te ocurre otro número de trozos en el que se puede dividir la tira?

Aprende

Reducir fracciones a común denominador es buscar fracciones equivalentes a ellas con el mismo denominador. Para reducir fracciones a común denominador:

1.º Calcula el m.c.m. de los denominadores, que será el denominador común.

2.º Calcula las fracciones equivalentes con ese denominador común.

Ejemplo Halla dos fracciones equivalentes a $\frac{2}{6}$ y $\frac{1}{4}$ que tengan el mismo denominador.

1.º m.c.m. (6 y 4) = 12.
El denominador común será 12.

2.º $\frac{2}{6} \rightarrow \begin{matrix} 12 : 6 = 2 \\ 2 \times 2 = 4 \end{matrix} \rightarrow \frac{2}{6} = \frac{4}{12}$ $\quad \frac{1}{4} \rightarrow \begin{matrix} 12 : 4 = 3 \\ 3 \times 1 = 3 \end{matrix} \rightarrow \frac{1}{4} = \frac{3}{12}$

$\frac{2}{6}$ y $\frac{1}{4} \rightarrow \frac{4}{12}$ y $\frac{3}{12}$

Practica

1 **REDUCE** estas fracciones a común denominador.

$\frac{7}{6}$ y $\frac{5}{9}$ $\quad$ $\frac{16}{20}$ y $\frac{9}{10}$ $\quad$ $\frac{8}{35}$ y $\frac{5}{14}$ $\quad$ $\frac{11}{12}$ y $\frac{15}{18}$

2 **EXPLICA** cómo harías los repartos.

- Cortar de una cartulina $\frac{2}{5}$ y $\frac{1}{4}$.
- Sembrar en un campo $\frac{3}{8}$ de trigo y $\frac{1}{6}$ de avena.

3 **PIENSA** y reduce a común denominador.

- $\frac{3}{8}, \frac{5}{2}$ y $\frac{5}{3}$
- $2\frac{5}{6}$ y $\frac{3}{8}$
- $\frac{11}{7}$ y 2

4 **REDUCE** por el método de los productos cruzados.

Hazlo ASÍ

Multiplica los dos términos de cada fracción por el denominador de la otra o las otras fracciones.

$$\frac{3}{4} \text{ y } \frac{2}{5} \quad \begin{matrix} \frac{3}{4} = \frac{3 \times 5}{4 \times 5} = \frac{15}{20} \\ \frac{2}{5} = \frac{2 \times 4}{5 \times 4} = \frac{8}{20} \end{matrix} \rightarrow \frac{15}{20} \text{ y } \frac{8}{20}$$

- $\frac{2}{5}$ y $\frac{6}{7}$
- $\frac{5}{6}$ y $\frac{3}{10}$
- $\frac{2}{3}, \frac{1}{5}$ y $\frac{3}{4}$

Comparación de fracciones

Descubre

Con las MANOS

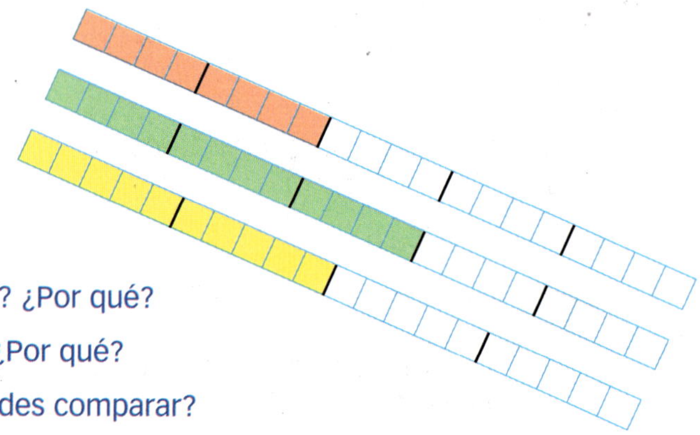

Recorta tres tiras iguales de 20 cuadritos de largo. Colorea $\frac{2}{5}$ de una tira, $\frac{3}{5}$ de otra y $\frac{2}{4}$ de la tercera con colores diferentes.

- ¿Qué fracciones tienen el mismo denominador? ¿Cuál es mayor? ¿Por qué?
- ¿Qué fracciones tienen el mismo numerador? ¿Cuál es mayor? ¿Por qué?
- ¿Qué fracciones no tienen ningún término igual? ¿Cómo las puedes comparar?

Aprende

- Para **comparar fracciones** con algún término igual, compara el otro término:
  - Fracciones con igual denominador → Es mayor la que tiene el numerador mayor.
  - Fracciones con igual numerador → Es mayor la que tiene el denominador menor.
- Para comparar fracciones con distinto numerador y denominador, redúcelas a común denominador y, después, compara los numeradores.

Ejemplos ¿Qué fracción es mayor?

$\frac{2}{5}$ o $\frac{3}{5}$

$2 < 3 \rightarrow \frac{2}{5} < \frac{3}{5}$

$\frac{2}{5}$ o $\frac{2}{4}$

$5 > 4 \rightarrow \frac{2}{4} > \frac{2}{5}$

$\frac{3}{5}$ o $\frac{2}{4}$ $\rightarrow \frac{3}{5} = \frac{12}{20}$ $\quad \frac{2}{4} = \frac{10}{20}$

$12 > 10 \rightarrow \frac{12}{20} > \frac{10}{20} \rightarrow \frac{3}{5} > \frac{2}{4}$

Practica

1. **COMPARA** y escribe en tu cuaderno el signo.
   - $\frac{3}{7}$ ◯ $\frac{4}{7}$
   - $\frac{5}{4}$ ◯ $\frac{5}{9}$
   - $\frac{9}{15}$ ◯ $\frac{7}{10}$

2. **OBSERVA** y contesta.

   - ¿En qué recipiente puedo echar $\frac{2}{3}$ ℓ de zumo?
   - ¿Y en cuáles puedo echar medio litro de leche?

Con las MANOS

COGED, por turnos, una ficha del dominó de fracciones.

Cada persona dirá, si es posible, una fracción mayor y otra menor que cada fracción de la ficha:

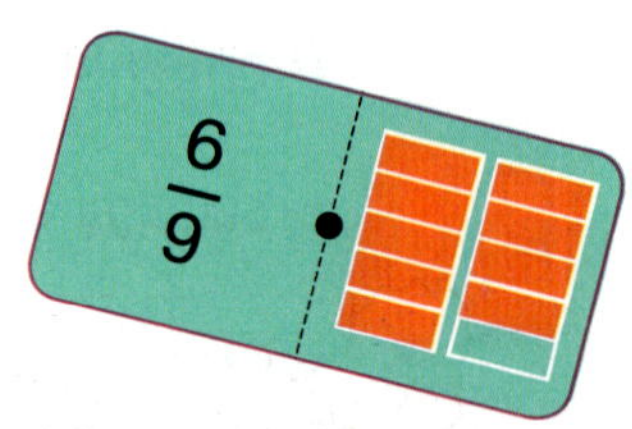

- Con el mismo numerador.
- Con el mismo denominador.
- Con distinto numerador y denominador.

MatemáticaMENTE

Compara las fracciones reduciéndolas a común denominador por el método de los productos cruzados.

$\frac{4}{5}$ y $\frac{2}{3}$ $\frac{7}{10}$ y $\frac{13}{15}$

- ¿Para compararlas necesitas calcular el denominador común? ¿Por qué?
- ¿Se te ocurre otro método para comparar dos fracciones?

3 **EXPRESA** cada número natural y número mixto en forma de fracción y escribe cuál es mayor.

- $\frac{11}{6}$ y 2
- $3\frac{1}{4}$ y $\frac{9}{2}$
- $\frac{7}{3}$, 2 y $2\frac{1}{5}$

4 **LEE** la condición, piensa y escribe.

Es mayor que $\frac{8}{5}$ y menor que $\frac{11}{4}$.

- Un número natural.
- Dos números mixtos.
- Tres fracciones.

Conecta con la realidad

5 **LEE**, compara y contesta.

Me gusta beber zumo de naranja mezclado con leche. Estoy probando varias recetas.

– Ayer llené una jarra en la que eché una parte de leche y dos de zumo.

– Hoy he llenado la misma jarra con dos partes de leche y una de zumo.

– Mañana la llenaré con tres partes de leche y cinco de zumo.

- ¿Qué fracción de la jarra era leche cada día? ¿Y zumo?
- ¿Qué receta tiene más zumo de naranja? ¿Y leche?
- Mañana, ¿más de la mitad de la jarra será de zumo?

6 **LEE** la nota y contesta a las preguntas.

- ¿Qué fracción de los vehículos que se venden son eléctricos? ¿Qué fracción no son eléctricos? ¿Cuáles se venden más?
- ¿Qué fracción de los vehículos que se venden son furgonetas diésel? De cada 3 vehículos que se venden, ¿cuántos son furgonetas diésel?
- ¿Se venden más furgonetas diésel o vehículos eléctricos?

De cada 8 vehículos que se venden, 5 son eléctricos.

De cada 9 vehículos vendidos, 3 son furgonetas diésel.

Cálculo MENTAL

Multiplicar decenas, centenas y millares por decenas, centenas y millares

40 × 600 = 24.000

500 × 70	60 × 300	80 × 50
30 × 6.000	400 × 7.000	6.000 × 400
2.000 × 90	3.000 × 4.000	700 × 200

Escribe 6.000 y 20.000 como producto de números terminados en ceros.

Suma y resta de fracciones

Descubre

Con las MANOS

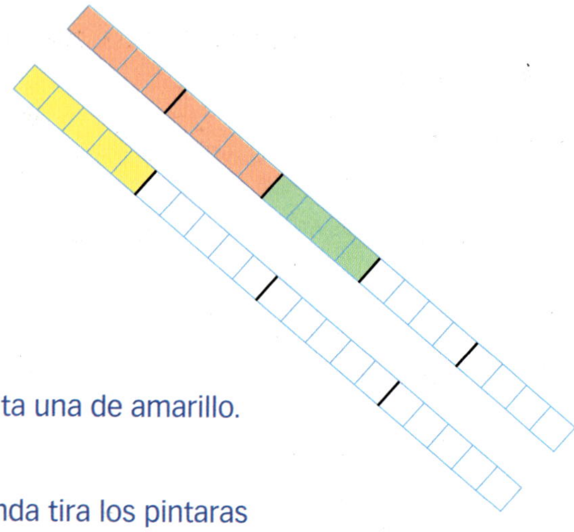

Corta una tira de 20 cuadritos de largo, divídela en 5 partes iguales y colorea 2 partes de rojo y una de verde.

- ¿Qué fracción representa la parte coloreada de rojo en la tira? ¿Y la coloreada de verde?
- ¿Qué fracción representa la parte coloreada de la tira?

Corta otra tira igual que la primera, divídela en 4 partes iguales y pinta una de amarillo.

- ¿Qué fracción de la tira representa?
- Si los mismos cuadritos que has coloreado de amarillo en la segunda tira los pintaras en la primera, ¿qué fracción de la tira estaría coloreada?

Aprende

Para **sumar** dos o más fracciones o **restar** dos fracciones, primero se reducen a común denominador, si es necesario, y después se suman o se restan los numeradores y se deja como denominador el denominador común.

Ejemplos Observa cómo se suman y se restan las fracciones $\frac{2}{3}$ y $\frac{1}{4}$.

$\frac{2}{3}$ y $\frac{1}{4}$ m.c.m. (3 y 4) = 12 → $\frac{2}{3} = \frac{8}{12}$ y $\frac{1}{4} = \frac{3}{12}$

- Suma: $\frac{2}{3} + \frac{1}{4} = \frac{8}{12} + \frac{3}{12} = \frac{8+3}{12} = \frac{11}{12}$
- Resta: $\frac{2}{3} - \frac{1}{4} = \frac{8}{12} - \frac{3}{12} = \frac{8-3}{12} = \frac{5}{12}$

Practica

Siempre que puedas, simplifica la fracción del resultado.

1. **CALCULA.** Explica cómo lo haces.
   - $\frac{4}{5} + \frac{3}{5}$
   - $\frac{2}{3} + \frac{5}{6}$
   - $\frac{3}{2} + \frac{4}{5} + \frac{7}{8}$
   - $\frac{9}{7} - \frac{5}{7}$
   - $\frac{8}{5} - \frac{1}{2}$
   - $\frac{7}{8} - \frac{5}{6}$

2. **EXPRESA** los números naturales y mixtos como una fracción y calcula.
   - $2 + \frac{4}{9}$
   - $3 - \frac{2}{5}$
   - $\frac{8}{3} - 1$
   - $\frac{2}{7} + 1\frac{3}{4}$
   - $4\frac{1}{3} - \frac{8}{6}$
   - $\frac{4}{5} + 2\frac{3}{8}$

3. **PIENSA** e indica si es posible o no.

   Sumas dos fracciones menores que 1 y el resultado es una fracción:
   - Menor que 1.
   - Mayor que 1.
   - Igual a 1.

   Restas una fracción a un número natural y la diferencia es:
   - Una fracción propia.
   - Una fracción impropia.
   - Un número natural.
   - Un número mixto.

4 **COMPLETA** en tu cuaderno para que las igualdades sean ciertas.

- $\frac{3}{8} + \frac{\blacksquare}{8} = \frac{7}{\blacksquare}$
- $2\frac{\blacksquare}{\blacksquare} - 1 = \frac{9}{4} - \frac{\blacksquare}{\blacksquare} = \frac{\blacksquare}{\blacksquare}$
- $\frac{4}{9} + \frac{\blacksquare}{\blacksquare} = \frac{11}{18}$
- $\frac{7}{8} - \frac{\blacksquare}{\blacksquare} = \frac{13}{24}$
- $\frac{\blacksquare}{\blacksquare} + \frac{2}{3} = \frac{9}{6} = 1\frac{\blacksquare}{\blacksquare}$
- $\frac{\blacksquare}{\blacksquare} - \frac{5}{6} = \frac{17}{12} = 1\frac{\blacksquare}{\blacksquare}$

5 **LEE** y resuelve estas operaciones combinadas con fracciones.

El orden para hacer las operaciones es el mismo con fracciones que con números naturales.

- $\frac{3}{8} + \frac{5}{6} - \frac{1}{2}$
- $\frac{9}{5} - \left(\frac{1}{6} + \frac{3}{10}\right) + 2$

Conecta con la realidad

6 **LEE** la lista de la compra de hoy y calcula.

- ¿Cuánto pesan las manzanas más que las cerezas? ¿Y las cerezas menos que los plátanos?
- ¿Cuánto pesa en total la fruta? ¿Qué pesa más, la fruta o los filetes de pollo? ¿Cuánto más?
- ¿Cuánto pesa la compra en total? ¿Cuánto le falta para pesar 7 kg?

$\frac{3}{4}$ kg de cerezas
2 kg de manzanas
1 kilo y medio de plátanos
2 kilos y medio de filetes de pollo

7 **OBSERVA** las partes iguales en que se dividen las pizzas de cada sabor y contesta.

- Habéis pedido 1 pizza y 3 trozos de champiñón y piña. Al final ha sobrado un trozo. ¿Qué fracción de pizza habéis comido? ¿Cuántos trozos son?
- Un grupo ha pedido 10 trozos de pizza de chorizo y 4 trozos de pizza de champiñón y piña. ¿Qué fracción de pizza han pedido en total? ¿Es más o menos de 2 pizzas enteras? ¿De qué sabor han pedido más cantidad de pizza? ¿Qué fracción de pizza más?
- Diego ha colocado en una caja un pedido de 3 trozos de cada tipo de pizza. ¿Qué fracción de pizza ha colocado? ¿Cabría en la misma caja otro trozo de pizza? ¿De qué tipo?

8 **OBSERVA** la batería que le queda a este coche híbrido enchufable y el nivel de su depósito de gasolina, y resuelve.

- Con la carga eléctrica completa puede recorrer unos 90 km. ¿Qué fracción de carga tiene ahora? ¿Cuántos kilómetros puede recorrer con ella?
- Al llegar a casa lo hemos enchufado un rato y el indicador marca ahora media carga. ¿Qué fracción de carga completa hemos recargado?
- El depósito de gasolina marcaba una rayita más la mitad de otra. Vamos a la gasolinera a repostar y rellenamos hasta la mitad del depósito. ¿Qué fracción del depósito de gasolina hemos añadido?

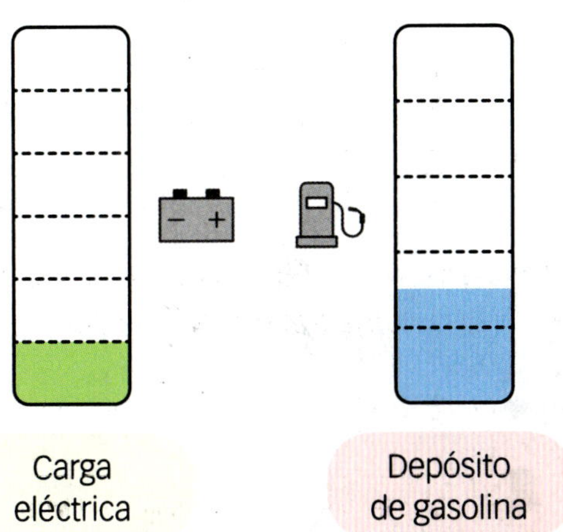

Multiplicación de fracciones

Descubre

Con las MANOS

Divide una hoja por la mitad.

- ¿Qué fracción de la hoja total representa cada mitad?

Divide una mitad en 4 partes iguales y colorea 3.

- ¿Qué fracción de la media hoja está coloreada?
- ¿Qué fracción de la hoja total está coloreada?

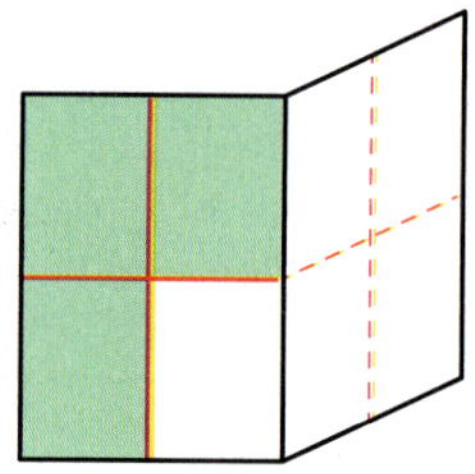

Aprende

Para calcular la fracción de otra fracción hay que hacer el producto de esas fracciones.

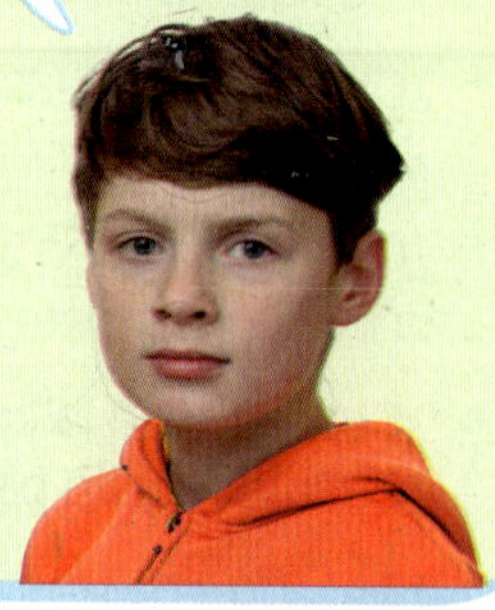

Para **multiplicar** dos o más fracciones, se multiplican los numeradores y se multiplican los denominadores.

Ejemplos Calcular $\frac{3}{4}$ de $\frac{1}{2}$ es multiplicar $\frac{3}{4} \times \frac{1}{2}$.

$\frac{3}{4} \times \frac{1}{2} = \frac{3 \times 1}{4 \times 2} = \frac{3}{8}$ $\qquad$ $\frac{3}{4} \times \frac{2}{5} \times \frac{1}{3} = \frac{3 \times 2 \times 1}{4 \times 5 \times 3} = \frac{6}{60} = \frac{1}{10}$

Practica

1. **CALCULA.**
   - $\frac{2}{9}$ de $\frac{3}{7}$
   - $\frac{6}{7} \times \frac{1}{4}$
   - $\frac{4}{9} \times \frac{3}{8}$
   - $\frac{3}{5} \times \frac{1}{6} \times \frac{5}{9}$
   - $\frac{7}{8} \times \frac{2}{3} \times \frac{4}{5}$

2. **OBSERVA** el ejemplo resuelto y calcula qué fracción de kilo, metro o litro es.

   Un tercio de una botella de 3 cuartos de litro.
   $\frac{1}{3}$ de $\frac{3}{4}\ \ell \rightarrow \frac{1}{3} \times \frac{3}{4} = \frac{3}{12} = \frac{1}{4} \rightarrow$ Es $\frac{1}{4}\ \ell$.

   - La mitad de una bolsa de canicas que pesa cinco octavos de kilo.
   - Las tres cuartas partes de una cuerda que mide un quinto de metro.
   - Las dos quintas partes del agua de un cubo que tiene medio litro de agua.

3. **MULTIPLICA** un número natural por una fracción y contesta.
   - $3 \times \frac{4}{9}$
   - $5 \times \frac{7}{10}$
   - $\frac{5}{8} \times 4$
   - $\frac{3}{4} \times 6$

   ¿Cómo calculas el numerador del resultado? ¿Cuál es el denominador?

   ➤ Simplifica cada producto y después exprésalo como un número mixto.

4. **AVERIGUA** y contesta.

   ¿Qué persona ha echado en el vaso una cantidad mayor de gazpacho?

   – Ester ha llenado de gazpacho la mitad de un vaso de un tercio de litro.

   – Juan ha llenado de gazpacho un tercio de un vaso de medio litro.

5 **CALCULA** estas operaciones combinadas.

Sigue el mismo orden que al operar con números naturales.

1.º Paréntesis.
2.º Multiplicaciones.
3.º Sumas y restas.

- $\frac{8}{5} - \frac{1}{2} \times \frac{2}{3}$
- $\frac{3}{4} \times \left(\frac{5}{8} + \frac{1}{6}\right)$
- $\left(\frac{3}{2} - \frac{5}{6}\right) + 3 \times \frac{1}{4}$
- $\frac{9}{10} - \frac{1}{4} \times \frac{3}{5} + 2$
- $4 \times \frac{5}{8} - \frac{1}{6} \times \frac{3}{4}$

6 **PIENSA** y completa con las palabras *mayor* o *menor*. Pon ejemplos que lo demuestren.

- Si multiplicas dos fracciones mayores que 1, el resultado es … que 1.
- Si multiplicas dos fracciones menores que 1, el resultado es … que 1.

MatemáticaMENTE

Calcula y explica qué observas.

- $\frac{4}{5}$ de $\frac{2}{3}$ de 30.
- $\frac{8}{15}$ de 30.

Conecta con la realidad

7 **OBSERVA** estas tres tabletas y calcula.

En casa hay tres tabletas de chocolate. Las tres tienen el mismo tamaño, pero distinto número de onzas.

- Coges para merendar 3 trozos de 4 onzas de chocolate con leche. ¿Qué fracción de tableta has cogido? ¿Es más o menos de media tableta? ¿Y si los trozos fueran de chocolate blanco?
- Para hacer un postre utilizas 8 onzas de chocolate negro y otras 8 onzas de chocolate blanco. Si haces 2 postres iguales, ¿qué fracción de tableta utilizarás en total? ¿Es más o menos de una tableta entera?
- Has partido un cuarto de la tableta de chocolate negro y le das a tu hermana la mitad de ese trozo. ¿Qué fracción de tableta tenéis cada uno? ¿Cuántas onzas son?

8 **LEE** y resuelve.

Para hacer un pan de cereales se utilizan:

- 5 tazas de harina de trigo (la mitad de harina integral y la otra mitad de harina blanca).
- 3 tazas de una mezcla de harina de centeno y harina de maíz (tres cuartas partes de centeno y una cuarta parte de maíz).

- ¿Qué fracción de harina de trigo se utiliza para hacer un pan? ¿Y de harina de la mezcla de centeno y maíz?
- ¿Qué fracción de harina de trigo integral y de harina blanca se necesita para hacer un pan?
- ¿Qué fracción de harina de centeno se utiliza? ¿Y de maíz?
- Si cada taza de harina lleva un cuarto de kilo de harina, ¿cuánta harina de cada tipo se necesita para hacer un pan? ¿Y de harina en total?

División de fracciones

Descubre

Tienes una cazuela de 1 litro y medio llena de caldo. Quieres echar el caldo en tazas de un cuarto de litro.

- ¿Qué fracción de litro tienes de caldo?
- ¿Cuántas tazas puedes llenar con un litro de caldo? ¿Y con medio litro de caldo?
- ¿Cuántas tazas puedes llenar con el caldo de la cazuela? ¿Cuántos cuartos de litro hay en tres medios litros?

Para calcular cuántas veces contiene una fracción a otra fracción hay que hacer el cociente de esas fracciones.

Aprende

Para **dividir** dos fracciones, se multiplican sus términos en cruz.

Ejemplos Calcular cuántas veces hay $\frac{1}{4}$ en $\frac{3}{2}$ es dividir $\frac{3}{2}$ entre $\frac{1}{4}$.

$\frac{3}{2} : \frac{1}{4} = \frac{3 \times 4}{2 \times 1} = \frac{12}{2} = 6$

$\frac{4}{5} : 2 = \frac{4}{5} : \frac{2}{1} = \frac{4 \times 1}{5 \times 2} = \frac{4}{10} = \frac{2}{5}$

Practica

1 **CALCULA** estas divisiones con fracciones.

- $\frac{6}{7} : \frac{2}{5}$
- $\frac{3}{10} : \frac{1}{8}$
- $\frac{5}{9} : 3$
- $4 : \frac{2}{3}$

2 **HAZ** un dibujo en tu cuaderno y resuelve.

Tienes un cajón con 4 kg de fresas. Repartes las fresas en bandejas de medio kilo cada una.

Fresas: 4 kg

Bandejas de $\frac{1}{2}$ kg

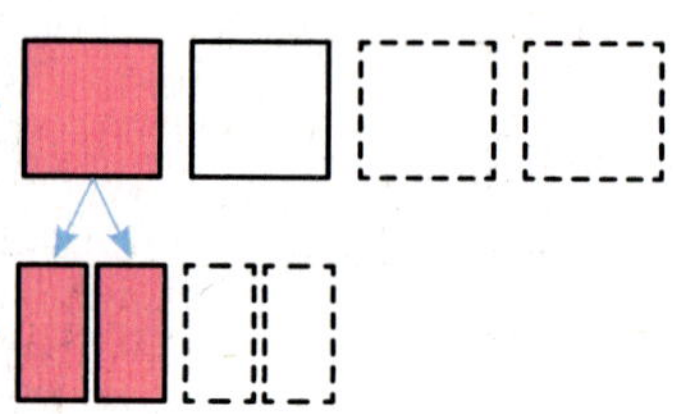

¿Cuántas bandejas obtienes? ¿Te sobran fresas?

3 **EXPRESA** el número mixto como una fracción y divide.

- $2\frac{1}{6} : \frac{3}{5}$
- $1\frac{2}{5} : \frac{8}{9}$
- $4\frac{3}{4} : \frac{2}{7}$
- $5\frac{2}{3} : \frac{5}{8}$

4 **HALLA** la fracción inversa de cada fracción dada.

Hazlo ASÍ

La **fracción inversa** de una fracción se obtiene dividiendo 1 entre la fracción, es decir, cambiando entre sí el numerador y el denominador.

Fracción inversa de $\frac{3}{5} = 1 : \frac{3}{5} = \frac{5}{3}$

- $\frac{2}{7}$
- $\frac{6}{5}$
- $\frac{5}{9}$
- $\frac{3}{8}$
- $\frac{7}{2}$
- $\frac{9}{4}$

5 **CONVIERTE** cada división en una multiplicación y calcula.

Hazlo ASÍ

Otra forma de dividir fracciones es multiplicar la primera fracción por la inversa de la segunda.

$$\frac{4}{9} : \frac{3}{5} = \frac{4}{9} \times \frac{5}{3} = \frac{4 \times 5}{9 \times 3} = \frac{20}{27}$$

- $\frac{3}{7} : \frac{2}{9}$
- $\frac{5}{8} : \frac{2}{5}$
- $\frac{4}{5} : \frac{2}{7}$
- $\frac{5}{6} : \frac{3}{10}$

6 **PON** ejemplos, calcula y contesta.

Divides una fracción:

- Entre un número natural.
- Entre otra fracción menor que la unidad.
- Entre otra fracción mayor que la unidad.

¿Cómo es el resultado de cada división: mayor o menor que la fracción inicial?

MatemáticaMENTE

Divides dos de estas fracciones y obtienes una fracción cuyo numerador y denominador son el cuadrado de un número.

$\frac{3}{8}$ $\frac{2}{5}$ $\frac{7}{9}$ $\frac{5}{2}$

- ¿Qué dos fracciones son?
- ¿Cómo es una fracción respecto a la otra?
- ¿Ocurre lo mismo siempre con este tipo de fracciones?

7 **CALCULA** estas operaciones combinadas.

- $\frac{5}{4} + \frac{3}{8} : \frac{7}{2}$
- $2 \times \frac{7}{3} - \frac{5}{6} : \frac{2}{9}$
- $\frac{5}{3} : \left(\frac{2}{5} - \frac{1}{6}\right)$
- $2 : \left(\frac{3}{4} - \frac{5}{8}\right) + \frac{1}{3} \times \frac{7}{2}$

Conecta con la realidad

8 **OBSERVA**, calcula y contesta.

Tienes 27 kg de manzanas y quieres prepararlas en envases del mismo peso y después venderlas. ¿Cuántos envases de cada tipo puedes obtener? ¿De qué forma te conviene hacerlo?

Mallas

$\frac{1}{2}$ kg → 1 €

Bandejas

$\frac{3}{4}$ kg → 2 €

Cajas

$2\frac{1}{4}$ kg → 5 €

Cálculo MENTAL

Dividir entre decenas, centenas y millares

8.000 —(: 10)→ 800 —(: 4)→ 200   (8.000 : 40 = 200)

60 : 30	1.500 : 50	4.900 : 700
120 : 20	2.400 : 400	9.000 : 300
300 : 60	2.700 : 300	8.000 : 2.000

Escribe 3 y 40 como cociente de números terminados en ceros.

LABORATORIO DE PROBLEMAS ¿?

Completar enunciados utilizando los datos adecuados

1 **UTILIZA** las palabras que necesites y los datos que se dan para completar estos problemas de manera que se puedan resolver.

Palabras

Asientos	Personas
Contenedores	Latas
Bolsas	Reciclar
Pasajeros	Vagones
Berberechos	Botellas
Caramelos	Amigos

Datos

2	40
3	45
9	80
29	327
30	720
31	4.228

- El viaje en tren de Barcelona a Madrid dura ■ horas.
  El tren lleva ■ ▬▬ con capacidad para ■ ▬▬ en cada uno de ellos.
  El tren va casi lleno, viajan ■ ▬▬. Calcula el número de ▬▬ vacíos que lleva el tren.

- Cuatro amigos han recogido botellas de plástico para llevar a reciclar. Pablo ha recogido ■ ▬▬, su amigo Pedro ha recogido ■ botellas más que él, es decir, ■ botellas, y Serafín ha recogido más que Pablo y menos que Pedro, o sea, ■. Si el cuarto amigo, Ignacio, ha recogido la mitad de botellas que Serafín, ¿cuántas botellas llevarán a reciclar?

- Una lata de berberechos contiene ■ berberechos.
  Si en una fábrica de conservas tienen ■ ▬▬ y quieren envasar con ellos cien ▬▬, ¿cuántos berberechos les faltan?

- En una tienda se envasan diariamente ■ caramelos.
  Se preparan ■ bolsas. ¿Cuántos ▬▬ tiene cada bolsa?

Interpretar gráficos de sectores

1 **OBSERVA** el gráfico y contesta.

Se ha hecho un estudio sobre los emojis más utilizados en el móvil por los estudiantes de una clase, clasificando los 1.800 emojis que pusieron la última semana.

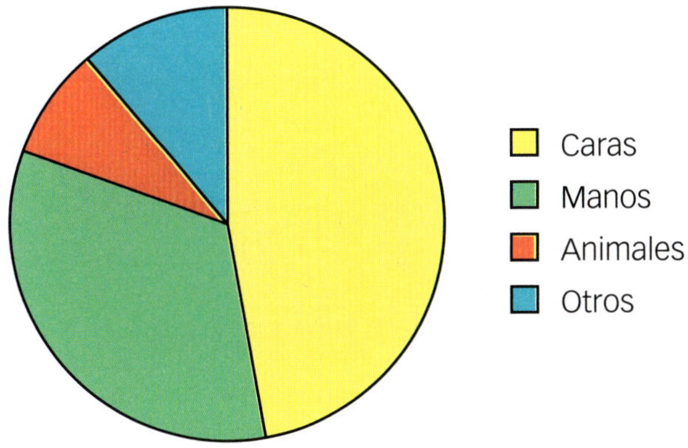

- ¿Cuál fue el tipo de emoji más utilizado en los mensajes? ¿Por qué? ¿Puedes saber cuál fue el menos utilizado? ¿Por qué?
- ¿Cuántos emojis representa cada grado del gráfico?

  $\frac{\text{Número total de emojis}}{\text{Grados del círculo}} = \frac{1.800}{360} = \ldots$ → Cada grado representa … emojis.
- ¿Cuántos emojis de manos pusieron?

  El sector verde mide … grados. → Pusieron … × 5 = … emojis.
- ¿Cuántos emojis pusieron del resto de tipos?

  Caras → … Animales → … Otros → …

2 **OBSERVA** en el gráfico cómo se repartieron en las 4 salas de un cine los 720 espectadores que fueron en total a la sesión de tarde, y averigua si las afirmaciones que se hacen son verdaderas o falsas.

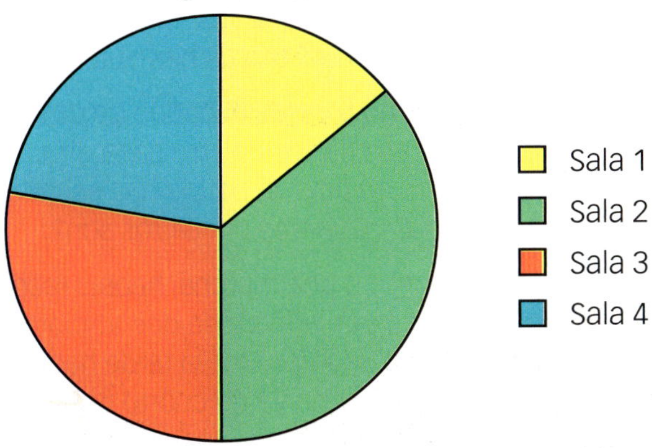

VERDADERO O FALSO

- Hubo menos espectadores en la sala 1 que en la sala 3.
- Hubo el mismo número de espectadores en las salas 1 y 2 que en las salas 3 y 4.

- Calcula cuántos espectadores representa cada grado y rellena la tabla en tu cuaderno.

	Sala 1	Sala 2	Sala 3	Sala 4
Grados del sector				
Número de espectadores				

Comprueba tu progreso

1 **ESCRIBE** dos fracciones equivalentes a cada fracción dada, una por amplificación y otra por simplificación.

- $\frac{4}{12}$
- $\frac{24}{9}$

› Expresa las tres fracciones impropias en forma de número mixto. ¿Qué observas?

2 **HALLA** la fracción irreducible.

$\frac{12}{15}$ $\frac{10}{6}$ $\frac{35}{30}$ $\frac{16}{40}$ $\frac{42}{24}$

3 **REDUCE** a común denominador.

- $\frac{3}{8}$ y $\frac{5}{12}$
- $\frac{5}{9}$ y $\frac{7}{15}$
- $\frac{2}{3}, \frac{5}{6}$ y $\frac{7}{24}$

4 **ESCRIBE** las fracciones o números mixtos que cumplen cada condición.

- Mayores que $1\frac{2}{5}$.
- Menores que $1\frac{3}{7}$.

$\frac{8}{7}$ $\frac{4}{5}$ $2\frac{1}{2}$

$\frac{10}{9}$ $1\frac{4}{7}$ $\frac{8}{5}$

5 **LEE** y explica.

Eva quiere coger tres octavos de un bloque de plastilina y Juan pretende coger un tercio.

- ¿Pueden hacerlo? ¿Cómo?
- ¿Qué fracción del bloque sobrará?

6 **ESCRIBE** dos fracciones que cumplan la desigualdad y explica cómo las has hallado.

$$\frac{1}{6} < \frac{\square}{\square} < \frac{2}{5} < \frac{\square}{\square} < \frac{9}{10}$$

7 **CALCULA.**

- $\frac{5}{6} + \frac{3}{8}$
- $\frac{1}{4} + 5$
- $\frac{4}{9} + 1\frac{2}{3}$
- $\frac{7}{10} - \frac{4}{15}$
- $6 - \frac{5}{8}$
- $3\frac{1}{5} - 1\frac{3}{7}$

8 **PIENSA** y escribe las fracciones que faltan.

- $\frac{4}{9} + \frac{\square}{\square} = 1$
- $\frac{8}{5} - \frac{\square}{\square} = 1$
- $\frac{2}{9} \times \frac{\square}{\square} = 1$
- $\frac{3}{10} : \frac{\square}{\square} = 1$

¿Puedes escribir en cada caso más de una fracción?

9 **CALCULA.**

- $\frac{4}{9} \times \frac{6}{5}$
- $\frac{3}{4} \times 2 \times \frac{4}{5}$
- $\frac{6}{5} : \frac{2}{3}$
- $\frac{10}{9} : 5$

10 **CALCULA** estas operaciones combinadas.

- $\frac{5}{4} - \frac{2}{3} \times \frac{3}{5}$
- $\frac{4}{7} : \left(\frac{5}{3} - \frac{1}{2}\right) + 2$

11 **ELIGE** y escribe un número de una cifra, calcula y contesta.

$\square + \frac{5}{2} + \frac{3}{6} - \frac{20}{8} - \frac{1}{2}$

$\square \times \frac{3}{4} : \frac{6}{8} \times 3 : \frac{6}{2}$

- ¿Qué número obtienes como resultado?
- ¿Ocurrirá con cualquier número que elijas? ¿Por qué crees que es así?

12 **LEE** y resuelve.

- A Julia le quedan cinco octavos de la batería de su móvil y a Santi dos tercios de la batería del suyo. ¿Les queda a cada uno más o menos de la mitad de la batería? ¿Qué fracción de la batería ha gastado cada uno? ¿Quién ha gastado más? ¿Cuánto más?
- Has cortado una cinta de 2 m en varios trozos de 25 cm cada uno. ¿Qué fracción de metro son 25 cm? ¿Cuántos trozos has obtenido?
- Has repartido en 5 vasos el batido de dos botellas de tres cuartos de litro cada una. ¿Qué fracción de litro de batido has echado en cada vaso? ¿Cuántos centilitros son?

- En una marcha, habéis recorrido por la mañana dos tercios del trayecto. Por la tarde habéis hecho ya un cuarto del camino que os quedaba. ¿Qué fracción del trayecto os falta aún por hacer?
- En un centro comercial, dos quintos de los locales son tiendas. De ellas, un cuarto son de ropa y un quinto son de calzado. ¿Qué fracción de los locales del centro son tiendas de ropa o calzado? ¿Son más o menos de un cuarto del total de locales?

Aplica lo que has aprendido

13 **PIENSA** y resuelve.

Has hecho una tortilla de calabacín, que has dividido en 12 partes iguales, y otra del mismo tamaño de pimientos, que has troceado en 8 partes iguales. En un plato has puesto 5 trozos de la tortilla de calabacín y 3 trozos de la de pimientos.

- ¿De qué tortilla has puesto más? ¿Cuánto más?
- ¿Qué cantidad de tortilla has puesto en el plato? ¿Has puesto más de una tortilla? ¿Cuánto falta o sobra?

14 **LEE**, expresa en forma de fracción y resuelve.

En la cafetería se hacen tres tipos de bocadillos:

– Bocadillos grandes: se parte la barra de pan en 3 trozos iguales.

– Bocadillos pequeños: se parte la barra de pan en 4 trozos iguales.

– Montaditos: se parte la barra de pan en 6 trozos iguales.

- ¿Qué fracción de una barra de pan se necesita para hacer cada tipo de bocadillos?
- Con el trozo de pan de un bocadillo grande, ¿cuántos montaditos se pueden hacer?
- ¿Cuántos montaditos podemos elaborar con el trozo de pan que sirve para hacer 3 bocadillos pequeños? ¿Se puede hacer una cantidad exacta o sobrará pan?
- ¿Para qué se necesita más pan, para hacer 2 bocadillos grandes, 1 pequeño y 3 montaditos o para hacer 1 bocadillo grande, 5 pequeños y 4 montaditos?
- Con el pan que se utiliza para elaborar 8 montaditos, ¿cuántos bocadillos grandes se pueden hacer?
- ¿Cuánto pan se necesita para hacer 1 bocadillo grande, 1 pequeño y 3 montaditos? ¿Es más de una barra de pan? ¿Cuánto más o cuánto menos?
- Si el trozo de pan que se utiliza para un bocadillo pequeño se parte por la mitad, ¿los trozos que obtenemos son mayores que los que utilizamos para hacer montaditos?

Valora tu aprendizaje

15 **REFLEXIONA** sobre lo que has aprendido en esta unidad y contesta en tu cuaderno.

- ¿Eres perseverante cuando algo te resulta más difícil? Pon algún ejemplo.
- ¿Crees que trabajar en equipo te ayuda a aprender mejor? ¿Disfrutas con ello?

Enfréntate al DESAFÍO

FRACCIONES EN EL MONEDERO

AVERIGUA cuántas monedas había al principio en el monedero.

El jueves cogí $\frac{1}{5}$ de las monedas que tenía en mi monedero.

El viernes cogí $\frac{3}{4}$ de las monedas que me habían quedado el jueves.

El sábado tenía 4 monedas.

Las fracciones en el hogar

En casa gastáis el dinero en comprar comida, en ir al teatro, en comprar ropa, para pagar los recibos de la luz, el gas o el agua... Cada familia es muy diferente y utiliza el dinero de forma muy distinta.

¿Sabrías decir en qué se gasta el dinero en tu casa?

1 Observa los datos que aparecen en la primera doble página de la unidad y contesta.

- ¿Cuánto gastaba de media cada hogar en España en 2021?
- ¿Qué fracción del gasto medio de cada hogar era para Vestido y calzado? ¿Y para Alimentos y bebidas?
- ¿En qué apartado crees que irían los gastos de ir al cine?
- De media, ¿se gastaba más dinero en Restaurantes y hoteles o en Ocio y cultura?
- ¿A qué apartado se dedicaba la mayor parte del gasto de un hogar? ¿Y la menor?

2 Analiza los datos, calcula y contesta.

- ¿Qué parte se dedicaba a Sanidad y a Transporte? ¿Es más que lo que se dedicaba a Enseñanza y a Sanidad?
- ¿En qué se gastaba más, en Alimentación y bebidas o en Vivienda y suministros? ¿Cuánto más?
- ¿Cuál era el gasto medio de una persona? ¿Cuál era el gasto medio de un hogar en el que vivían 4 personas?
- ¿Cuánto dinero se dedicaba de media en un hogar a Muebles y artículos del hogar? ¿Y a Enseñanza?

3 Compara los datos con los gastos en tu hogar.

- ¿Cuántas personas vivís en tu casa? Según la media por persona, ¿cuánto dinero deberíais gastar al año en casa?
- ¿Hay algún gasto que haya en tu casa que no esté contemplado en la lista de la página inicial?
- ¿En qué apartados crees que se gasta una fracción distinta que en la media?

Actividades

1 **ORDENA** de mayor a menor cada grupo de números.

- 205.873.099 230.852.000 84.140.955 205.839.026 236.105.999
- +3 −4 +1 −6 −2 0 +7 −5

2 **ESCRIBE** los números que cumplen cada condición.

45	72	50	12	65
27	95	86	120	134

- Los múltiplos de 2 y de 3 a la vez.
- Los múltiplos de 5 pero no de 9.

3 **LEE**, copia la tabla y expresa con un número entero la temperatura a cada hora del día.

- A las 2 de la mañana hacía 1 grado bajo cero.
- A las 7 de la mañana bajó 3 grados.
- A las 11 de la mañana subió 6 grados.
- A las 10 de la noche bajó 2 grados.

Hora	Temperatura
2.00	…° C
7.00	…° C
11.00	…° C
22.00	…° C

4 **OBSERVA**, nombra los ángulos e indica cuánto suman.

- Dos ángulos complementarios.
- Dos ángulos suplementarios.

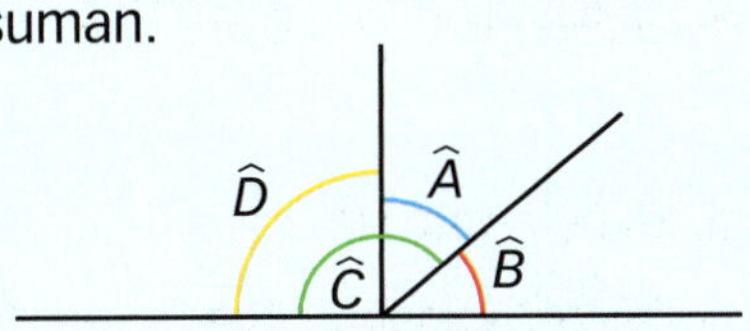

5 **COPIA** la figura y haz tres dibujos.

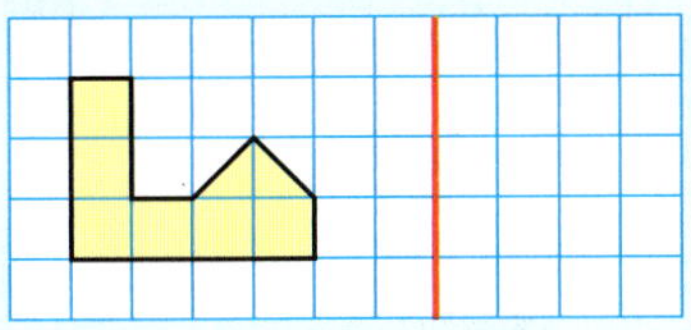

- La figura girada 90º a la izquierda.
- La figura simétrica respecto a la recta roja.
- La figura trasladada 8 cuadritos hacia la derecha.

Problemas

6 Un grupo de 5 amigos y amigas ha ido a la bolera. Allí han puesto un fondo común de 15 € cada uno. Han jugado 2 partidas que costaban por persona 6 € y 4 €, respectivamente, y han comprado refrescos y patatas por un total de 10 €. Al salir reparten el dinero que les ha sobrado. ¿Cuánto darán a cada uno?

7 Ese grupo acude a la bolera una vez cada 4 semanas y a veces se encuentra con otro que va cada 6 semanas. Hoy han coincidido los dos grupos. ¿Cuántos días pasarán hasta que se vuelvan a ver allí?

8 La bolera está en la planta +1 de un centro comercial. Al terminar las partidas, Luis sube una planta porque ha quedado allí con su padre y después bajan 3 plantas para coger el coche. ¿En qué planta ha quedado Luis con su padre? ¿En qué planta tenían el coche?

¿Cuánto viajamos?

Lugar al que se viaja	Duración media del viaje en días	Gasto medio diario por persona en euros
Extranjero	9,56	78,55
Andalucía	4,37	49,55
Aragón	3,42	48,71
Principado de Asturias	4,82	50,70
Illes Balears	4,58	69,28
Canarias	4,16	72,90
Cantabria	4,47	44,96
Castilla y León	4,12	36,70
Castilla-La Mancha	3,25	39,81
Cataluña	3,58	49,56
Comunitat Valenciana	4,91	42,44
Extremadura	4,11	41,04
Galicia	4,22	48,81
Comunidad de Madrid	3,35	66,33
Región de Murcia	5,67	35,25
Comunidad Foral de Navarra	3,10	52,85
País Vasco	4,24	57,83
La Rioja	3,76	39,80

Comparte tus preguntas

- Inventa una pregunta que incluya la expresión *más de 4 días*.
- Plantea una pregunta de forma que para resolverla haya que hacer una suma de decimales y otra en la que haya que hacer una resta.

6

Haz memoria

- Escribe cómo se leen y descompón estos números decimales.

  2,5   3,77   0,128   26,304

- Escribe dos números decimales comprendidos entre 4,18 y 4,2. ¿Puedes escribir más?

Número de viajes por vacaciones de residentes en España entre 2016 y 2021 (en millones)

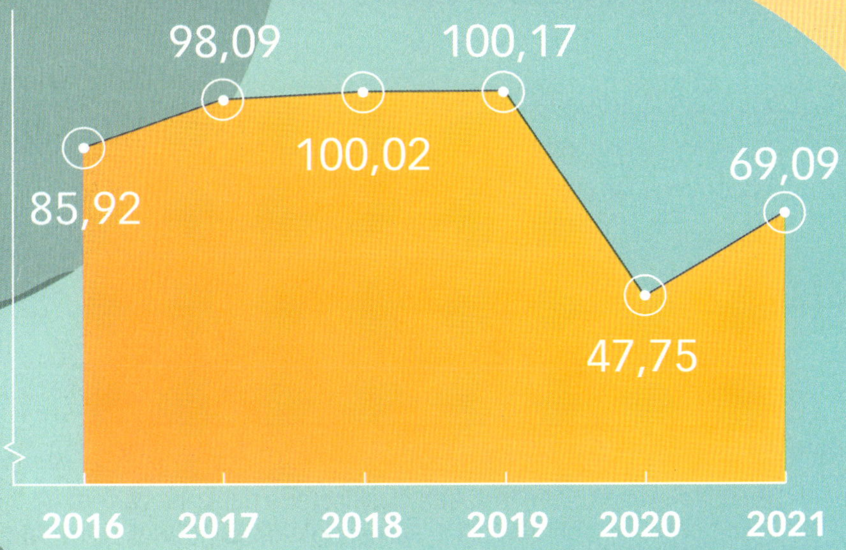

Resuelve mentalmente

- Si en 2017 se hubieran hecho 2 millones más de viajes, ¿cuántos habrían sido?
- Si en 2021 se hubieran hecho 3 millones menos de viajes, ¿cuántos serían?

TU PLAN DE TRABAJO

Aprenderás

- Los números decimales
- La comparación y la aproximación de decimales
- La suma y la resta de decimales
- La multiplicación de decimales
- Las estimaciones con decimales

Pasarás a la acción

- LABORATORIO DE PROBLEMAS
- TRATAMIENTO DE LA INFORMACIÓN

Pondrás a prueba lo aprendido

- COMPRUEBA TU PROGRESO
- SITUACIÓN DE APRENDIZAJE
- REPASA LO QUE SABES

Números decimales. Comparación

Descubre

Andrea mide 2,08 m, Julieth 1,69 m, Raquel 1,61 m y Adri 0,92 m.

- ¿Cuánto mide Andrea? ¿Y Julieth? ¿Qué representan los números que están a la izquierda y a la derecha de la coma?
- ¿Raquel mide más de 1 m? ¿Cuánto más? ¿Y Adri?
- ¿Quién mide más, Julieth o Andrea? ¿Mide más Raquel que Adri?

Aprende

Los **números decimales** tienen dos partes separadas por una coma: la parte entera a la izquierda y la parte decimal a la derecha.

Para **compararlos**, primero se comparan las partes enteras y, si son iguales, se comparan sucesivamente las partes decimales: primero las décimas, luego las centésimas, después las milésimas...

Ejemplo Para comparar 15,437 y 15,46:

D	U	d	c	m
1	5,	4	3	7
1	5,	4	6	

1.º Comparamos las partes enteras. 15 = 15

2.º Comparamos las décimas. 4 = 4

3.º Comparamos las centésimas. 3 < 6 → 15,437 < 15,46

Practica

1 **DESCOMPÓN** cada número y di cómo se lee.

- 8,53 • 12,9 • 4,067 • 0,18 • 23,605

2 **ORDENA** los árboles de mayor a menor altura.

Los cinco árboles más altos del mundo son estas secuoyas de Estados Unidos:

Icarus → 113,14 m

Fusion Giant → 112,71 m

Hyperion → 115,90 m

Helios → 114,58 m

Stratosphere Giant → 113,11 m

3 **PIENSA** y explica si es verdadero o falso.

- Si un número tiene más cifras decimales que otro, es mayor que él.
- Si un número decimal tiene más cifras en su parte entera que otro, es mayor que él.

4 **LEE** y resuelve.

En la vuelta clasificatoria para una carrera de Fórmula 1, Fernando Alonso y Carlos Sainz tardaron 1,018 s y 0,057 s más que el primer clasificado.

- ¿Cuál de los dos tardó menos en dar la vuelta?
- Leclerc tardó menos que ellos dos. ¿Cuántos segundos más que el ganador pudo tardar?
- Entre Sainz y Alonso llegó Hamilton. ¿Cuánto pudo tardar más que el primer clasificado?

MatemáticaMENTE

¿Cuáles de estos números se pueden expresar con una fracción propia? ¿Y con una fracción impropia? ¿Y con un número mixto? ¿Por qué?

1,754 0,8 2,36

Aproximación de números decimales

Descubre

- ¿Cuántos euros y céntimos te darán por una libra? ¿Es más justo que te den 1 € y 17 céntimos o 1 € y 18 céntimos?
- Si solo te pudieran dar 1 € y una moneda de céntimos, ¿qué moneda sería más justo que te dieran?
- Y por 2 libras, ¿sería más justo que te dieran 2 € o 3 €?

Aprende

Para **aproximar** un número decimal a un orden, fíjate en la cifra del orden decimal siguiente y compárala con 5: si es menor que 5, deja igual la cifra del orden al que aproximas, y, si es mayor o igual que 5, auméntala en 1.

Ejemplo Observa cómo se aproxima 7,285 a las unidades, a las décimas y a las centésimas.

A las unidades	A las décimas	A las centésimas
7,285 → 7	7,285 → 7,3	7,285 → 7,29
2 < 5	8 > 5	5 = 5
7 = 7	2 + 1 = 3	8 + 1 = 9

Practica

1 **APROXIMA** cada número al orden indicado.

- A las unidades: 8,24 19,7 0,513
- A las décimas: 3,86 24,15 6,937
- A las centésimas: 1,648 0,674 4,785

2 **ESCRIBE** dos decimales cuya aproximación sea 3,28, uno mayor y otro menor que él.

Con las MANOS

COGED 4 tarjetas numéricas y escribid en una tarjeta de papel una coma. Formad con ellas un número con dos o con tres cifras decimales.

Decid a qué órdenes se puede aproximar e indicad dichas aproximaciones.

3 **LEE** y contesta.

El récord español en salto con pértiga lo consiguió Montxu Miranda en el año 2000. Saltó 5,81 m.

- ¿Cuántos metros saltó aproximadamente?
- ¿Cuántos decímetros saltó: un poco más de 58 o casi 59? ¿Por qué? ¿Qué crees que es más correcto, decir que saltó unos 5,8 m o unos 5,9 m?

4 **PIENSA** a qué orden conviene aproximar y contesta. Razona tu respuesta.

¿Cuántos kilos hay, aproximadamente, de cada tipo de fruta?

2,013 kg

1,497 kg

Suma y resta de números decimales

Descubre

- ¿Cuántos euros y céntimos cuesta cada artículo?
- Si compras las dos cosas, ¿cuántos céntimos y cuántos euros tendrás que pagar? ¿Cuánto cuestan en total?
- Si pagas las zapatillas con un billete de 50 €, ¿cuánto te devuelven? Y, si quieres pagar la mochila con ese billete, ¿cuánto dinero te falta?

Aprende

Para **sumar** o **restar** números decimales, coloca los números de forma que coincidan en columna las cifras del mismo orden. Después, suma o resta como si fueran números naturales y pon la coma en el resultado bajo las otras comas.

Si los términos no tienen el mismo número de cifras decimales, añade ceros.

Ejemplos Observa cómo se calcula 4,65 + 27,9 y 52,6 − 3,827.

	D	U	d	c
		4,	6	5
+	2	7,	9	0
	3	2,	5	5

	D	U	d	c	m
	5	2,	6	0	0
−		3,	8	2	7
	4	8,	7	7	3

Practica

1. **CALCULA.** Explica cómo lo haces.
   - 8,43 + 29,7
   - 3,795 + 0,28
   - 14,8 + 6,527
   - 7,3 + 2,974 + 15,2
   - 38,49 + 23 + 8,627
   - 26,14 − 9,5
   - 30,2 − 18,43
   - 8,27 − 4,961

2. **HALLA** los términos que faltan.
   - 6,39 + ■ = 15,6
   - ■ + 2,763 = 5,4
   - 18,52 − ■ = 7,38
   - ■ − 6,38 = 3,729

3. **PIENSA** y contesta. Escribe ejemplos que muestren tus respuestas.
   - La suma de dos números con 3 cifras decimales cada uno, ¿cuántas cifras decimales puede tener?
   - Si restas dos números con 2 cifras decimales, ¿cuántas cifras decimales puede tener la diferencia?

4. **CALCULA** estas operaciones combinadas.

   Sigue el mismo orden que al operar con números naturales y fracciones.
   - 5,38 + 12,9 − 7,543
   - 12,7 − 9,462 + 8,53
   - 34,83 − (6,39 + 18,295)
   - 24,8 − (15 − 9,73)
   - 10,62 − (8,315 − 0,4) + 5,29

5. **EXPRESA** cada fracción como un número decimal y calcula.
   - $\frac{3}{10} + \frac{58}{100}$
   - $\frac{92}{10} - \frac{37}{100}$

   › Opera con las fracciones y comprueba que obtienes el mismo resultado.

Conecta con la realidad

6 **COMPLETA la tabla en tu cuaderno y, después, calcula.**

En un campeonato de gimnasia, en cada aparato se puntúan dos aspectos: la dificultad y la ejecución. La nota final es la suma de ambas.
Estas son las puntuaciones de las tres primeras participantes en suelo.

Gimnasta	Dificultad	Ejecución	Nota final
Ana	4,80	7,249	
Sonia	5,05	7,538	
Inés	5,10	6,975	

- ¿Cuántos puntos obtuvo en la nota de dificultad Sonia más que Ana? ¿Y en la nota de ejecución Inés menos que Sonia?
- ¿Cuántos puntos sacó en la nota final Sonia más que Inés? ¿Cuántos puntos más tendría que haber sacado Ana para igualar a Sonia?

7 **OBSERVA el croquis de la excursión y contesta.**

Estás preparando con tus primos una excursión para el sábado. Dejaréis el coche en el aparcamiento y haréis la ruta a pie. Queréis ir por la mañana a la gruta pasando por el puente, después comer en el pueblo, y por la tarde volver al aparcamiento.

- ¿Qué distancia recorreréis hasta la gruta? ¿Y hasta el pueblo?
- ¿Recorreréis una distancia mayor antes de comer o después? ¿Cuántos kilómetros más?
- No queréis caminar más de 20 km. ¿Habéis elegido bien la ruta? ¿Cuántos kilómetros os faltan o sobran hasta los 20 km?

8 **CONSULTA el peso de la maleta y de las cosas que quieres llevar y resuelve.**

Vas a viajar en avión y quieres llevar una maleta como equipaje de mano. El peso máximo permitido es 9 kg y has pesado las cosas que querrías llevar, para decidir qué metes al final en la maleta.

- ¿Puedes llevar todo lo que quieres? ¿Cuánto peso te falta o te sobra para llevar el máximo permitido?
- Retiras un libro que pesa 0,565 kg y algo de ropa que pesa 0,42 kg. ¿Es suficiente? ¿Qué más quitarías?

Me gustaría llevar:
- Ropa: 5,4 kg.
- Calzado: 1,65 kg.
- Libros: 2,725 kg.
- Tableta: 0,58 kg.
- Otros: 0,815 kg.

Cálculo MENTAL

Calcula cuánto le falta a cada número para llegar a 100.

34 18 83 9 57 91 25 76 62 40

¿Cómo lo calculas?

Multiplicación de números decimales

Descubre

- Para comprar 2 kg de tomates, ¿cuántos céntimos y cuántos euros tendrás que entregar? ¿Cuánto costarán en total?
- ¿Cuánto céntimos y cuántos euros cuesta medio kilo de tomates? ¿Cuánto cuesta en total?
- ¿Cuánto cuestan 2 kilos y medio de tomates?

Aprende

Para **multiplicar** números decimales, se multiplican como si fueran números naturales y en el producto se separan con una coma, a partir de la derecha, tantas cifras decimales como tengan en total los factores.

Ejemplo Para multiplicar 8,56 × 2,4:

1.º Calcula la multiplicación de naturales: 856 × 24 = 20.544.

2.º Suma las cifras decimales de los factores: 2 + 1 = 3.

3.º Separa en el producto tres cifras decimales: 20,544.

8,56 × 2,4 = 20,544

```
      8, 5 6   ← 2 cifras decimales
   ×     2, 4   ← 1 cifra decimal
   ---------
     3 4 2 4
   1 7 1 2
   ---------
   2 0, 5 4 4   ← 3 cifras decimales
```

Practica

1 **CALCULA.**

- 5,7 × 3,9
- 6,18 × 4,7
- 8 × 6,328
- 0,329 × 4,5
- 14,28 × 5,06
- 7,42 × 0,009

2 **MULTIPLICA** por la unidad seguida de ceros.

Hazlo ASÍ

Para multiplicar un decimal por la unidad seguida de ceros, desplaza la coma a la derecha tantos lugares como ceros siguen a la unidad. Si es necesario, añade ceros.

6,57 × 10 = 65,7
1,38 × 100 = 138
3,4 × 1.000 = 3.400

- 16,2 × 10
- 4,297 × 100
- 5,381 × 1.000
- 3,429 × 10
- 17,4 × 100
- 0,42 × 1.000

3 **PIENSA** y contesta. Después, pon ejemplos y comprueba tus respuestas.

- Si multiplicas un número natural por un decimal mayor que 1, ¿es el producto mayor o menor que el número natural?
- Si multiplicas un número natural por un decimal menor que 1, ¿es el producto mayor o menor que el número natural?
- ¿Varían tus contestaciones si el primer factor es un decimal?

4 **CALCULA.**

- 5,3 × (6,74 + 9,28)
- 56,28 − 7,14 × 3,9
- (6,4 − 5,82) × 6,25
- 7,5 − 4,2 × 0,8 + 1,906
- 8,3 × 5 − (2,1 + 4,26) × 0,7

5 **LEE** y contesta.

Para indicar el tamaño de la pantalla de los móviles, las tabletas…, se expresa su diagonal en pulgadas.

1 pulgada = 2,54 cm

¿Cuántos centímetros mide la diagonal de cada pantalla?

- Un móvil de 6,7 pulgadas.
- Una tableta de 10,8 pulgadas.

MatemáticaMENTE

Manuel ha multiplicado un número con 2 cifras decimales por otro con 1 cifra decimal.

¿Puede obtener como resultado un número con solo 2 cifras decimales? Explícalo con un ejemplo.

¿Y un número con solo 1 cifra decimal? Pon un ejemplo.

Conecta con la realidad

6 **OBSERVA** los precios y completa en tu cuaderno este tique de compra.

Has comprado en la charcutería varios productos.

Tique de compra

Salchichón
0,350 kg ....€

Jamón de York
0,865 kg ....€

Chorizo
1,243 kg ....€

Jamón serrano
0,426 kg ....€

TOTAL ...€

Salchichón
9,50 €/kg

Jamón de York
11,25 €/kg

Chorizo
8,95 €/kg

Jamón serrano
14,35 €/kg

Para saber el dinero que hay que pagar, aproxima el importe a las centésimas.

7 **OBSERVA** los precios de los combustibles y calcula.

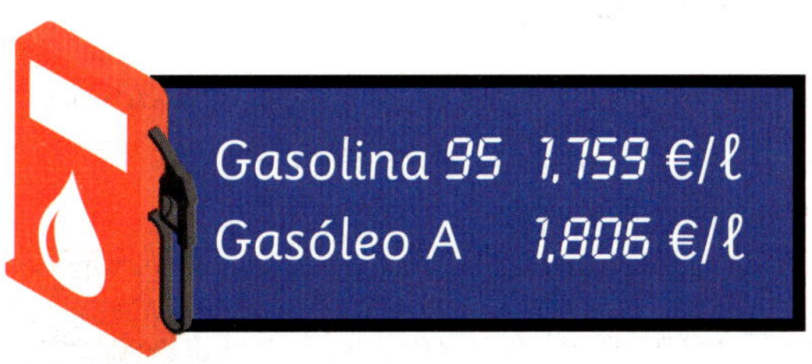

- Acabas de echar 38 ℓ de gasolina, ¿cuánto tienes que pagar? ¿Y si echas 40,2 ℓ?
- Esther tiene un coche diésel y echa 25,25 ℓ de gasóleo A. ¿Cuánto le devolverán si entrega para pagar un billete de 50 €?
- El coche de Juan gasta de media 5,13 ℓ de gasolina cada 100 km. Ha hecho un viaje de 200 km. ¿Cuánto le ha costado el combustible?

Cálculo MENTAL

Calcular el doble

312 × 2 = 624

41 × 2	52 × 2	102 × 2	631 × 2
23 × 2	71 × 2	241 × 2	712 × 2
34 × 2	83 × 2	423 × 2	924 × 2

Escribe 68 y 126 como el doble de un número.

Estimación de operaciones con decimales

Descubre

Observa los precios y contesta mentalmente a estas preguntas.

- La camiseta y el pantalón juntos, ¿valen más de 20 €? ¿Y de 25 €?
- Más o menos, ¿cuánto vale el pantalón más que la camiseta?
- ¿Cuánto valen, aproximadamente, 3 camisetas? ¿Y 2 pantalones?

Aprende

Para **estimar** sumas, restas o multiplicaciones de números decimales, aproxima los términos al orden más conveniente y, después, suma, resta o multiplica las aproximaciones.

Ejemplos

Estima 4,38 + 1,9 aproximando a las unidades.

$4,38 \rightarrow 4$
$1,9 \rightarrow 2$
$4 + 2 = 6$

Estima 12,67 − 5,183 aproximando a las décimas.

$12,67 \rightarrow 12,7$
$5,183 \rightarrow 5,2$
$12,7 - 5,2 = 7,5$

Estima 3,015 × 4 aproximando a las centésimas.

$3,015 \rightarrow 3,02$
$3,02 \times 4 = 12,08$

Practica

1 **ESTIMA** cada operación.

- Aproxima a las unidades:
  7,5 + 3,16   64,438 − 26,92   7,8 × 5
- Aproxima a las décimas:
  43,924 + 8,57   72,05 − 9,631   2,86 × 13
- Aproxima a las centésimas:
  5,749 + 27,182   20,523 − 4,365   6,176 × 4

2 **INDICA** si calcularías el resultado exacto o harías una estimación y por qué.

- Es el cumpleaños de un amigo, miras el precio de una taza para decidir si le regalas una o dos.
- Calculas cuánto tienes que entregar para pagar.
- Calculas cuánto dinero te tienen que devolver.

› Inventa dos problemas de estimación con números decimales.

3 **PIENSA** y escribe.

- Una suma de números decimales cuya estimación a las centésimas sea 27,24.
- Una resta de números decimales cuya estimación a las unidades sea 38.
- Una multiplicación de un número decimal por uno natural cuya estimación a las décimas sea 2,4.

4 **PIENSA** y contesta.

- ¿Qué estimación es más próxima al valor exacto de una operación, la que se obtiene aproximando los números decimales a las décimas, a las centésimas o a las unidades?
- ¿A qué orden te resulta más fácil aproximar para calcular una estimación? ¿Por qué?

  ¿Conviene aproximar siempre a ese orden o crees que es importante decidir en cada situación a qué orden aproximar los decimales? ¿Por qué?

Conecta con la realidad

5 **LEE** las equivalencias y contesta a las preguntas.

Medidas anglosajonas de longitud

1 yarda = 0,9144 m

1 pulgada = 2,54 cm

- Ben Johnson es el atleta más rápido en la carrera de las 40 yardas. ¿A qué orden conviene aproximar para estimar si son más de 50 m?
- Roberto ha comprado un televisor de 60 pulgadas. ¿A qué orden conviene aproximar para estimar si le cabe en un mueble que tiene un hueco rectangular con una diagonal de 125 cm?

- María tiene que enroscar una tubería cuyo diámetro mide 2 pulgadas a una válvula en la que tiene que encajar perfectamente. El diámetro de la válvula se mide en centímetros. ¿Se puede hacer alguna aproximación para estimar los centímetros que mide el diámetro de la tubería?

6 **OBSERVA** el precio de cada menú y resuelve.

- Carla pide un menú ③, Álvaro un menú ② y tú un menú ①. ¿Cuántos euros, aproximadamente, pagará Carla más que tú? ¿Y Álvaro más que tú? ¿Por qué no debes aproximar a las unidades para estimar esta diferencia?
- Pides para tu hermana un menú ② y para ti un menú ③. ¿Cuántos euros pagaréis en total aproximadamente? ¿Pagaréis realmente más o menos que la cantidad estimada? ¿Por qué?
- Vais a comer 4 amigos y pedís 4 menús ①. ¿Cuántos euros pagaréis aproximadamente? ¿Pagaréis realmente más o menos que la cantidad estimada? ¿Por qué?

MENÚ ①	MENÚ ②	MENÚ ③
9,85 €	10,20 €	12,05 €

7 **CONSULTA** la información nutricional de 100 ml de cada tipo de leche y contesta.

	Leche entera	Leche desnatada
Grasas	3,4 g	0,2 g
Proteínas	3,6 g	3,9 g
H. de carbono	4,8 g	4,9 g

- ¿Cuántos gramos de grasas tiene, aproximadamente, la mezcla de 100 ml de leche entera y 100 ml de desnatada? ¿Tendrá realmente más o menos? ¿Por qué?
- ¿Puedes estimar aproximando a las unidades cuántos gramos de hidratos de carbono tienen 100 ml de leche desnatada más que entera? ¿Por qué?
- ¿Cuántos gramos de proteínas tienen, aproximadamente, 500 ml de leche desnatada? ¿Tendrán realmente más o menos de esa cantidad? ¿Por qué?

Cálculo MENTAL

Calcular la mitad

624 : 2 = 312

28 : 2	64 : 2	204 : 2	642 : 2
46 : 2	86 : 2	260 : 2	686 : 2
82 : 2	48 : 2	428 : 2	824 : 2

Escribe 31 y 142 como la mitad de un número.

Determinar preguntas con palabras diferentes

1 **LEE atentamente este enunciado y escribe en tu cuaderno la pregunta o las preguntas que creas que son similares a la del problema.**

- En la clase de Educación Plástica, para hacer flores de papel, el profesor reparte las 72 láminas de colores que tiene entre los 12 estudiantes que hay en clase. ¿Cuántas láminas recibirá cada estudiante?
  - ¿Cuántas láminas se han repartido?
  - Calcula el número de estudiantes que recibirá alguna lámina.
  - ¿Hay suficientes láminas para todos los estudiantes?
  - Averigua el número de láminas que sobrarán.
  - ¿Tocarán a más de 8 láminas?
  - Determina el número de láminas que recibirá cada estudiante.
  - ¿Cuántas láminas corresponderán a cada estudiante?

2 **IDENTIFICA qué se quiere averiguar en estos enunciados y plantea una pregunta para averiguarlo. Después, resuelve los problemas.**

- Para hacer 1,5 ℓ de batido de fresa necesitamos 0,8 ℓ de zumo de fresa y el resto de leche. Calcula la cantidad de leche que se necesita para hacer 1,5 ℓ de batido de fresa.
- Satu cree que ha ganado a Nuri jugando a un mismo videojuego pero no está seguro. Satu ha obtenido 162 puntos rojos, 143 azules y 328 verdes. Nuri, sin embargo, ha conseguido menos puntos rojos que Satu, solo 134, pero le ha ganado en los puntos azules, 231, y en los verdes, 342. ¿Tú qué opinas?
- En Castellmont todos se preguntan en qué año hubo más nacimientos en el pueblo. En 2020 ha habido en total 65 nacimientos de niños y niñas, en 2021 nacieron 34 niños y 27 niñas y en 2022 el número de nacimientos de niñas, 42, duplicó al de niños.
- La semana que viene vamos a la playa de vacaciones. Estamos decidiendo si es más barato viajar en tren o llevar nuestro propio coche. En casa somos mi hermana, mi madre y yo y cada billete de tren cuesta 28 €. Si llevamos el coche, gastaremos 24 € en combustible y tendremos que pagar 12 € de aparcamiento por cada uno de los 6 días que estaremos en la playa.

Representar gráficos de sectores

1 **REPRESENTA** los datos de la tabla en un gráfico de sectores.

Para organizar los talleres del campamento, has hecho una lista de actividades y has preguntado a los chicos y chicas que van a ir cuál prefieren.
Estos son los resultados:

Tipo de actividad	Robótica	Pintura	Ajedrez	Baile
N.º de personas	40	10	15	55

Sigue estos pasos y representa el gráfico en tu cuaderno.

1.º Halla el número total de personas encuestadas.

$40 + 10 + 15 + 55 = 120$ → Hay 120 personas.

2.º Calcula los grados que corresponden a cada persona.

$$\frac{\text{Grados del ángulo completo}}{\text{N.º de personas encuestadas}} = \frac{360}{120} = \ldots$$ → A cada persona le corresponden...

3.º Busca en la tabla cuántas personas prefieren cada tipo de actividad y calcula los grados del sector correspondiente.

Robótica → $40 \times 3 = 120$ → El ángulo del sector mide 120º.

Pintura → ... Ajedrez → ... Baile → ...

4.º Traza una circunferencia, escribe una clave de color y, con el trasportador, dibuja cada sector y coloréalo según tu clave.

- Robótica
- Pintura
- Ajedrez
- Baile

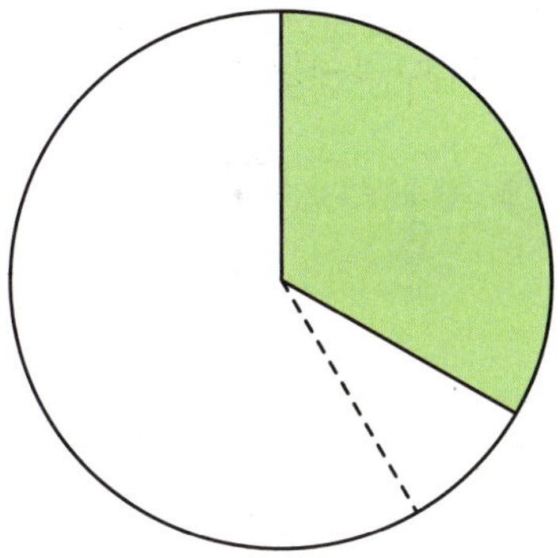

2 **OBSERVA** los datos y represéntalos en un gráfico de sectores. Después, piensa si las afirmaciones son verdaderas o falsas y compruébalo en tu gráfico.

Has ido al aeropuerto para hacer una encuesta a las personas que llegan en un avión sobre el motivo de su viaje.
Has recogido estos datos:

Motivo del viaje	N.º de personas
Trabajo	50
Vacaciones	90
Estudios	15
Otros	25

VERDADERO O FALSO

- Los cuatro sectores del gráfico miden 50°, 90°, 15° y 25°, respectivamente.
- El sector mayor es el de vacaciones, porque es lo que han contestado más personas.
- El motivo por el que viajan menos personas es por estudios, porque es el sector menor.

Comprueba tu progreso

1 **OBSERVA** las medidas en milímetros de algunas monedas y ordénalas.

- De mayor a menor según su diámetro.
- De menor a mayor según su grosor.

	20 cent	50 cent	1 €	2 €
Diámetro	22,25	24,25	23,25	25,75
Grosor	2,14	2,38	2,33	2,2

2 **APROXIMA** cada número decimal a todos los órdenes posibles.

- 27,4
- 3,91
- 6,285

3 **MULTIPLICA.** Después, piensa y contesta.

23,7 × 0,1   8,6 × 0,01

- ¿A qué división equivale cada multiplicación?
- ¿A qué división crees que equivale multiplicar por 0,001? Por un ejemplo y compruébalo.

4 **CALCULA.**

- 3,57 + 24,9 + 0,314
- 45,78 − 8,9
- 20,45 − 15,372
- 4,518 × 25
- 6,4 × 0,83
- 7,291 × 4,6

5 **PIENSA** y completa los números que faltan.

El número de cada ladrillo es la suma de los dos números de los ladrillos sobre los que se apoya.

› Inventa tú otro muro de 6 ladrillos en los que cada número sea la resta de los dos sobre los que se apoya. Después, borra 3 números y propón a otro estudiante que lo complete. Asegúrate de que se puede calcular.

6 **CALCULA** estas operaciones combinadas.

- 6,35 − 0,841 × 3
- 2,5 × (4,71 + 5,4)
- 0,68 + 9,4 × 3,16
- 18,9 − (3 + 5,28) + 9,7
- 0,83 × 10 − 1,6 × 4,7
- (6 − 4,3) × (5,9 + 2,54)

7 **INDICA** qué valores puede tener cada cuadrito para que la estimación sea la indicada y calcula.

- 2,■4 + 3,5■7 → 2,7 + 3,6 = …
- 6,49■ − 4,3■8 → 6,5 − 4,3 = …
- 2,8■9 × 5 → 2,■6 × ■ = …

Aplica lo que has aprendido

8 **CONSULTA** lo que cuesta enviar un paquete dentro de la Península y resuelve. Piensa si puedes hacer una estimación o si debes calcular el resultado exacto.

Servicio de paquetería
Tarifas según su peso

Hasta 1 kg →	14,30 €
Más de 1 kg y hasta 5 kg →	17,65 €
Más de 5 kg y hasta 10 kg →	23,10 €
Más de 10 kg y hasta 15 kg →	27,50 €

- Quieres mandar una figura de madera que pesa 4,857 kg y un marco de fotos de 0,920 kg.
  Si lo envías en un único paquete, ¿cuánto pesaría?
  ¿Qué resulta más barato: enviarlo en un único paquete o en dos paquetes separados? ¿Cuánto te ahorras?
- Quieres enviar una colección de libros utilizando varias cajas iguales de 3,25 kg cada una. Tienes 55 € para gastar en el envío.
  ¿Puedes enviar 4 cajas de libros? ¿Por qué?
  ¿Cuánto dinero te sobra si envías 3 cajas?

9 **OBSERVA** los precios de la fruta y resuelve.

Quieres comprar 1 melón de 1,2 kg, 3 kg de naranjas y 0,7 kg de ciruelas.

- ¿Cuántos kilos de fruta son en total? ¿Cuánto te cuesta?
- Llevas un billete de 10 €. ¿Cuánto dinero te sobra o te falta?
- ¿Puedes comprar además 2 kg de peras? ¿Y un kilo y medio de manzanas?

1,05 €/kg

1,25 €/kg

2,90 €/kg

2,49 €/kg

1,88 €/kg

10 **BUSCA** los datos en la tabla de precios y contesta.

En la tabla se indican los precios de un aparcamiento según el tiempo que se deja el coche al día.

	Hasta 1 hora	Hasta 3 horas	Hasta 8 horas	Hasta 24 horas
Tarifa por minuto	0,04 €	0,03 €		
Tarifa diaria			8,45 €	10,80 €
Abono mensual			82,95 €	104,75 €

- ¿Cuánto cuesta aparcar el coche 45 minutos? ¿Y 2 horas?
- ¿Cuánto cuesta dejar el coche 10 horas más que dejarlo 6 horas?
- Jorge aparca el coche 9 días cada mes, durante 6 horas cada día. ¿Le conviene sacar el abono? ¿Y si lo aparca 12 días cada mes?
- Marina deja el coche en el aparcamiento, durante 10 días cada mes, 11 horas diarias. ¿Cuánto se ahorra con el abono mensual?

Valora tu aprendizaje

11 **REFLEXIONA** sobre lo aprendido en esta unidad y contesta en tu cuaderno.

- ¿Ayudas a que todos se sientan bien en clase? ¿Cómo lo haces?
- ¿Escuchas las opiniones de los demás al trabajar en equipo? ¿Aprendes con ellas?

Enfréntate al DESAFÍO

RUEDA DE PRODUCTOS

AVERIGUA qué número es cada círculo.

5 0,2 0,3 0,4 0,6 0,02 0,03 0,04 0,06

Copia la rueda en tu cuaderno y escribe un número en cada círculo azul, para que se cumplan estas condiciones:

- El producto de los tres números de todas las rectas sea el mismo.
- El producto de los tres números de cada zona naranja sea igual.
- El producto de los tres números de cada zona verde sea el mismo.

¿Cuál es el producto en cada uno de los tres casos?

Conociendo el mundo

Cada año muchas personas se van de viaje. Unas veces lo hacen para visitar a familiares o para trabajar en otras ciudades, y otras, por vacaciones. Viajan a la playa o a la montaña para disfrutar unos días de ocio y recreo.

¿Cuál es el último viaje que hiciste? ¿Habías estado ya en ese lugar o era nuevo para ti?

1 Observa los datos que aparecen en la primera doble página de la unidad y contesta.

- ¿Cuántos días suelen pasar en Asturias las personas que viajan allí? ¿Cuánto dinero gastan de media al día?
- ¿En qué tres comunidades autónomas se suelen gastar más dinero los visitantes? ¿Y menos?
- ¿En qué tres comunidades autónomas los viajeros suelen pasar más tiempo?
- ¿En qué comunidades autónomas se suelen quedar menos de 4 días?
- ¿Cuántos viajes por vacaciones hubo en 2019? ¿Y en 2020? ¿Por qué crees que disminuyeron tanto los viajes de un año a otro?

2 Analiza los datos.

- ¿Qué significa que un viajero se quede 4,37 días en Andalucía? ¿Tiene sentido aproximar los datos de la duración del viaje?
- ¿Qué diferencia de gasto hay entre los viajes a Castilla y León y a Canarias? ¿Por qué crees que es así?
- Calcula la diferencia de gasto entre Extremadura y Navarra. Después, estima esa diferencia aproximando a las unidades. ¿Es importante la variación de los resultados? ¿Por qué?
- ¿Cuántos millones de viajes, más o menos, fueron por vacaciones en 2018? ¿Y en 2021? ¿Cuántos millones, aproximadamente, hubo más en 2018 que en 2021?

3 Piensa en tu último viaje y contesta a estas preguntas.

- ¿Cuándo fue la última vez que viajaste fuera de tu comunidad?
- ¿A qué comunidad autónoma fuiste? ¿Cuántas noches estuviste fuera?
- Compara esos datos con los de la duración media de días que pasan los viajeros a ese lugar. ¿Pasaste más días o menos?

Actividades

1 **ESCRIBE** los números anterior y posterior.

- 99.999.999
- 387.050.000
- 509.999.009
- 640.001.110
- 739.999.999

2 **ESCRIBE** en cifras o en letra estas fracciones.

- Cinco doceavos.
- Diecisiete cuartos.
- Treinta y dos décimos.
- Nueve veinticuatroavos.
- $\frac{18}{7}$
- $\frac{40}{9}$
- $\frac{6}{15}$
- $\frac{1}{4}$

➤ ¿Qué fracciones se pueden expresar en forma de número mixto? ¿Por qué?

3 **COMPARA** las fracciones y escribe el signo adecuado.

- $\frac{7}{8}$ ◯ $\frac{7}{15}$
- $\frac{4}{9}$ ◯ $\frac{5}{9}$
- $\frac{6}{10}$ ◯ $\frac{5}{12}$
- $\frac{3}{7}$ ◯ $\frac{9}{21}$
- $\frac{9}{16}$ ◯ $\frac{11}{24}$

➤ ¿Qué pareja de fracciones son equivalentes? Escribe tú otra fracción equivalente a ellas.

4 **CALCULA** estas operaciones con fracciones.

- $\frac{2}{9} + \frac{5}{6}$
- $\frac{2}{7} + 5$
- $\frac{7}{8} - \frac{3}{10}$
- $2 - \frac{4}{5}$
- $\frac{6}{11} \times \frac{5}{4}$
- $3 \times \frac{8}{9}$
- $\frac{9}{8} : \frac{5}{6}$
- $\frac{10}{9} : 4$

5 **COPIA** la figura y dibuja otra con la misma forma en la que sus lados midan el doble.

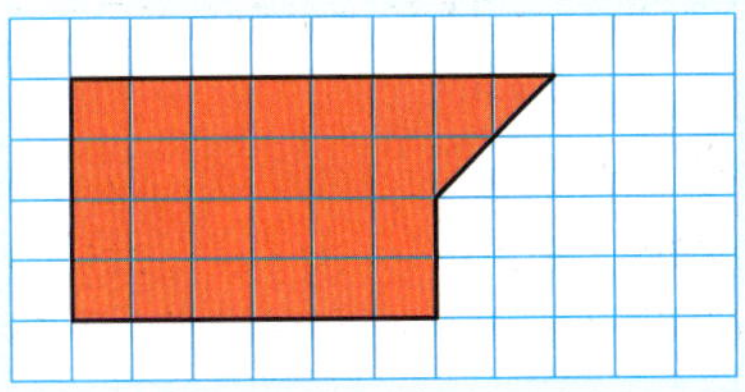

- ¿Cómo son las dos figuras que has dibujado?
- ¿Cómo son los ángulos de las dos figuras?

Problemas

6 Un grupo de buzos está haciendo un reportaje fotográfico sobre la vida submarina de una zona. Por la mañana se sumergieron 3 buzos e hicieron 540 fotos cada uno, y por la tarde sacaron la mitad de fotos que por la mañana. Al volver al barco eliminaron 130 fotos que habían salido borrosas. ¿Cuántas fotos tenía el reportaje?

7 De las fotos que tenía en total el reportaje, dos quintos eran de peces y tres décimos de corales. ¿Cuántas fotos había de peces más que de corales? ¿Cuántas fotos no eran de peces ni de corales?

8 Por la mañana, se sumergieron 80 m para ver un banco de peces y después descendieron 130 m más para fotografiar los corales. Por la tarde, bajaron a 200 m bajo el nivel del mar y luego ascendieron 50 m para fotografiar un grupo de estrellas de mar. ¿Con qué número entero expresarías la posición del banco de peces, de los corales y de las estrellas de mar?

¿Cuánta agua gastamos?

Porcentajes del consumo por lugar en los hogares españoles

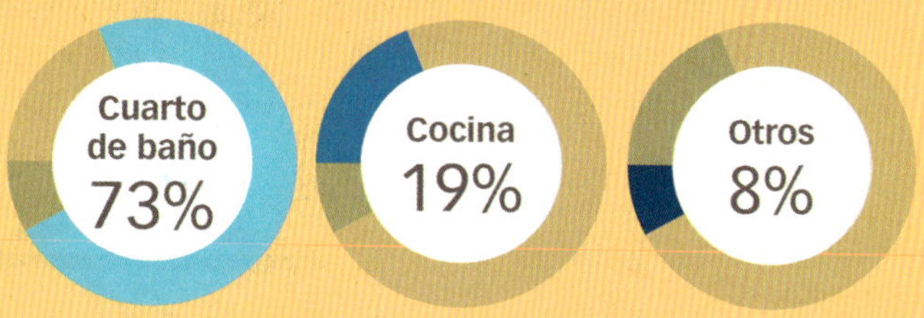

EL CONSUMO MEDIO DE AGUA EN LOS HOGARES ESPAÑOLES ES DE **133 litros** POR HABITANTE Y DÍA.

Consumo medio de agua por persona a la semana

Tipo de gasto	Consumo (en litros)
Inodoro	156,8
Ducha/baño	281,1
Lavabo	85,4
Cocina	100,1
Piscina	14
Regar	10,5
Fugas	16,8
Limpieza doméstica	37,8
Lavadora	67,9
Lavavajillas	9,8

Comparte tus preguntas

- Inventa una pregunta que incluya las palabras *personas* y *litros*.
- Plantea una pregunta de forma que para resolverla haya que hacer una división en la que aparezcan números decimales.

7

Haz memoria

- Calcula estas operaciones.

  2,5 × 1.000   4,1 : 1.000

  3,18 × 100   0,92 : 100

- En una división de números naturales, ¿qué ocurre con el cociente y el resto si multiplicas o divides el dividendo y el divisor por un mismo número distinto de cero? Compruébalo con algunos ejemplos.

Consumo de agua en algunas actividades cotidianas

60-100 litros	Lavar la ropa
15-40 litros	Limpiar la casa
100 litros	Lavar la vajilla a mano
18-50 litros	Lavar la vajilla en un lavavajillas
6-8 litros	Cocinar
35-70 litros	Darse una ducha
200 litros	Bañarse
30 litros	Lavarse los dientes
1,5 litros	Lavarse los dientes (cerrando el grifo)
1,5 litros	Lavarse las manos

Resuelve mentalmente

- Si el gasto medio semanal de agua en el lavabo fuera 15 ℓ mayor, ¿cuál sería?
- Si el gasto de agua en lavarse las manos fuera de 0,4 ℓ menos, ¿cuál sería?

TU PLAN DE TRABAJO

Aprenderás

Pasarás a la acción

Pondrás a prueba lo aprendido

División de un decimal entre un natural

Descubre — Con las MANOS

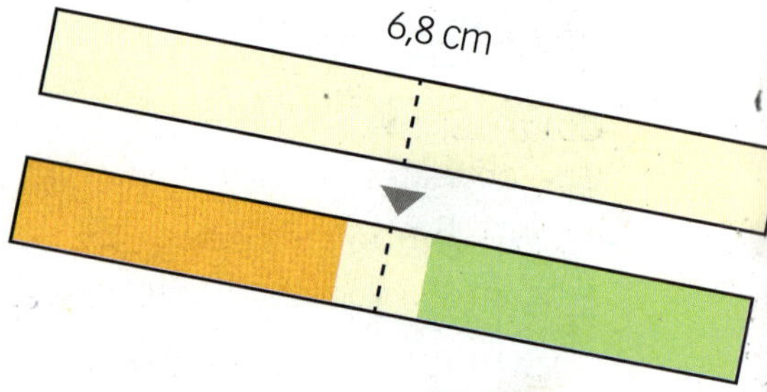

Corta una tira de papel de 6,8 cm de largo y dóblala por la mitad.

- ¿Cuántos centímetros completos medirá cada una de las dos mitades? Pinta esos centímetros en cada parte de un color distinto.
- ¿Qué longitud de la tira faltará por pintar? ¿Cuántos milímetros son? ¿Cuántos milímetros pertenecen a cada parte?
- ¿Cuántos centímetros y milímetros mide cada parte de la tira? ¿Cuántos centímetros son?

Aprende

Para **dividir un número decimal entre uno natural**, divide como si fueran números naturales y, al bajar la primera cifra decimal del dividendo, escribe una coma en el cociente y sigue dividiendo.

Ejemplos

47,56 : 3

```
D U  d c
4 7, 5 6 | 3
1 7        1 5, 8 5
  2 5
    1 6
      1 ← resto = 1 c = 0,01
```

2,714 : 5

```
U  d c m
2, 7 1 4 | 5
   2 1     0, 5 4 2
     1 4
       4 ← resto = 4 m = 0,004
```

Practica

1. **CALCULA** y escribe el resto de cada división.
   - 39,27 : 4
   - 412,6 : 9
   - 1,58 : 7
   - 95,8 : 26
   - 7,949 : 35
   - 73,14 : 71

2. **PIENSA** y escribe en cada cociente la coma que falta.
   - 9,75 : 3 = 325
   - 43,8 : 6 = 73

3. **EXPLICA** si es verdadero o falso y por qué.

   Al dividir un número decimal entre uno natural:
   - El cociente tiene el mismo número de cifras decimales que el dividendo.
   - Si la división no es exacta, el resto es un número natural.

4. **CALCULA** el factor desconocido.
   - 9 × ■ = 50,58
   - ■ × 14 = 51,8

5. **LEE** lo que han comprado 6 personas para hacer un trabajo y resuelve.

   5 tablas → 18,25 €
   4 listones → 7,04 €
   Cuerda a 2 €/m → 5,60 €

   - ¿Cuánto les ha costado cada tabla?
   - ¿Cuántos metros de cuerda han comprado?
   - ¿Cuánto les habrían costado 5 listones?
   - Si pagan todos igual, ¿cuánto tendrá que poner cada persona? ¿Sobrará entonces dinero?

División de un natural entre un decimal

Descubre

Con las MANOS

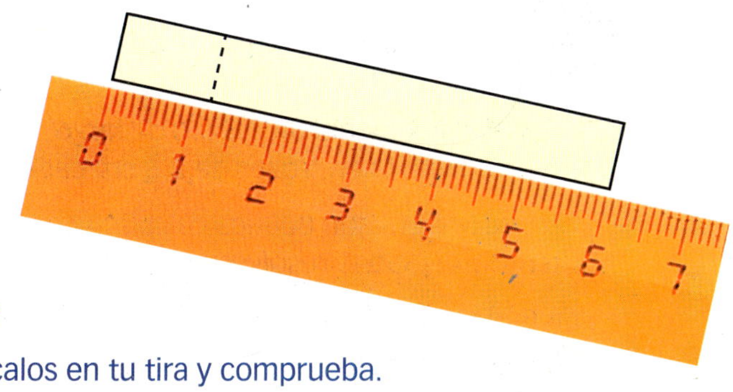

Corta una tira de papel de 6 cm de largo.
Queremos dividirla en trozos de 1,2 cm cada uno.

- ¿Con qué operación puedes calcular el número de trozos que obtendrás? ¿Sabes resolverla?
- ¿Cuántos milímetros mide la tira de papel entera? ¿Y cada parte?
- ¿Puedes hacer ahora la división? ¿Cuántos trozos obtienes? Márcalos en tu tira y comprueba.

Aprende

Para **dividir un número natural entre uno decimal**, multiplica ambos números por la unidad seguida de tantos ceros como cifras decimales tiene el divisor y, después, calcula la división de números naturales.

Al multiplicar el dividendo y el divisor por el mismo número, el cociente no varía y el resto queda multiplicado por ese número.

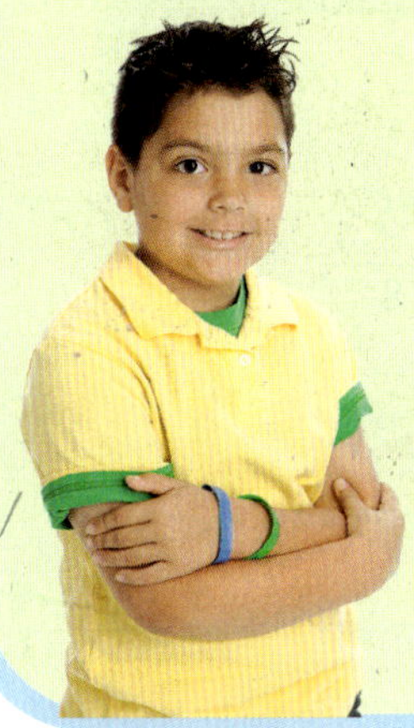

Ejemplo 170 : 1,24

170 : 1,24
↓ × 100 ↓
17.000 : 124

```
1 7 0 0 0 |1 2 4
0 4 6 0    1 3 7
  0 8 8 0
    0 1 2
```

Al multiplicar, el divisor es ahora un número natural.

17.000 : 124 → Cociente = 137, Resto = 12

170 : 1,24 → Cociente = 137, Resto = 12 : 100 = 0,12

Practica

1 **OBSERVA** la división y contesta.

```
5 : 3,2 → 5 0 |3 2
          1 8   1
```

- ¿Cuánto vale el cociente de 50 : 32? ¿Y el de 5 : 3,2?
- ¿Cuál es el resto de 50 : 32? ¿Por qué número hay que dividir 18 para averiguar el resto de 5 : 3,2? ¿Por qué? ¿Cuál es su resto?

2 **CALCULA** el cociente y el resto.

- 375 : 0,4
- 784 : 2,6
- 95 : 3,85
- 410 : 0,9
- 23 : 1,84
- 36 : 0,007
- 153 : 0,043
- 4.328 : 2,56
- 39 : 2,154

3 **PIENSA**, pon ejemplos y contesta.

- Si divides un número natural entre uno decimal menor que 1, ¿el cociente es mayor o menor que el dividendo?
- ¿Y si lo divides entre un número decimal mayor que 1?

4 **LEE** y resuelve.

En una fábrica van a envasar 270 kg de mermelada, la mitad en tarros grandes de 1,5 kg y el resto en tarros pequeños de 0,25 kg. ¿Cuántos tarros obtendrán de cada tamaño?

División de un decimal entre un decimal

Descubre

Con las MANOS

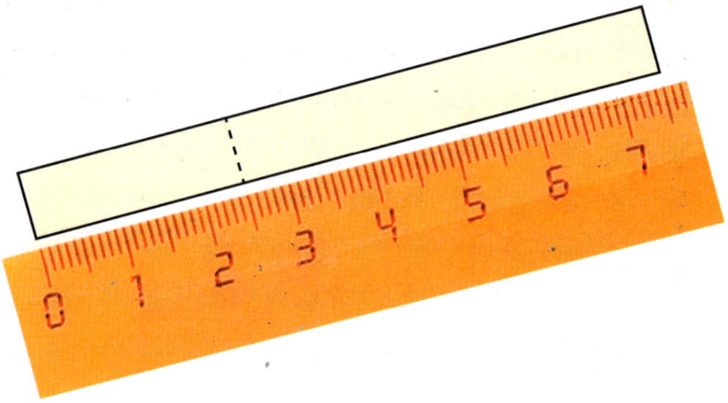

Corta una tira de papel de 7,5 cm de largo.
Queremos dividirla en trozos de 2,5 cm cada uno.

- ¿Con qué operación puedes calcular cuántos trozos obtendrás? ¿Sabes resolverla?
- ¿En qué unidad puedes expresar las medidas para saber calcular la división?
  ¿Por qué número has multiplicado los dos términos?
- ¿Cuántos trozos obtienes? Márcalos en tu tira y comprueba.

Aprende

Para **dividir un número decimal entre otro decimal**, multiplica ambos números por la unidad seguida de tantos ceros como cifras decimales tiene el divisor y, después, calcula la división obtenida.

Ejemplos

43,94 : 2,6

43,94 : 2,6 → × 10 → 439,4 : 26

```
4 3 9,4 |2 6
1 7 9    1 6,9
  2 3 4
    0 0
```

Cociente = 16,9
Resto = 0

52,1 : 1,34

52,1 : 1,34 → × 100 → 5.210 : 134

```
5 2 1 0 |1 3 4
1 1 9 0  3 8
  1 1 8
```

Cociente = 38
Resto = 118 : 100 = 1,18

Practica

1. **CALCULA** el cociente y el resto de cada división. Explica cómo lo haces.
   - 68,34 : 5,8
   - 239,5 : 1,25
   - 65,83 : 0,74
   - 350,7 : 94,6
   - 5,732 : 0,7
   - 1,85 : 3,9

2. **OBSERVA** las divisiones de la actividad 1 y contesta si son números naturales o decimales.
   - En las divisiones iniciales, ¿cómo es el dividendo? ¿Y el divisor? ¿Cómo puede ser el cociente? ¿Cómo es el resto?
   - En las divisiones que calculas, ¿cómo es el divisor? ¿Cómo puede ser el dividendo? ¿Cómo puede ser el cociente?

3. **INVENTA** dos divisiones de decimales que tengan el mismo cociente que cada división dada.

   35 : 8 160,3 : 12

   ¿Son iguales sus restos? ¿Por qué?

4. **CALCULA** estas operaciones combinadas.
   - 31,5 − 6,636 : 0,28
   - 9,4 × 0,37 − 7,52 : 4
   - (17,2 − 3,85) : (6,74 + 2,16)
   - 5,392 + 6,72 : 0,32 − 4,9
   - 2,718 : (4,7 − 1,68) × 7,2

Conecta con la realidad

5 **OBSERVA** cuánto pesa y me ha costado cada producto de la compra, y calcula el precio por kilo de cada uno.

Producto	Peso	Precio
Patatas	3,5 kg	3,15 €
Sandía	4,7 kg	7,52 €
Almendras	0,8 kg	3,12 €
Lentejas	1,6 kg	5,44 €

MatemáticaMENTE

¿A qué multiplicación equivale cada división? Completa y calcula.

- $3{,}5 : 0{,}1 = 3{,}5 \times$ ■ = ...
- $4{,}823 : 0{,}01 = 4{,}823 \times$ ■ = ...
- $1{,}97 : 0{,}001 = 1{,}97 \times$ ■ = ...

6 **OBSERVA** las distintas tarifas de una compañía telefónica y contesta.

Según la factura del mes pasado, tu hermano hizo 37 llamadas con un total de 118 minutos.

- ¿Qué tarifa le hubiera salido más barata? ¿Cuánto hubiera ahorrado?
- Este mes ha pagado 14,08 €. ¿Cuántas llamadas habría hecho si tuviera la tarifa joven? ¿Cuántos minutos hubiera podido hablar si tuviera la tarifa fija?
- ¿Cuántos minutos tiene que durar una llamada con la tarifa fija para que sea más cara que con la tarifa joven?
- Si haces 40 llamadas, ¿cuántos minutos tienes que hablar para que te salga más cara la tarifa fija?

TARIFAS TELEFÓNICAS

Tarifa joven: 0,28 € por establecimiento de llamada y minutos ilimitados.

Tarifa fija: sin establecimiento de llamada. 0,09 € por minuto.

7 **LEE** y calcula.

- ¿Cuánto cuesta la cuña de queso más grande?
- ¿Cuánto pesan las dos cuñas?
- ¿Cuánto tendrás que pagar por las dos?

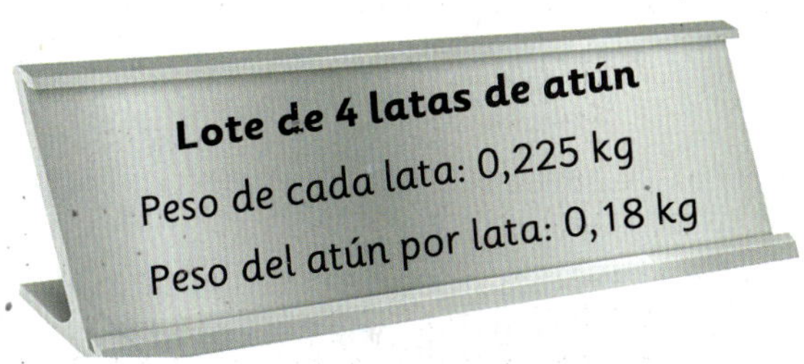

- ¿Cuánto pesa un lote de latas de atún? ¿Cuánto atún contiene?
- Para hacer una receta necesito medio kilo de atún. ¿Cuántas latas necesito? ¿Cuántos lotes tengo que comprar?

Cálculo MENTAL

Calcula cuánto le falta a cada número para llegar:

- A 300: 45 19 73 8 57 92 36 24
- A 500: 82 61 35 9 14 70 43 58

¿Cómo lo calculas?

Obtención de cifras decimales en el cociente

Descubre

Tienes que repartir en partes iguales 9 ℓ de agua en 6 jarras de 2 ℓ cada una.

- ¿Puedes echar 2 ℓ en cada una? ¿Cuántos litros puedes echar en cada jarra y cuantos litros te sobran?
- ¿Cuántos decilitros han sobrado? ¿Puedes repartirlos entre las jarras? ¿Cuántos echas en cada jarra?
- ¿Cuántos litros y decilitros echas a cada jarra? ¿Cuántos litros son?

Aprende

En una división puedes obtener en el cociente las cifras decimales que necesites. Al terminar de dividir, escribe la coma en el cociente (si no está ya escrita), añade un cero en el resto y sigue dividiendo las veces necesarias hasta conseguir las cifras decimales deseadas.

Ejemplos

38 : 7 con 2 cifras decimales.

```
D U d c
3 8      |7
  3 0     5, 4 2
    2 0
      6 ← resto = 6 c = 0,06
```

8,65 : 2,5 hasta que el resto sea 0.

```
8,65 :  2,5
↓ × 10 ↓
86,5 :  25
```

```
8 6, 5  |2 5
1 1 5    3, 4 6
  1 5 0
    0 0 ← resto = 0
```

Practica

1 **CALCULA** cada cociente y escribe en cada caso el resto de la división.

25 : 8

- Cociente sin cifras decimales.
- Cociente con 1 cifra decimal.
- Cociente con 2 cifras decimales.
- Cociente con 3 cifras decimales.

¿Cuál es el cociente mayor? ¿Y el resto menor?

2 **PIENSA** y decide cuántas cifras decimales conviene que tenga el cociente.

- Vas a comprar champú. Hay botes sueltos y paquetes de dos unidades. Calculas el precio de cada bote del paquete para saber si merece la pena comprar uno o dos botes.
- Tienes que formar con los alumnos de la clase 4 grupos iguales, pero, al calcular cuántos alumnos habrá en cada grupo, la división no es exacta.

3 **CALCULA** el cociente con el número de cifras decimales indicado.

- Con 1 cifra decimal: 86 : 9 174 : 6,3
- Con 2 cifras decimales: 203 : 54 18,5 : 7
- Con 3 cifras decimales: 4,8 : 1,9 2,75 : 0,3
- Hasta que el resto sea 0: 17 : 4 73 : 2,5

4 **LEE** y resuelve.

- Has comprado 8 balones iguales por 134 €. ¿Cuánto vale cada balón?
- Has cortado una cuerda de 1,5 m en 4 trozos iguales. ¿Cuánto mide cada trozo?

¿Cuántas cifras decimales has sacado en cada caso? ¿Por qué?

Expresión decimal de una fracción

Descubre

- ¿Con qué número decimal expresas $\frac{1}{2}$ kg?
  Si calculas el cociente de 1 : 2, ¿obtienes ese número decimal?
- ¿Con qué número decimal expresas $\frac{1}{4}$ kg?
  ¿Cómo puedes calcularlo?

Aprende

Toda fracción tiene una expresión decimal que se obtiene dividiendo su numerador entre su denominador.

Ejemplos Observa cómo se obtiene la expresión decimal de $\frac{9}{4}$ y de $\frac{3}{5}$.

```
9   |4
1 0  2, 2 5
  2 0
    0
```
$\rightarrow \frac{9}{4} = 2{,}25$

```
3 0 |5
  0  0, 6
```
$\rightarrow \frac{3}{5} = 0{,}6$

Practica

1 **HALLA** la expresión decimal obteniendo cifras decimales hasta que el resto sea 0.

- $\frac{7}{2}$
- $\frac{11}{4}$
- $\frac{4}{5}$
- $\frac{13}{8}$
- $\frac{15}{6}$
- $\frac{20}{16}$

2 **CALCULA** la expresión decimal de la fracción con 5 cifras decimales y contesta.

$\frac{8}{6}$

- ¿Qué ocurrirá si sigues obteniendo cifras decimales en el cociente?
- ¿Cuántas cifras decimales puede tener la expresión decimal de una fracción?

3 **LEE** y resuelve.

Compras $\frac{3}{4}$ kg de pimientos y 720 g de tomates. ¿Qué verdura pesa más?

4 **ESCRIBE** dos números decimales comprendidos entre cada pareja de fracciones.

- $\frac{7}{4}$ y $\frac{12}{5}$
- $\frac{17}{5}$ y $\frac{28}{8}$

Cálculo MENTAL

Calcular el doble

$35 \times 2 \rightarrow 70$ ($30 \times 2 = 60$; $5 \times 2 = 10$; $60 + 10 = 70$)

15 × 2	25 × 2	35 × 2	105 × 2
45 × 2	55 × 2	65 × 2	115 × 2
75 × 2	85 × 2	95 × 2	125 × 2

Expresa 270 como el producto de un número por 2.

Problemas con números decimales

Descubre

En clase sois 22 estudiantes y queréis ir a una exposición.
El autobús para todos cuesta 123,20 €, y las entradas, 93,50 €.
¿Cuánto tiene que pagar cada estudiante?

- ¿Puedes hallar directamente la solución o debes calcular alguna operación intermedia? ¿Qué operación?
- ¿Puedes ya resolver el problema? ¿Cómo?
- ¿Cuál es la solución? ¿Te parece coherente?

Aprende

Piensa si puedes calcular la solución o si debes averiguar algunos datos intermedios y qué operación hay que realizar en cada caso. Antes de dar la solución, piensa si el resultado obtenido es lógico.

Ejemplo Has comprado 3 refrescos a 0,85 € cada uno y 2 bocadillos del mismo precio. Te han cobrado 12,45 €. ¿Cuánto cuesta cada bocadillo?

1.º Calculamos cuánto cuestan los tres refrescos.

$3 \times 0,85 = 2,55$ → Los 3 refrescos cuestan 2,55 €.

2.º Calculamos cuánto cuestan los dos bocadillos.

$12,45 - 2,55 = 9,9$ → Los 2 bocadillos cuestan 9,90 €.

3.º Calculamos cuánto cuesta cada bocadillo.

$9,9 : 2 = 4,95$ → Cada bocadillo cuesta 4,95 €.

Conecta con la realidad

1 **LEE** y resuelve.

Un grupo de 6 amigas y amigos habéis ido a comprar un regalo de cumpleaños para un compañero. Habéis decidido comprarle un patinete y dos camisetas.

- ¿Cuánto dinero tenéis que poner cada uno?
- Decidís poner cada uno 15 € y con el dinero que sobra queréis comprar una tarjeta que cuesta 3,95 € y tomar un helado. ¿Cuánto dinero os queda para el helado?

- Tomáis cada uno un helado. ¿Necesitáis poner más dinero? ¿Será suficiente si aportáis 3 € más cada persona?
- ¿Cuánto dinero os sobra al final? Si lo repartes entre los 6, ¿puedes entregar a todos lo mismo? ¿Cómo lo repartirías?

2 **OBSERVA** los precios y calcula.

En casa estáis reformando el comedor y queréis comprar algunos muebles nuevos.
Has ido con tu familia a una tienda de muebles y hay ofertas que queréis aprovechar.

Mesa: 235,50 €
1 silla: 68,95 €

OFERTAS DEL MES
4 sillas: 224,20 €
Mesa + 4 sillas: 439,90 €

- Si compráis 4 sillas, ¿cuánto os ahorráis en cada silla?
- Si adquirís 6 sillas, ¿podéis aprovechar alguna oferta? ¿Cuánto os costarían?
- Compráis la mesa y 8 sillas. ¿Cuánto tenéis que pagar? ¿Cuánto os ahorráis con las ofertas?
- Al realizar la compra pagáis 160,40 €; al recibirlas en casa 168 € y el resto lo abonáis en cuotas mensuales de 111,90 € cada una. ¿Cuántos meses tenéis que pagar?

3 **LEE** y contesta.

Has abierto tu hucha y estás contando las monedas que hay.

- Tienes 18,50 € en monedas de 0,50 € y 3,80 € en monedas de 0,20 €. ¿Cuántas monedas tienes de cada valor?
- Además, hay 12 monedas de 10 céntimos, 13 de 1 € y 8 de 2 €. ¿Cuánto dinero tienes en monedas de euros más que en monedas de céntimos?
- ¿Cuánto dinero tienes en total? ¿Puedes cambiarlo en billetes de 5 €? Si cambias todo lo posible en billetes de 5 € y el resto en el menor número de monedas, ¿cuántos billetes y qué monedas tendrás?

4 **OBSERVA** y resuelve.

Necesitas 18,4 m de cuerda. En la tienda hay estos rollos:

- ¿En qué tipo de rollo es más barato el metro de cuerda?
- ¿Cuántos rollos necesitas comprar si quieres que sean todos pequeños? ¿Cuánto te cuestan? ¿Cuánta cuerda sobrará?
- ¿Y si compras solo rollos medianos? ¿Y si son grandes?
- ¿Qué tipo de rollos iguales comprarás para que te salga lo más barato posible?
- Si compras un rollo grande menos, ¿qué otro tipo de rollo tendrás que comprar? ¿Cuánto te ahorras con esta compra?

Imagina que en la tienda quedan pocos rollos de cuerda y necesitas adquirirlos de varios tipos distintos. Inventa la situación y dos preguntas y resuélvelas con un compañero o compañera.

Cálculo MENTAL

Calcular el doble

$20 \times 2 = 40$
$8 \times 2 = 16$
$28 \times 2 \rightarrow 56$
$40 + 16 = 56$

17 × 2	26 × 2	56 × 2	97 × 2
39 × 2	47 × 2	87 × 2	79 × 2
48 × 2	36 × 2	68 × 2	66 × 2

Escribe 74 y 118 como el doble de un número.

LABORATORIO DE PROBLEMAS ¿?

Relacionar enunciado y preguntas

1 **DETERMINA** las preguntas que se pueden resolver mediante una o varias operaciones para cada enunciado.

- Al último partido de la liga de fútbol femenina asistieron 297 seguidores del equipo local y 89 del equipo visitante. En el estadio quedaron 65 asientos sin ocupar. Las entradas se vendieron a 8,50 € y ese dinero se quería destinar a la reforma del polideportivo en el que juegan, que asciende a 8.436 €. Al final solo se pudo destinar a las reformas la mitad del dinero obtenido por las entradas porque la otra mitad se utilizó para pagar el desplazamiento del equipo visitante.

- Los asistentes al primer partido de la temporada fueron 4.530, en el segundo partido hubo 459 asistentes más y en el tercer partido 202 menos que en el primero. Al cuarto partido asistieron 3.570 personas y quedaron libres 3.949 asientos. Aun así, la recaudación total por las entradas en los cuatro partidos ha sido menor de lo que se esperaba, 212.965 €, frente a los 250.000 € que se presupuestaron.

- Más de la mitad de los estudiantes de todos los colegios de la ciudad, 3.675 estudiantes, asistieron al espectáculo deportivo de la final de balonmano, quedando libres tan solo 34 asientos. Las entradas se rebajaron a 4,60 €, con lo que se recaudó un total de 8.510 €, dinero que sirvió para cubrir los gastos de organización.

- La final se celebró en un estadio con cuatro zonas de asientos. Tiene dos zonas frontales a las porterías con 8 filas de asientos de 22 asientos en cada una, y otras dos laterales que tienen también 8 filas pero con 64 asientos en cada fila. Las entradas se vendieron a 8,80 € y se esperaba recaudar 14.000 €.

¿Cuántas personas asistieron en total?	¿Cuánto dinero obtuvieron?
¿Cuántos espectadores caben?	¿Cuánto dinero sobró?
¿Cuántos asientos se quedaron vacíos?	¿Cuánto dinero faltó?

Bloques

Misión *Salvar a los exploradores*

La flota Atalanta es la encargada de explorar el universo con sus naves. Cada nave se controla mediante instrucciones que se le envían. En esta misión, las naves surcarán el espacio para salvar a unos exploradores que han quedado atrapados en algunos planetas.

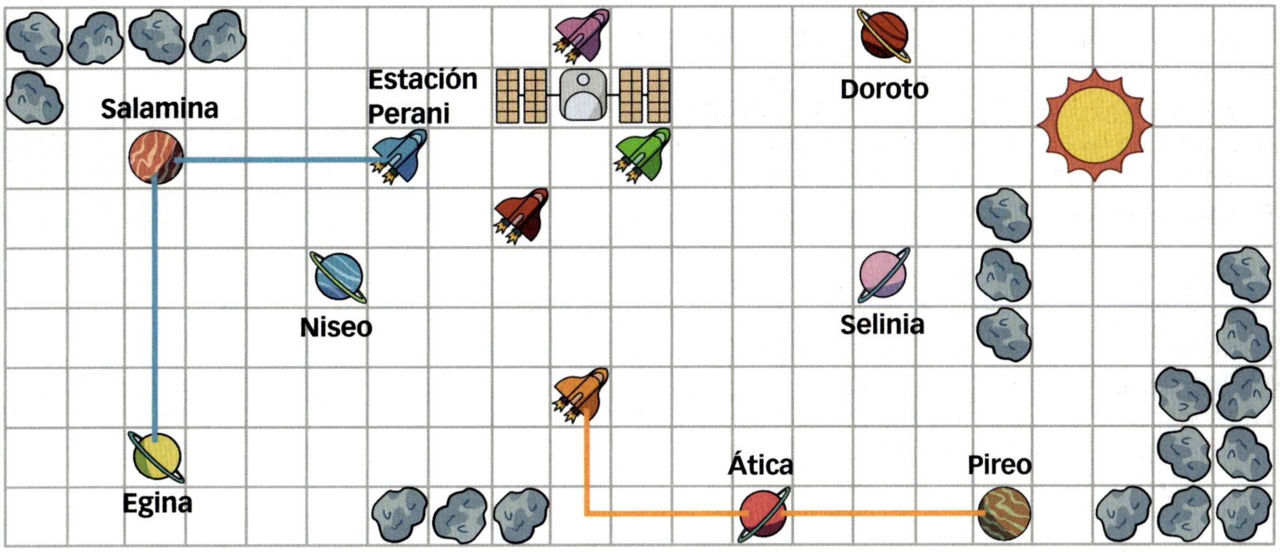

Instrucciones para la nave azul:

- Avanza 4 casillas a la izquierda hasta Salamina.
- Ejecuta el código del bloque 1:
  - (a) Lanza un cable.
  - (b) Sube a un explorador a la nave.
  - (c) Recoge el cable.
- Avanza 5 casillas hacia abajo hasta Egina.
- Ejecuta de nuevo el código del bloque 1.

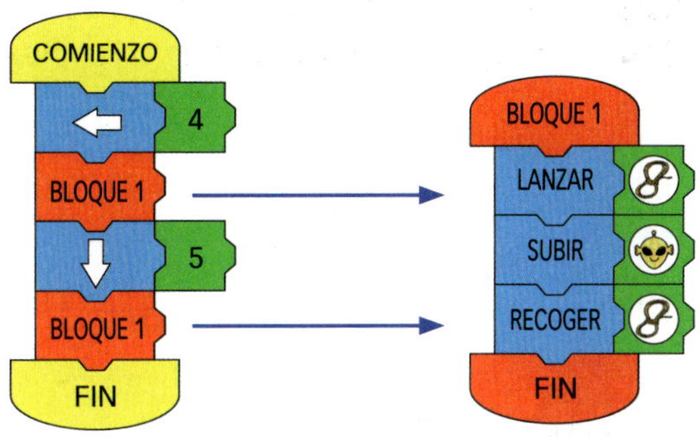

1. **DESCRIBE** los movimientos para que la nave naranja rescate al explorador de Ática y al de Pireo.

2. **DESCUBRE** a qué nave pertenece el código y describe qué hace.

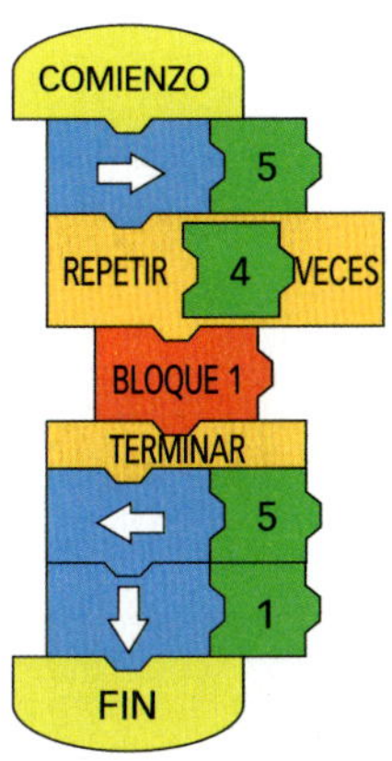

3. **PROGRAMA** las naves restantes para que salven a los 4 exploradores que hay en cada uno de los planetas que no han sido visitados.

Comprueba tu progreso

1 **CALCULA** estas divisiones.

- 74,03 : 5
- 24,96 : 35
- 68 : 3,2
- 912 : 0,8
- 2,59 : 4,7
- 4,2 : 0,63

2 **PIENSA** y, sin hacerlas, empareja las divisiones que tengan el mismo cociente.

- 63,9 : 7
- 0,639 : 0,7
- 639 : 7
- 63,9 : 0,7
- 639 : 0,7
- 6,39 : 0,7
- 6,39 : 7
- 63,9 : 0,07

› Haz las divisiones y comprueba. Escribe el resto de cada división dada.

3 **INVENTA** una división y contesta. Después, calcúlala y comprueba.

- Un número decimal entre uno natural. ¿El cociente es un número natural o decimal?
- El dividendo y el divisor son decimales. Si el resto no es 0, ¿es un número natural o decimal?

4 **HALLA** el valor del factor desconocido.

- 4,5 × ■ = 5,715
- 2,84 × ■ = 1,846
- ■ × 0,94 = 5,875
- ■ × 3,7 = 3,071

5 **DIVIDE** hasta que el resto sea 0 y completa el crucigrama escribiendo los cocientes.

Si el cociente es un número decimal, escribe la coma en la misma casilla que la cifra de las unidades.

- 8,7 : 5
- 6,548 : 0,04
- 1,872 : 0,3
- 1.036 : 3,5
- 28,8 : 1,5

¿Dónde va cada cociente?

6 **ORDENA** estos números y fracciones de mayor a menor.

2,6   2 $\frac{5}{2}$ 2,38 $\frac{11}{4}$ 3 $\frac{7}{3}$ $\frac{13}{6}$

7 **ESCRIBE** dos fracciones equivalentes a la dada y, después, calcula la expresión decimal de las tres.

$\frac{6}{8}$

¿Qué observas?
¿Por qué es así?

8 **RESUELVE** estas operaciones combinadas.

- (5,4 + 8,624) : 8 × 0,5
- 34,7 × 2,01 − 10,22 : 1,4
- 26 − (3,5 + 1,78) × 2,5 + 9,6 : 4
- 1,08 : (3,2 − 2,8) + 4 × 7,9
- (10,6 − 2,35) : (0,42 + 1,08)

Aplica lo que has aprendido

9 **COMPLETA** el tique de compra. Después, calcula y contesta.

Hoy has comprado estos productos en el supermercado. Al comprobar el tique de compra te das cuenta de que algunos números no se ven bien. Calcula su valor.

Producto	Precio	Cantidad	Total
Mandarinas	2,15 €/kg	1,200 kg	…
Chorizo	… €/kg	0,650 kg	7,02 €
Pizza	… €/unidad	3 pizzas	7,71 €
Caja de galletas	1,96 €	… cajas	3,92 €

Has entregado para pagar un billete de 20 € y otro de 5 €, y te han devuelto 3,77 €. ¿Es correcto?

10 **LEE** y resuelve.

Tenéis en casa dos gatos. Tú te encargas de comprar el pienso para su comida y la bolsa de arena.

- En la tienda encuentras los paquetes de pienso del cartel. ¿Cuál de los dos paquetes es más rentable?
- Con el paquete pequeño, el gato mayor tiene para 50 días, y, con el paquete grande, el menor come 250 días. ¿Cuánto pienso come cada gato al día? ¿Cuántos kilos de pienso come uno más que el otro al día? ¿Y a la semana? ¿Cuánto comen en total al día? ¿Tendrán para comer un mes con el paquete grande? ¿Y con el pequeño?

- La arena debe cambiarse cada 4 días. Las bolsas de arena que compro pesan 5,8 kg, pero en la que ahora tengo en casa solo quedan 3,25 kg. ¿Cuánta arena he gastado? Cada vez que cambio el arenero, utilizo 1,2 kg de arena. ¿Cuántas veces puedo cambiarlo con la arena que me queda? Si la acabo de cambiar, ¿cuántos días como máximo puedo estar sin comprar arena?

11 **BUSCA** los datos necesarios y resuelve.

En el supermercado hay botellas de leche de 1 ℓ y de 1,5 ℓ. Esta semana han puesto de oferta los *packs* completos.

1 ℓ → 0,86 €
1,5 ℓ → 1,26 €

PACKS DISPONIBLES

8 de 1 ℓ → 6,64 €
4 de 1,5 ℓ → 4,80 €

- ¿En qué oferta es más barato el litro de leche?
- Te han encargado comprar 16 litros de leche, que es lo que soléis consumir en casa en una semana. Si solo puedes llevar *packs* completos, ¿qué elegirías? ¿Te sobraría leche?
- Si puedes coger *packs* y botellas sueltas, ¿qué comprarías? ¿Te sobraría leche? ¿Cuánto dinero te costaría? ¿Es más barato que comprando solo *packs*? ¿Cuánto te ahorras?

Valora tu aprendizaje

12 **REFLEXIONA** sobre lo que has aprendido en esta unidad y contesta en tu cuaderno.

- ¿Pruebas otras formas de resolver una actividad si no te sale? ¿Cómo te sientes?
- ¿Son importantes las ideas de todos por igual al trabajar en equipo? ¿Por qué?

Enfréntate al DESAFÍO

ESTRELLA DE DIVISIONES

PIENSA y contesta-.

Estás utilizando la calculadora para hacer operaciones con números decimales, pero se te ha estropeado la tecla para dividir [:].

¿Cómo puedes calcular estas divisiones utilizando la tecla [×]?

Copia la estrella y escribe en cada punta su resultado.

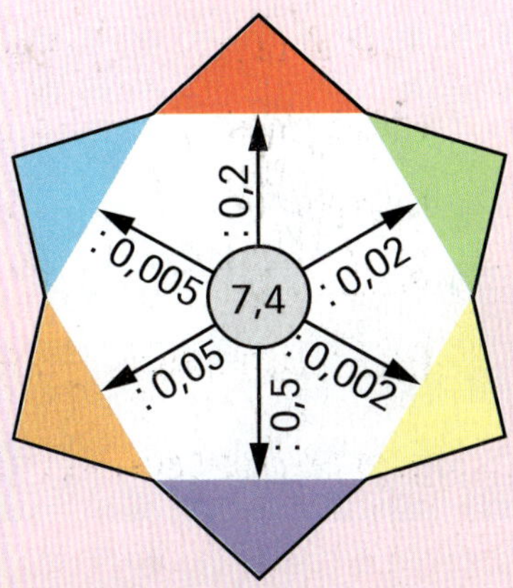

El agua que consumes

El agua es un recurso limitado en la Tierra.
Existe muy poca agua dulce que podamos usar.
Hay que ser responsables y gastar solo la necesaria.
Para ello, es muy importante saber en qué gastamos agua cada día.

¿En qué actividades gastas más agua?
¿Tomas alguna medida para ahorrar agua?

1. Observa los datos que aparecen en la primera doble página de la unidad y contesta.
   - ¿Cuántos litros de agua gasta una persona en el lavabo a la semana?
   - ¿En qué actividad gasta más agua una persona durante la semana? ¿En cuál se gasta menos?
   - ¿Qué cantidad de agua se suele gastar al utilizar la lavadora? ¿Y al ducharse?
   - De las actividades cotidianas, ¿en qué actividad se suele gastar más agua? ¿Y en cuál menos?

2. Analiza los datos y reflexiona.
   - ¿Qué cantidad de agua gasta una persona aproximadamente a la semana? ¿Y al día?
   - ¿Qué cantidad de agua gasta una persona semanalmente en el cuarto de baño? ¿Y en la cocina? ¿Cuánto gasta cada día si todos los días gasta lo mismo?
   - En una casa en la que viva una persona, ¿cuánta agua se pierde en fugas semanalmente? ¿Y si viven 3 personas?
   - Una persona que viva sola, ¿cuánta agua gasta semanalmente en regar? ¿Y si en la casa son 4 personas?
   - Si no tienes piscina, ¿por qué la estadística indica que gastas 14 litros semanalmente?
   - ¿Cuántos litros más de agua se pierden si, al lavarte los dientes, no cierras el grifo?
   - ¿Cuántos litros más, de media, se gastan si, en vez de lavar la vajilla en el lavavajillas, se hace a mano?

3. Compara los gastos con los de tu casa.
   - ¿Hay algún gasto de los descritos que no haya en tu casa?
   - Según la estadística, ¿cuántos litros gastaríais en tu casa a la semana? ¿Y cada día?
   - En tu casa, ¿en qué actividades crees que podríais ahorrar agua?

Actividades

1 **INVENTA** una fracción o un número decimal y escribe cómo se lee.

Una fracción

- Su numerador es 15 y es menor que la unidad.
- Es mayor que $\frac{7}{12}$ y menor que $\frac{10}{12}$.
- Su denominador es 20 y es mayor que la unidad.

Un número decimal

- Tiene 3 décimas y 2 centésimas.
- Tiene 4 unidades y tres cifras decimales.
- Está comprendido entre 1 y 2.
- Es mayor que 3,452 y menor que 3,46.

2 **EXPRESA** con un número mixto y con una fracción.

- Quedan dos pizzas completas y cinco sextos de otra.
- Hemos utilizado tres cajas de ocho botes de pintura cada una y un bote suelto.
- Están llenos de agua cinco depósitos y la cuarta parte de otro.
- En el cajón hay dos paquetes de 10 bolígrafos cada uno y siete bolígrafos sueltos.
- He comprado un saco de abono que pesa 6 kilos y tres cuartos.

3 **CALCULA** estas operaciones con fracciones.

- $\frac{3}{5} + \frac{1}{2} + \frac{2}{3}$
- $\frac{5}{12} - \frac{3}{8}$
- $\frac{4}{5} \times \frac{3}{7}$
- $\frac{7}{9} : \frac{5}{4}$
- $\left(\frac{2}{5} + \frac{3}{4}\right) \times \frac{4}{6} - \frac{5}{8}$
- $\frac{3}{2} : \frac{5}{9} + \frac{4}{7} \times 3$
- $4 - \frac{3}{8} : \frac{1}{4} \times \left(\frac{2}{3} + \frac{2}{5}\right)$

4 **CALCULA** estas operaciones con números decimales.

- 2,837 + 8,34
- 19,5 − 6,92
- 6,83 × 52
- 0,69 × 4,15
- 4 × (5,27 − 3,268)
- 14 − 6,35 + 0,6 × 3,79
- (6,74 − 2,39) × (4,932 + 2,568)

Problemas

5 En el centro deportivo se imparten clases y actividades de varios deportes, en los que participan en total 2.340 personas. Hay 14 grupos de baloncesto de 24 personas cada uno, en fútbol hay inscritas el doble de personas que en baloncesto y en natación hay 175 personas. ¿Cuántas personas realizan alguna actividad distinta al baloncesto, fútbol y natación?

6 De las personas que van al centro, $\frac{2}{3}$ tienen menos de 25 años. De ellas $\frac{1}{3}$ acuden un solo día a la semana y $\frac{2}{5}$ van dos días. ¿Qué fracción de los menores de 25 años asisten al centro uno o dos días a la semana? ¿Y del total de personas que asisten al centro? ¿Cuántas personas son?

7 En septiembre se han inscrito a las clases de tenis 10 personas. La inscripción cuesta 15,60 € y cada mes tienen que pagar 24,99 €. ¿Cuánto pagarán por un curso completo hasta junio?

¿Sabes de ordenadores?

Porcentaje de personas en España que realizan tareas informáticas

CREAR PRESENTACIONES O DOCUMENTOS CON TEXTO

	Año 2020	Año 2021
Menores de 24 años	80	80
De 25 a 44 años	54	59
De 45 a 64 años	32	39
Mayores de 65 años	10	15

USAR HOJAS DE CÁLCULO

	Año 2020	Año 2021
Menores de 24 años	70	65
De 25 a 44 años	50	52
De 45 a 64 años	32	35
Mayores de 65 años	11	11

UTILIZAR UN LENGUAJE DE PROGRAMACIÓN

	Año 2020	Año 2021
Menores de 24 años	15	15
De 25 a 44 años	11	11
De 45 a 64 años	4	5
Mayores de 65 años	1	1

Comparte tus preguntas

- Inventa una pregunta cuya respuesta comience así: *Entre el año 2020 y el 2021 aumentó…*
- Plantea una pregunta de forma que para resolverla se deba hacer la operación 77 − 75.

8

Haz memoria

- Siete kilos de manzanas cuestan 21 €. ¿Cuánto costarán el doble de kilos? ¿Y el triple?
- El 25% de los 200 estudiantes del colegio llega andando por las mañanas. ¿Cuántos estudiantes llegan así?

COPIAR O MOVER FICHEROS O CARPETAS

	Año 2020	Año 2021
Menores de 24 años	89	83
De 25 a 44 años	75	77
De 45 a 64 años	51	60
Mayores de 65 años	23	31

INSTALAR O CONFIGURAR SOFTWARE O APLICACIONES

	Año 2020	Año 2021
Menores de 24 años	86	85
De 25 a 44 años	75	79
De 45 a 64 años	51	57
Mayores de 65 años	25	28

Resuelve mentalmente

- ¿En qué grupo de edades aumentó más, del 2020 al 2021, el porcentaje de personas que crearon presentaciones?
- ¿En qué grupo de edades en 2020 había un 89 % que no sabían programar?

TU PLAN DE TRABAJO

Aprenderás

- La proporcionalidad
- Los problemas de proporcionalidad
- Los porcentajes
- Los problemas de porcentajes
- Las escalas

Pasarás a la acción

- LABORATORIO DE PROBLEMAS
- TALLER DE PROGRAMACIÓN

Pondrás a prueba lo aprendido

- COMPRUEBA TU PROGRESO
- SITUACIÓN DE APRENDIZAJE
- REPASA LO QUE SABES

Proporcionalidad

Descubre

- ¿Cuánto cuesta 1 entrada para el cine? ¿Y 2 entradas?
- ¿Cuánto cuestan 4 entradas? ¿Y 8 entradas?
- ¿Cuántas entradas puedo comprar con 24 €? ¿Y con 40 €?

Aprende

Una **magnitud** es cualquier cualidad que se puede medir y expresar mediante un número.
Dos **magnitudes** son **proporcionales** si, al multiplicar (o dividir) una cantidad de una de ellas por un número, la otra queda multiplicada (o dividida) por el mismo número.

Ejemplo

¿El número de entradas y su precio son proporcionales?

Una entrada cuesta 8 €,
dos entradas cuestan 16 €,
tres entradas cuestan 24 €…

El número de entradas y su precio son magnitudes proporcionales.

¿Cuánto cuestan 4 entradas?
4 entradas cuestan 32 €.

× 2 × 3 × 4

N.º de entradas	1	2	3	4
Precio en euros	8	16	24	¿? ← $8 \times 4 = 32$

: 2 : 3 : 4

Practica

1 **PIENSA** y contesta.

- Andrea bebe cada día 2 litros de agua. ¿Cuánto beberá en 3 días? ¿Y en 5 días? ¿Son proporcionales los litros de agua que bebe a diario y el número de días?
- Gustavo tiene 10 años y pesa 28 kg. ¿Puedes saber cuánto pesará a los 20 años? ¿Son proporcionales la edad y el peso?

2 **ESCRIBE** dos magnitudes que sean proporcionales y otras dos que no lo sean.

3 **PIENSA** y completa esta tabla de proporcionalidad.

1	2	3	4	5	6	7
9		27	36			

4 **OBSERVA** y calcula usando una regla de tres.

Hazlo ASÍ

Cuatro cuadernos valen 24 €.
¿Cuánto valen 3 cuadernos?

Cuadernos		Coste
4 cuadernos	→	24 €
3 cuadernos	→	■ €

$$\frac{4}{24} = \frac{3}{■} \rightarrow ■ = \frac{24 \times 3}{4} = \frac{72}{4} = 18$$

3 cuadernos valen 18 €.

Si 6 cajas de helados tienen 108 helados, ¿cuántos helados hay en 4 cajas?

Conecta con la realidad

5 **PIENSA** y contesta.

Un grupo de 8 personas ha pagado 176 € por entrar al parque de atracciones.

- El doble de personas, ¿habría pagado el doble? ¿Y el triple de personas, habría pagado el triple?
- La mitad de personas, ¿habría pagado la mitad? ¿Y si hubieran sido la cuarta parte de personas?
- El número de personas y el coste por entrar, ¿son proporcionales?
- ¿Cuánto tendrá que pagar una sola persona por entrar?

› Haz una tabla en la que aparezcan el número de personas que entran al parque, desde 1 hasta 8, y el coste en cada caso.

MatemáticaMENTE

El precio del alquiler de 3 bicicletas durante 4 horas es de 72 €.

- ¿Cuál es el precio de alquilar una sola bicicleta durante cuatro horas?
- ¿Cuál es el precio de alquilar una bicicleta durante una hora?

6 **OBSERVA** la receta y resuelve.

Macarrones con chorizo

INGREDIENTES PARA 4 PERSONAS

- 320 g de macarrones
- 160 g de chorizo
- 120 g de queso rallado
- 200 g de tomate frito

Quiero invitar a comer a mis dos primas, a mi hermano, a mi amiga Ana y a Iker e Íñigo. Voy a hacer macarrones para todos nosotros.

- En casa tengo una bolsa de macarrones de medio kilo. ¿Tendré suficientes macarrones? ¿Cuánto sobrará o faltará?
- Las bolsas de queso rallado contienen 80 g. ¿Cuántas bolsas necesito? ¿Me sobrará queso?
- Hay dos tipos de latas de tomate, una de 390 g y la otra de medio kilo. ¿Qué lata es mejor comprar? ¿Por qué?
- Un chorizo grande pesa 425 g y también hay chorizos pequeños que venden por unidades y que pesan 80 g cada uno. El chorizo grande cuesta 6,33 €, y los chorizos pequeños, 9,95 € el kilo. ¿Qué tipo de chorizo es mejor comprar?

- ¿Cuál sería el peso de los ingredientes necesarios para hacer macarrones para 6 personas?
- ¿Cuál sería para 12 personas? ¿Puedes responder a partir de las cantidades para 6 personas?

Cálculo MENTAL

Calcula cuánto le falta a cada número para llegar:

- **A 180:** 172 175 178 173 174 171 179 176 177
- **A 360:** 351 359 352 354 356 355 358 353 357

¿Cómo lo calculas?

Problemas de proporcionalidad

Descubre

Con las MANOS

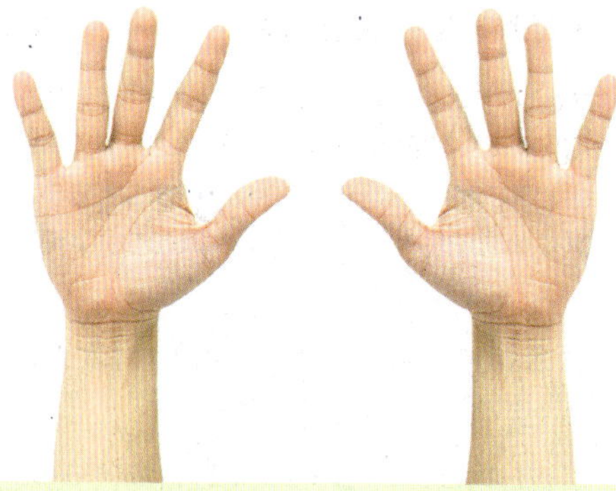

- ¿Cuántos dedos tienes en las dos manos?
- ¿Cuántos dedos tienes en una sola mano? ¿Cómo lo hallas?
- ¿Cómo puedes saber cuántos dedos tendrán 13 manos a partir de la respuesta anterior? ¿Y 8 manos?

Aprende

Los problemas de proporcionalidad también pueden resolverse por **reducción a la unidad**. Para ello se calcula la cantidad de una magnitud correspondiente a una unidad de la otra y, después, se multiplica.

Ejemplo Manuel cobra lo mismo por cada hora que trabaja. Por 8 horas ha cobrado 96 €. ¿Cuánto cobrará por 5 horas de trabajo?

1.º Se comprueba que las magnitudes son proporcionales. ▶ Doble de horas trabajadas, doble de sueldo. Mitad de horas, mitad de sueldo.

2.º Se calcula lo que cobra Manuel por 1 hora de trabajo. ▶ $96 : 8 = 12$ Cobra 12 € por hora.

3.º Se multiplica el resultado por el número de horas. ▶ $12 \times 5 = 60$ Cobrará 60 € por 5 horas.

Practica

1 **PIENSA** y resuelve las situaciones que se puedan resolver mediante proporcionalidad.

- Un pintor gasta 5 kg de pintura para pintar una superficie de 100 m^2 de un cierto material. ¿Cuántos kilos necesita para pintar 250 m^2?
- Durante los tres primeros días de esta semana ha estado lloviendo y el lunes se recogieron 25 litros por metro cuadrado. ¿Cuántos litros por metro cuadrado se recogieron en total?
- El primer día de concierto asistieron 550 personas y se recaudaron 6.600 €. ¿Cuántas personas asistieron el segundo día si se obtuvieron 8.700 €?
- Con 3 teléfonos del modelo K17 podemos almacenar 384 GB de datos. ¿Cuántos GB caben en 10 teléfonos K17?

2 **ELIGE** un problema de la actividad anterior que no se pueda resolver mediante proporcionalidad y transfórmalo para que sí se pueda.

3 **PIENSA** y resuelve.

- Para regar su huerto, Gabriel utiliza cada día 125 litros de agua. Tiene un estanque de 1.500 litros lleno por la mitad. ¿Cuántos días puede regar con el agua que tiene ahora en el estanque? ¿Y si estuviera lleno del todo?
- En el comedor de un colegio se gastan 75 kg de fruta cada 5 días y cada día se gasta lo mismo. Ahora tienen 55 kg de fruta. ¿Tendrán suficiente fruta para 4 días? ¿Cuánto les falta o les sobra?
- Se van a poner baldosas iguales a una plaza y un paseo. En la plaza, que mide 450 m^2, se han utilizado 150 baldosas. Si el paseo mide 1.200 m^2, ¿cuántas baldosas se necesitarán?

4 **PIENSA** y resuelve.

Al analizar el coste de un vuelo hay que tener en cuenta también los costes de los servicios adicionales, que en ocasiones no están incluidos en el precio del billete.

Servicios extra del vuelo YK17

Equipaje de mano .... Gratis
Maleta .... 59 €/unidad
Reserva de asiento .... 17 €

Infórmate del precio de los asientos con espacio extra y del embarque prioritario. ¡Viaja cómodo y no esperes!

- Un grupo de 5 personas van en el vuelo con equipaje de mano y billete sencillo y han pagado 90 €. ¿Cuánto habrían pagado en total si fueran 4 más viajando todos de la misma forma?
- Siete amigos van en el vuelo con billete sencillo y equipaje de mano, y tres de ellos con asiento reservado. ¿Cuánto han pagado?
- Ocho personas viajan con billete sencillo, una maleta y embarque prioritario, y han pagado 816 €. ¿Cuánto habrían pagado siendo solo seis?
- Cuatro amigas vuelan con equipaje de mano y asientos con espacio extra pagando 152 €. ¿Cuánto habrían pagado si una hubiera faltado y las demás hubieran añadido reserva de asiento?

5 **INVENTA los datos que faltan y escribe en cada caso un problema de proporcionalidad. Después, resuélvelo.**

- Hoy en unos grandes almacenes, se han vendido ■ mochilas del mismo modelo y se han recaudado ■ €. ¿Cuánto habrían obtenido si hubieran sido ■ mochilas más?
- En un supermercado se han descargado un total de ■ litros de agua en garrafas de ■ litros. ¿Cuántas garrafas pedirá el supermercado para la semana que viene si necesita ■ litros?

› ¿Qué proceso has seguido para inventarlos? ¿Has inventado todos los datos? Comprueba que lo has hecho correctamente.

MatemáticaMENTE

Seis grifos iguales tardan 40 segundos en llenar una bañera.

- ¿Cuánto tardarán 3 grifos? ¿Cómo lo has hallado?
- ¿Qué relación hay entre el número de grifos y el tiempo que se tarda en llenar la bañera?

Cálculo MENTAL

Calcular la mitad

56 : 2 → 28
50 : 2 = 25
6 : 2 = 3
25 + 3 = 28

38 : 2	34 : 2	52 : 2	36 : 2
54 : 2	32 : 2	76 : 2	58 : 2
78 : 2	74 : 2	92 : 2	96 : 2

Escribe 36 y 47 como la mitad de un número.

Porcentajes

Descubre

En un grupo de 100 personas, 80 son chicas.

- ¿Cuántos chicos hay en el grupo?
- Si se mantiene la misma proporción, ¿cuántas chicas habría en un grupo de 200 personas? ¿Y en un grupo de 50 personas?

Aprende

- El **tanto por ciento** o **porcentaje** de una cantidad significa que de cada 100 partes tomamos el tanto indicado.
  El tanto por ciento se puede escribir como fracción con denominador 100 y como número decimal.
- Para calcular el tanto por ciento de una cantidad, multiplicamos la cantidad por el tanto por ciento y dividimos entre 100, o multiplicamos por el número decimal asociado.

VOCABULARIO MATEMÁTICO
% → Por ciento

Ejemplo ¿Cuál es el 3% de 600? ¿Y de 28?

Porcentaje	Fracción	Número decimal	Lectura
3%	$\frac{3}{100}$	0,03	3 por ciento

$3\% \text{ de } 600 = \frac{3}{100} \text{ de } 600 = \frac{3 \times 600}{100} = \frac{1.800}{100} = 18$

$3\% \text{ de } 28 = 0{,}03 \times 28 = 0{,}84$

Practica

1 **EXPRESA** de todas las formas posibles.

- 45%
- 83%
- 5%
- 8%
- $\frac{4}{100}$
- $\frac{9}{100}$
- $\frac{50}{100}$
- $\frac{25}{100}$
- 0,73
- 0,02
- 0,06
- 0,7

➤ Di cómo se lee cada porcentaje.

2 **ESCRIBE** el porcentaje que hay de cada color.

➤ Dibuja un cuadrado como el anterior y coloréalo con tres colores. ¿Qué porcentaje hay de cada uno? ¿Cuánto suman esos porcentajes?

3 **PIENSA** y razona si es verdadero o falso.

- Calcular $\frac{1}{10}$ de 200 es hallar el 10% de 200.
- Calcular $\frac{3}{5}$ de 200 es hallar el 50% de 200.
- Calcular $0{,}4 \times 200$ es hallar el 4% de 200.
- Calcular $0{,}17 \times 200$ es hallar el 17% de 200.

4 **CALCULA** cada porcentaje.

- 9% de 300
- 12% de 600
- 8% de 450
- 12,5% de 24
- 1,5% de 80
- 4,2% de 3,5

➤ Sin operar, escribe tres cálculos de porcentajes con el mismo resultado que el 3% de 24.

Conecta con la realidad

5 **OBSERVA** el reparto del agua en la Tierra y contesta.

La mayoría del agua es salada (un 94 %) y está en los océanos.

El agua dulce se reparte así:

- ¿Qué porcentaje del agua del planeta es agua dulce? De cada cien litros de agua, ¿cuántos son de agua salada? ¿Y de agua dulce? ¿Y de cada 1.000 ℓ de agua?
- De cada cien litros de agua dulce, ¿cuántos son aguas subterránea? ¿Cuántos están en forma de hielo? ¿Y en el agua superficial y atmosférica?
- De cada mil litros de agua del planeta, ¿cuántos son de cada tipo de agua dulce?

6 **INTERPRETA** los datos de la encuesta y resuelve.

Este año se ha hecho una encuesta a 1.200 estudiantes sobre el deporte que practican.

Estudiantes encuestados: 1.200

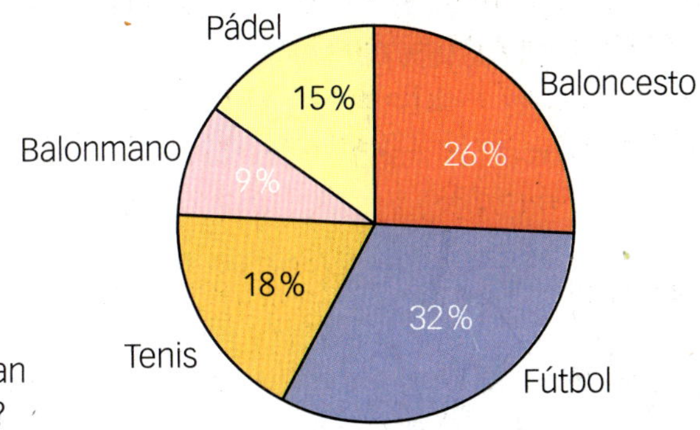

- ¿Qué deporte practican más personas? ¿Cuántas lo practican? ¿Y menos personas?
- ¿Qué deportes practican más de 200 estudiantes?
- ¿Cuántos estudiantes practican baloncesto más que tenis? ¿Qué porcentaje es?
- De los estudiantes que respondieron baloncesto, un 75 % eran chicas y el resto chicos. ¿Cuántos chicos hacían baloncesto?

- De los practicantes de tenis la mitad eran chicos. ¿Qué porcentaje de los practicantes de tenis eran chicas? ¿Qué porcentaje de los encuestados eran chicas que jugaban al tenis?
- Para resumir los resultados de la encuesta, Sonia ha dicho que la mitad de los encuestados hace fútbol o tenis, un cuarto baloncesto y el resto pádel o balonmano. ¿Te parece un buen resumen? ¿Por qué?
- El año pasado se entrevistó a la mitad de estudiantes y los porcentajes obtenidos para cada deporte fueron los mismos. ¿Cuáles de las preguntas anteriores tendrán la misma respuesta que este año?

Cálculo MENTAL

Calcular la mitad

400 : 2 = 200
30 : 2 = 15
8 : 2 = 4
438 : 2 → 219
200 + 15 + 4 = 219

254 : 2	276 : 2	838 : 2	492 : 2
476 : 2	658 : 2	814 : 2	676 : 2
452 : 2	474 : 2	672 : 2	874 : 2

Escribe 229 y 438 como la mitad de un número.

Problemas de porcentajes

Descubre

- De cada 100 €, ¿cuántos euros está rebajada la butaca? ¿Cuánto dinero en total está rebajada?
- ¿Cuánto cuesta la butaca tras la rebaja?

¡Todo rebajado un 10 %!

Aprende

Para resolver problemas de aumentos y disminuciones porcentuales, calcula primero el aumento o la disminución y luego súmalo o réstalo al número inicial.

Ejemplo El precio de este ordenador portátil se incrementará un 15 % el próximo año. ¿Cuánto pagaremos por él?

1.º Calculamos el 15 % del precio del ordenador.
$15\,\%$ de $640 = 0{,}15 \times 640 = 96$

2.º Sumamos el resultado obtenido al precio del ordenador.
$640 + 96 = 736$

El próximo año pagaremos 736 € por el ordenador.

Practica

1 **PIENSA** y contesta.

- Un artículo cuesta 300 € y se le aplica un descuento del 5 %. ¿Cuántos euros se rebaja? ¿Cuál es su precio final?
- Un artículo que costaba 400 € ha subido su precio un 7 %. ¿En cuánto ha aumentado su precio? ¿Cuál será el precio final?

2 **CALCULA** el precio de cada artículo tras el aumento o la disminución.

3 **OBSERVA** y calcula qué porcentaje es.

Hazlo ASÍ

¿Qué porcentaje es 13 de 20?

20 es el 100 % y aplicando una regla de tres:

$$\frac{20}{13} = \frac{100}{\blacksquare} \rightarrow \blacksquare = \frac{1.300}{20} = 65$$

13 es el 65 % de 20.

- 20 de 40
- 18 de 25
- 16 de 20
- Hay 30 fotos de mamíferos en un libro con 40 fotos de animales.
- Se rebajan 10 € en un abrigo que cuesta 125 €.
- Sube 60 € un sueldo de 1.200 €.

Conecta con la realidad

4 **INTERPRETA** y resuelve.

Un tren AVE tiene una capacidad para 347 pasajeros. El precio medio del billete para el trayecto en AVE de Madrid a Sevilla es de 69,50 €. Se está estudiando comprar nuevos trenes y variar los precios del billete para aumentar los beneficios.

En la tabla aparecen las características de los nuevos modelos.

Modelo	Número de plazas	Precio del billete
A1	+ 5%	− 4%
B1	+ 8%	− 6%
C1	− 3%	+ 8%

- ¿Cuántas plazas aproximadamente tendrá cada uno de los nuevos modelos? ¿Cuál será el precio de cada billete?
- Si el tren que circula ahora va lleno, ¿cuánto dinero se recauda por término medio?
- ¿Cuánto dinero se obtendría con los otros modelos si fueran todos llenos?
- ¿Cuál crees que es la mejor opción para la empresa? ¿Y para los viajeros? ¿Por qué?

5 **OBSERVA** los precios y resuelve.

El IVA es un impuesto que hay que añadir al precio de la mayoría de los productos. Para los electrodomésticos, el IVA es del 21%. Es decir, al comprarlos hay que añadirle al precio un 21%.

- ¿Cuál es el precio de cada electrodoméstico con IVA?
- Daniela dispone de 2.000 € para cambiar algunos electrodomésticos de su restaurante. ¿Podrá comprar 2 frigoríficos y 3 lavavajillas? ¿Le falta o le sobra dinero? ¿Cuánto?
- Marcos compra una lavadora y, después de pagar el IVA, le hacen un descuento del 5%. ¿Cuánto pagará por la lavadora?
- ¿Pagará Marcos el mismo precio por la lavadora, si primero le hacen el descuento del 5% y después le suman el IVA?
- Algunos días al año la tienda decide rebajar a los clientes el IVA. Esos días, al precio de un electrodoméstico con IVA le rebajan un 21%. ¿Cuál es el precio de un frigorífico esos días? ¿Es realmente el precio sin IVA?

MatemáticaMENTE

¿Cuál es la mejor oferta? ¿Depende del número de artículos que quieras comprar? Prueba con varios casos y explica tu respuesta.

Escalas

Descubre

Con las MANOS

Mide el tablero de tu pupitre.

- ¿Cuánto mide de largo? ¿Y de ancho?
- ¿Puedes dibujarlo en tu cuaderno con las medidas reales?
- ¿Cómo podrías dibujarlo respetando las proporciones?

Aprende

La escala de un plano o mapa es la relación que hay entre las medidas del plano o mapa y las medidas reales. Se expresa de la forma 1:*a*, que indica que 1 cm en el plano representa una longitud de *a* cm en la realidad.

Ejemplo El plano del piso está a escala 1:150. ¿Cuál es el largo real del dormitorio?

1 cm en el plano son 150 cm en la realidad, es decir, 1,5 m.

El largo del dormitorio mide 2,4 cm en el plano.

En la realidad medirá $150 \times 2,4 = 360$ cm $= 3,6$ m.

El largo del dormitorio en la realidad es 3,6 m.

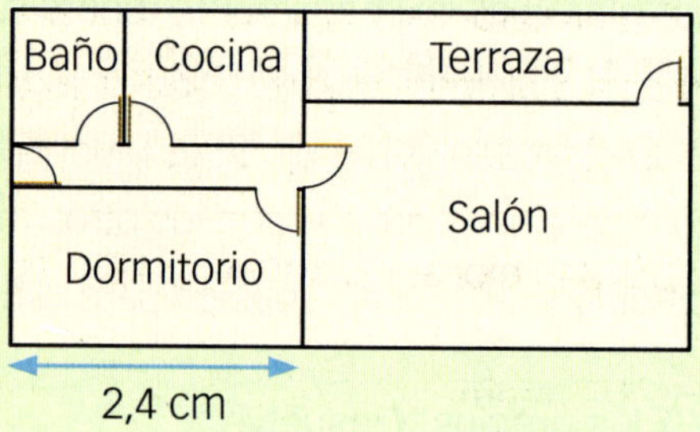

Practica

1 **EXPLICA** el significado de estas escalas.

- 1:65
- 1:900
- 1:250
- 1:7.500

2 **PIENSA** y escribe la escala a la que está hecho cada plano.

- PLANO A. 1 cm del plano representa 50 cm en la realidad.
- PLANO B. 1 cm del plano representa 125 cm en la realidad.
- PLANO C. 1 cm del plano representa 2 m en la realidad.
- PLANO D. 1 cm del plano representa 5 km en la realidad.

3 **MIDE** y calcula las dimensiones de todas las habitaciones del plano del apartado Aprende.

4 **OBSERVA** las dimensiones reales del Coliseo (Roma) y halla cuáles serán en otra maqueta a escala 1:250.

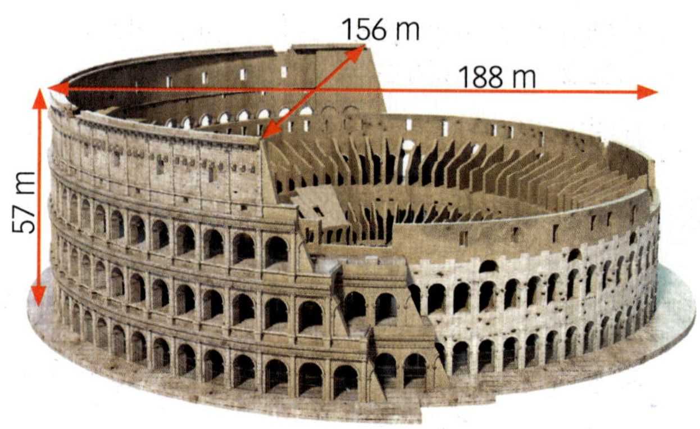

- Si las dimensiones del edificio en la realidad fueran el doble de las actuales, ¿cuáles serían las medidas en la maqueta? ¿Y si fueran la mitad?

Conecta con la realidad

5 **LEE** y calcula la distancia real entre cada pareja de ciudades.

Hazlo ASÍ

¿Cuál es la distancia real entre Madrid y Sevilla según el mapa de la derecha?

En los mapas, muchas veces las escalas son gráficas.

En la escala gráfica de este mapa cada barra de 1 cm representa 175 km en la realidad.

Así, para calcular la distancia real entre Madrid y Sevilla medimos en centímetros esa distancia en el mapa y multiplicamos por 175.

Distancia en el mapa: 2,2 cm.

2,2 × 175 = 385

La distancia real entre Madrid y Sevilla es de 385 km.

- De Madrid a Barcelona.
- De Sevilla a Badajoz.
- De Bilbao a Valencia.
- De Zaragoza a Madrid.

6 **OBSERVA** y contesta.

Existen páginas web que nos permiten ver el mapa de cualquier localidad y medir distancias sobre él.

Sara ha visto que en el mapa de su pueblo la distancia marcada en rojo (2,8 cm) son 70 m en la realidad.

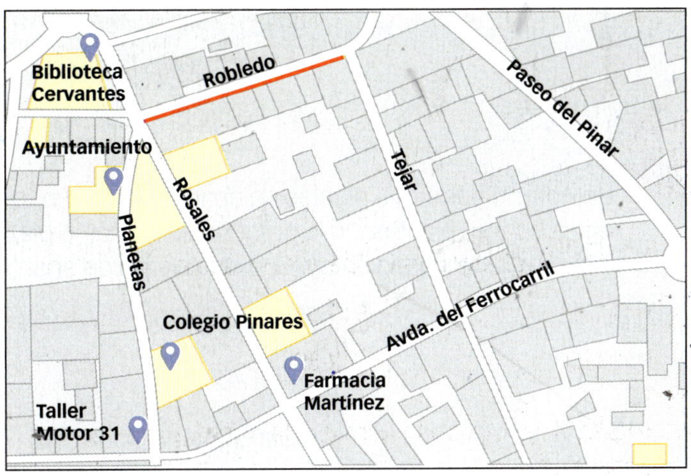

- ¿Cuántos metros en la realidad es 1 cm en el mapa?
- ¿Cuál es la escala del mapa?
- Elige dos longitudes en el mapa y halla cuánto medirán en la realidad.
- Dibuja la escala gráfica de este mapa.

7 **LEE,** dibuja y contesta.

Imagina que cuatro localidades, A, B, C y D, son los vértices de un rectángulo. La distancia de A a B es de 25 km y la distancia de B a C es de 30 km. Dibuja el plano a escala 1:500.000.

- ¿Crees que sería igual el plano si lo haces a escala 1:300.000? ¿Y a escala 1:150.000?
- ¿En qué plano la distancia entre dos pueblos será mayor? ¿Y menor?

MatemáticaMENTE

¿Qué crees que puede significar una escala 1:0,5?

Pon algún ejemplo en el que pienses que pueda utilizarse.

Determinar si un problema está bien resuelto

1 **LEE** los problemas y determina si están bien resueltos. Si no lo están, resuélvelos correctamente en tu cuaderno.

- Para entrar al museo había 68 personas en la cola. En ese momento llegaron dos autobuses, uno con 64 personas y otro con 49. Mientras los turistas de los dos autobuses se colocaban en la cola, entraron al museo 34 personas. ¿Cuántas personas más de las que entraron quedaban en la cola?

$64 + 49 = 113$

$113 - 34 = 79$

$79 + 68 = 147$

Quedaban 147 personas más.

- Mateo tenía 864 € ahorrados y quería comprarse un ordenador. Le gustaba un ordenador de 986 € que tenía una rebaja del 10 %, así que, el dinero que le faltaba se lo pidió a sus padres. ¿Cuánto dinero pidió a sus padres?

10 % de $864 = 864 \times 0{,}10 = 86{,}4$

$864 - 86{,}4 = 777{,}6$

$986 - 777{,}6 = 208{,}4$

Pidió a sus padres 208,40 €.

- Un edificio tiene tres plantas de aparcamiento. En total tiene 114 plazas repartidas entre las tres plantas. En la primera planta hay 6 plazas más que en la segunda y que en la tercera planta. ¿Cuántas plazas de aparcamiento hay en la segunda planta?

$114 : 3 = 38$

$38 - 6 = 32$

En la segunda planta hay 32 plazas de aparcamiento.

- Mariam participa en un campeonato de tiro con arco. En las tres primeras rondas ha conseguido 54, 49 y 34 puntos. En la misma competición participa Lidi, que ha conseguido en las tres rondas 61, 44 y 52 puntos. ¿Cuántos puntos más que Mariam ha obtenido Lidi?

$61 - 54 + 44 - 34 + 52 - 49 = 20$

Lidi ha obtenido 20 puntos más que Mariam.

Profundizar en los bloques

Misión *Repartir alimentos*

En esta misión, la flota Atalanta tendrá que repartir alimentos entre distintas poblaciones que viven en planetas alejados. Si la población es muy grande, un solo viaje no bastará y tendrá que volver a la estación espacial para recoger más provisiones.

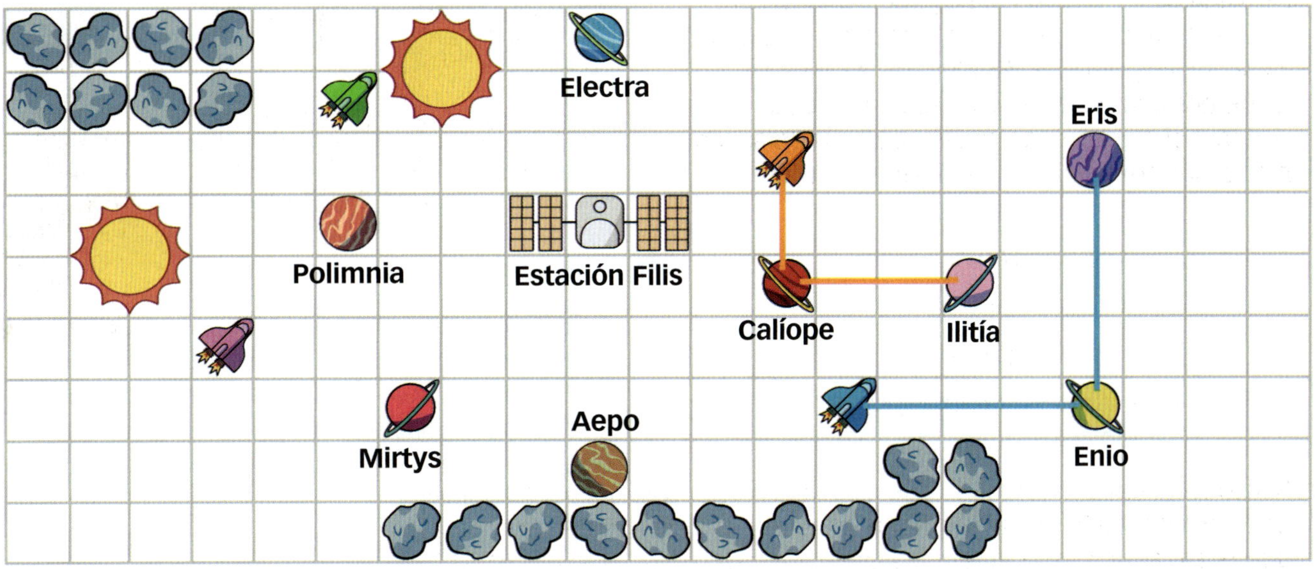

Instrucciones para la nave azul:

- Avanza 4 casillas a la derecha.
- Ejecuta el código del bloque 1:
  - (a) Aterriza (en el planeta Enio en este caso).
  - (b) Deja las provisiones.
  - (c) Despega.
- Avanza 4 casillas hacia arriba.
- Ejecuta de nuevo el bloque 1 (aterriza en Eris, deja provisiones y despega).

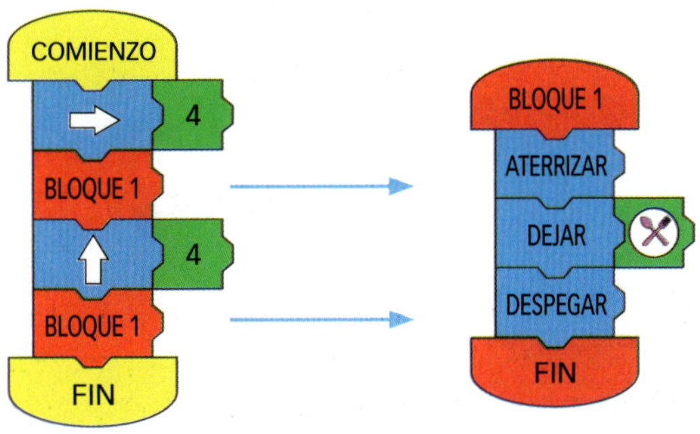

1. **DESCRIBE** los movimientos para que la nave naranja reparta los alimentos necesarios en Calíope e Ilitía.

2. **DESCUBRE** a qué nave pertenecen estas instrucciones y describe qué hace.

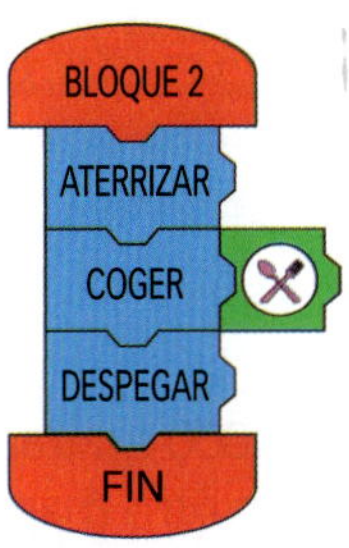

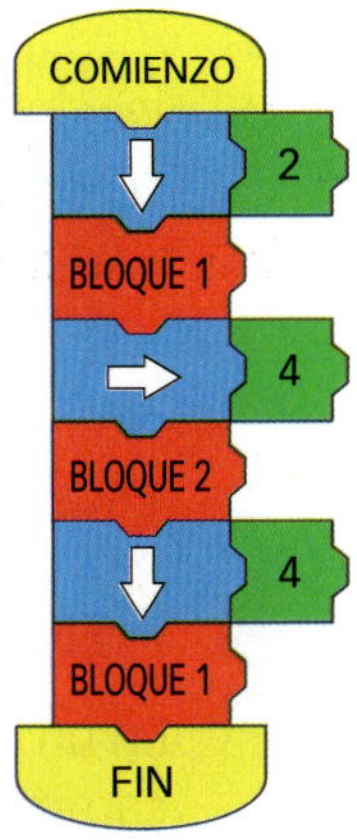

3. **PROGRAMA** la nave morada para que reparta comida en cada uno de los planetas restantes sabiendo que tiene que pasar por la estación para coger más provisiones.

Comprueba tu progreso

1 **RAZONA** si son o no proporcionales.

- La superficie de un piso y su precio.
- La edad de una persona y su estatura.
- Los kilos de fruta vendidos y su precio.
- El tiempo de un partido y las canastas metidas.
- La longitud de un coche y su precio.
- Los litros de lluvia caídos y la temperatura.

2 **COMPLETA** estas tablas de proporcionalidad:

2	3	4			
16	24		48	72	80

3	5				10
18		36	48	54	

3 **EXPRESA** de todas las formas posibles.

- 7 %
- 15 %
- 3,4 %
- 10,5 %

4 **ANALIZA** y comprueba tu respuesta.

- Calcular el 2 % de un número es igual que multiplicarlo por 0,02.
- El 1,5 % de un número es mayor que el 0,5 % de ese número.
- Multiplicar un número por 1,20 es igual que calcular el 12 % de ese número.
- Calcular el 5 % de un número y después calcular el 5 % del resultado es igual que calcular el 10 % del número inicial.

5 **CALCULA** los porcentajes.

- 2 % de 300
- 4,5 % de 500
- 4,8 % de 2,5
- 3 % de 1.500
- 6,5 % de 2.400
- 7,5 % de 2,2

6 **PIENSA Y CALCULA.** Explica cómo lo haces.

- El 3 % del 5 % de 600.
- El 8 % del 4 % de 900.
- El 6 % del 2 % de 2.500.

7 **CALCULA**, compara y explica por qué ocurre.

- El 5 % del 12 % de 500.
- El 10 % del 6 % de 500.

8 **COMPLETA** las casillas con las cifras de cada resultado.

2 % de 14.700	5 % de 15.060	6 % de 10.300

9 **LEE** y resuelve.

- El 25 % de los trabajadores de una empresa tiene más de 50 años, el 32 % tiene entre 25 y 50 años y el resto entre 18 y 24 años. ¿Qué porcentaje de los trabajadores tiene entre 18 y 24 años? ¿De qué intervalo de edad hay más trabajadores?
- De las manzanas que se han recolectado se han tirado aproximadamente un 5 % por estar estropeadas. Si se han tirado 450 kg, ¿cuántos kilos de manzanas se han recolectado en total?

10 **AVERIGUA** la escala de esta fotografía.

Las dimensiones reales de *Las hilanderas* de Velázquez son 2,5 m de largo y 1,6 m de alto.

11 **OBSERVA** los diseños de dos zonas de parque y explica cómo serían en la realidad.

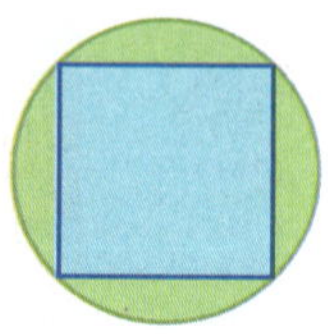

Escala 1 : 2.000

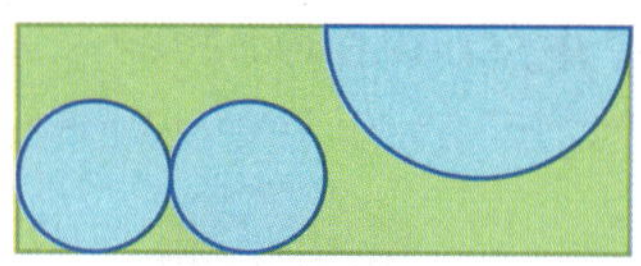

Escala 1 : 5.000

12 **PIENSA** y contesta.

En un mapa a escala 1 : 10.000 un tramo de carretera mide 10 cm. Si en otro mapa ese tramo mide 8 cm, ¿a qué escala está hecho?

Aplica lo que has aprendido

13 •••○ **OBSERVA** en la tabla las kilocalorías (kcal) y la composición nutricional de 100 gramos de cada tipo de harina.

Harina	Kcal	Hidratos	Proteínas	Grasas	Fibra
De trigo	341,8	70,6 g	9,86 g	1,2 g	4,58 g
De trigo integral	332,4	60,5 g	12,7 g	2,4 g	9 g
De maíz	342,4	66,3 g	8,3 g	2,8 g	9,4 g
De centeno	365,2	74,2 g	7,9 g	2,2 g	8,5 g
De arroz	361,8	80,1 g	6 g	1,4 g	2,4 g

- ¿Cuántos gramos de hidratos tendrá un pan hecho con un cuarto de kilo de harina de maíz?
- Hemos hecho un pan con 300 g de harina y tiene 24,9 g de proteínas. ¿Qué tipo de harina hemos usado?
- Halla la composición nutricional de un pan hecho con 50 g de harina de trigo y 80 g de harina de centeno.
- Diseña un pan mezclando tres tipos de harina y halla sus kilocalorías y su composición nutricional.

14 ••• **ANALIZA** y resuelve.

Un comercial tiene un sueldo mensual de 1.400 € al que añade una comisión de un 6 % de las ventas que hace durante ese mes. En el mes de enero hizo unas ventas de 4.200 €, en febrero de 5.300 € y en marzo de 3.800 €.

- ¿Cuánto cobró cada mes? ¿Cuánto cobró en total en el primer trimestre?
- En el mes de abril cobró en total 1.700 €. ¿Qué ventas hizo ese mes?
- Si quiere cobrar 2.000 € un mes, ¿qué ventas debe conseguir?

Valora tu aprendizaje

15 **REFLEXIONA** sobre lo que has aprendido en esta unidad y contesta en tu cuaderno.

- ¿Has mejorado en Matemáticas en lo que va de curso? ¿En qué?
- ¿Qué te resulta más difícil al trabajar en equipo? ¿Puedes mejorar en ello?

Enfréntate al DESAFÍO

COLORES DE PELO

En una clase hay un 56 % de chicas y un 44 % de chicos. La mitad de las chicas y todos los chicos, excepto 4, tienen el pelo de color negro.

› Si el número de chicas y de chicos con pelo negro es el mismo, ¿cuántos estudiantes hay en clase?

SITUACIÓN DE APRENDIZAJE

A hombros de la tecnología

Usamos la tecnología para hacer videollamadas, jugar, aprender, informarnos, comunicarnos con otras personas... Es algo en continuo cambio y que exige tiempo de aprendizaje. Queda mucho aún para que todas las personas sepan usar un ordenador o un móvil.

¿Qué habilidades tecnológicas tienes? ¿Usas el ordenador a menudo? ¿Sabes instalar programas y realizar otras tareas?

1 **Observa los datos que aparecen en la primera doble página de la unidad y contesta.**

- ¿Qué porcentaje de menores de 24 años usaban hojas de cálculo en 2020? ¿Y en 2021? ¿Ha aumentado o ha disminuido el número de personas? ¿Cuánto?
- ¿Cuál es la tarea que más sabían hacer los mayores de 65 años en 2021? ¿Y la que menos?
- Para cada tarea, ¿qué grupo de edades era el que más hacía esa tarea con el ordenador? ¿Y el grupo que menos la hacía?
- ¿Por qué crees que hay esa diferencia entre los grupos de edades?

2 **Analiza los datos y calcula.**

- Elige una franja de edad y una tarea. Imagina que para obtener esos datos se encuestó cada año a 2.000 personas de ese grupo de edad. ¿Cuántas personas sabían hacer esa tarea en 2020? ¿Y en 2021?
- Si cada año aumentase un 8 % el porcentaje de personas mayores de 65 años que sabe cómo mover archivos, ¿qué porcentaje de esas personas sabrían hacerlo en 2026? De un grupo de 3.000 mayores, ¿cuántos sabrían hacer esa tarea?
- ¿En qué grupo de edades y para qué tareas hubo una disminución en el porcentaje de personas que sabían hacerla entre 2020 y 2021? ¿Por qué crees que fue así?
- Suponiendo que se encuestó cada año a 2.000 personas de cada grupo, calcula el número de personas en cada caso de la respuesta anterior. ¿Cómo lo has calculado? ¿Hay otra forma de hacerlo?

3 **Compara los datos con tu experiencia.**

- ¿Cuántos estudiantes sois en tu clase?
- Según los datos de la página inicial, ¿cuántas personas deberíais saber hacer cada tarea tecnológica?
- Pregunta en clase a tus compañeros y compañeras y averigua cuántos de vosotros sabéis hacer cada tarea.
- Vuestros datos, ¿se asemejan a los de la página inicial? ¿Por qué crees que ocurre así?

Repasa lo que sabes 8

Actividades

1 **REALIZA** la descomposición de cada número.

- 2,5
- 34,05
- 83,009
- 0,07
- 0,094
- 0,306

2 **ORDENA** de menor a mayor cada grupo de números.

- 304.090.800 304.900.800 304.009.080 303.009.008
- $\frac{4}{9}$ $\frac{2}{9}$ $\frac{1}{9}$ $\frac{5}{9}$
- $\frac{12}{7}$ $\frac{12}{3}$ $\frac{12}{8}$ $\frac{12}{9}$
- $\frac{2}{3}$ $\frac{3}{4}$ $\frac{5}{8}$
- 23,598 23,895 23,859 23,589
- 4,175 5 4,2 4,193

3 **CALCULA** el resultado de estas operaciones.

- $8 - 3 + 2 \times 4 - 9 : 3$
- $9 - (7 + 1) + 6 \times 2$
- $6{,}8 + 3{,}2 \times 4 - 10{,}2 : 2$
- $\frac{1}{3} + \frac{4}{5} + \frac{2}{6}$
- $\frac{5}{8} \times \frac{2}{3}$
- $4 - \frac{3}{5} \times \frac{1}{2}$
- $\frac{3}{5} - \frac{2}{7}$
- $\frac{7}{9} : \frac{3}{4}$
- $6 - (\frac{1}{3} + \frac{1}{2}) : \frac{6}{5}$

4 **CALCULA** el término desconocido.

- $267 + \blacksquare = 590$
- $\blacksquare - 8{,}92 = 27{,}8$
- $\frac{7}{10} + \blacksquare = \frac{12}{10}$
- $\blacksquare - \frac{5}{2} = \frac{11}{3}$

Problemas

5 En un autobús viajan 34 personas. En la primera parada bajan 8 personas y suben 5, en la segunda parada bajan 6 personas y suben 9 y en la tercera parada bajan la mitad de los que quedan y suben 6. ¿Cuántas personas viajan en el autobús después de la tercera parada?

6 Según una encuesta, los tres quintos de los 12.000 viajeros diarios de la línea 712 viajan para ir al trabajo y de ellos dos tercios lo hacen en hora punta. ¿Cuántos viajeros van al trabajo en hora punta? ¿Qué fracción del total de viajeros diarios son?

7 El autobús 712 hace cada día 20 viajes de 40 km cada uno. Cada 100 km gasta 5,2 litros de combustible, que cuestan 1,95 € el litro. ¿Cuánto gasta de combustible al día? ¿Cuánto gastaba cada día de la semana pasada si cada litro valía 8 céntimos menos que esta semana?

Fin de trimestre

El rincón de los PASATIEMPOS

UN CURIOSO REPARTO

Marta tiene 17 libros que quiere repartir en tres cajas: la mitad en la mayor, un tercio en la mediana y un noveno en la menor.

- ¿Puede hacerlo sin partir un libro? Su amiga Sonia le dice que le presta un libro de los suyos. ¿Eso le puede ayudar o es una broma?

HENO PARA TODOS

Un ganadero tiene heno para alimentar a una vaca durante 3 días o a una oveja durante 6 días.

- ¿Cuántos días durará el heno si tiene que alimentar a la vez a la vaca y a la oveja?

El rincón de la LECTURA

FRACCIONES EN EGIPTO

En Egipto, hace varios miles de años, ya usaban las matemáticas en numerosas situaciones.

Los egipcios conocían las fracciones, aunque para ellos solo tenía sentido usar las fracciones con numerador 1.

Todas las demás fracciones las expresaban como suma de fracciones de este tipo.

Por ejemplo, la fracción $\frac{3}{5}$ la expresaban así:

$$\frac{3}{5} = \frac{1}{2} + \frac{1}{10}$$

- Suma tres fracciones diferentes de numerador 1 y averigua qué fracción representaba para los egipcios.
- Expresa usando fracciones egipcias.

$\frac{2}{3}$ $\quad \frac{5}{6}$ $\quad \frac{1}{30}$ $\quad \frac{11}{12}$

El rincón de los JUEGOS

EL JUEGO DE LOS CAMINOS

Material: tablero cuadriculado con bordes opuestos de color y lápices de dos colores.

Número de participantes: 2

Reglas del juego:

- Cada persona elige un color y se sortea quién empieza.
- Por turnos, cada participante colorea un cuadrito.
- El objetivo de cada uno es conseguir un camino que conecte los lados de su color.

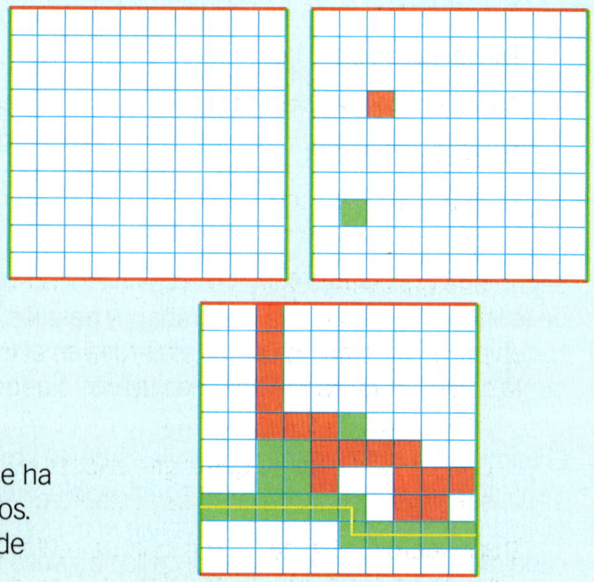

Puntuación: la persona que hace el camino obtiene un número de puntos igual al porcentaje del tablero que ha coloreado. Si nadie lo consigue, cada uno logra 20 puntos. Gana quien primero obtiene 100 puntos. El tablero puede variar en cada partida.

El rincón de los PASATIEMPOS

DOS PARA 27

- Completa los huecos para que el resultado sea 27.

4 □ 5 □ 6

VIDRIERAS CURIOSAS

En un fábrica de vidrieras hacen un modelo que tiene el borde de color naranja y el relleno de color azul.

Hoy han hecho una vidriera en la que la zona naranja tenía la mitad de las piezas totales.

- ¿Cuáles eran las dimensiones de la vidriera? ¿Y las de otra en la que las piezas azules eran un tercio de las piezas totales?

El rincón de la LECTURA

ADA LOVELACE (1815-1852)

Augusta Ada King, condesa de Lovelace, nació en Londres, en una familia acomodada.

Gracias a esto, recibió una buena educación y conoció a científicos importantes de su tiempo.

Lovelace se refería a sí misma como científica, poeta y analista. Su talento para las matemáticas le puso en contacto con Charles Babbage, inventor de la máquina analítica, precursora de los ordenadores.

Ella fue capaz de darse cuenta de que esa máquina, además de calcular, podía ejecutar instrucciones, y escribió el primer programa para ello.

- Imagina que tienes un ordenador que solo sabe hacer operaciones con números naturales. Escribe un programa (es decir, unas instrucciones) para que pueda multiplicar dos números decimales que alguien introduzca en él.

El rincón de los JUEGOS

EL JUEGO DE TRES EN LÍNEA

Material: papel y lápices de tres colores

Número de participantes: 3

Reglas del juego:

- Se traza en el papel un segmento de extremos 0 y 1, dividido en 100 partes iguales.

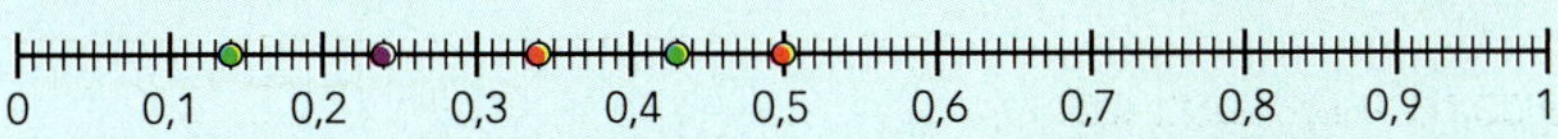

- Cada participante, en su turno, dirá dos números naturales, calculará su cociente, con un máximo de dos cifras decimales, y lo marcará en el dibujo. Si se equivoca y es mayor que 1, no marcará nada.
- Gana el participante que logre colocar tres puntos seguidos sin ningún punto de otro participante entre ellos.

Puntuación: el ganador o ganadora se lleva 1 punto.
Gana la persona que reúna primero 3 puntos.

16 PAZ, JUSTICIA E INSTITUCIONES SÓLIDAS

Nuestro reto

Nos entendemos

En todos los ámbitos en los que hay convivencia de personas pueden aparecer problemas en las relaciones del grupo.

Una correcta convivencia es importantísima para las clases: sin ella, los estudiantes no pueden avanzar ni estar a gusto y los docentes tienen grandes dificultades para enseñar.

La clave para mantener una buena convivencia es resolver los problemas en cuanto se detecten, aportando soluciones en común y buscando el bienestar de todos.

¿Cómo pueden solucionarse los problemas de convivencia?

Objetivo del reto

Analizar los problemas de convivencia en el aula y realizar un estudio estadístico para detectar los más importantes y resolverlos.

EN EQUIPOS, leed las preguntas e intercambiad vuestras opiniones.
Pensad de forma individual y luego exponedlas en común por turnos.

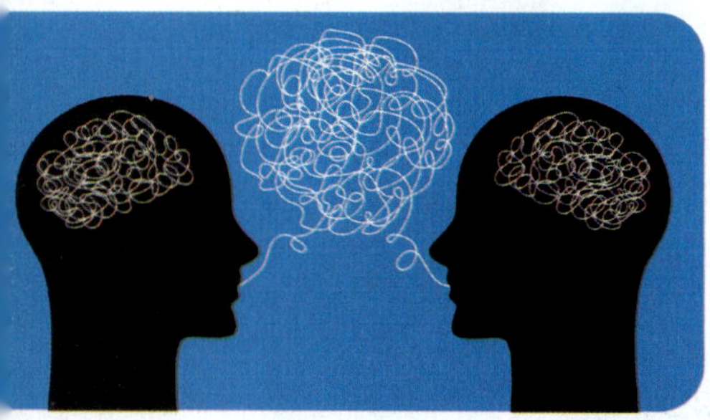

- ¿Crees que en el colegio hay un buen ambiente de convivencia? ¿Y en tu clase?
- ¿Qué debemos hacer si surgen problemas de convivencia? Si una persona tiene alguna dificultad, ¿afecta solo a esa persona o a toda la comunidad?
- ¿Es mejor no intervenir en los problemas o intentar resolverlos pronto en común? ¿Qué se puede hacer?

Dialogar para convivir

ANALIZAD algunos posibles problemas de convivencia que pueden surgir.

1. Haced entre todo el equipo una lista de problemas que creáis que pueden afectar en gran medida a la convivencia de la clase. Usad estos y aportad otros.

ACOSO VERBAL EN CLASE

ACOSO POR INTERNET

ACOSO FÍSICO Y/O PELEAS

FORMACIÓN DE PANDILLAS Y/O BANDOS

INTOLERANCIA CON LAS DIFERENCIAS RACIALES, CULTURALES...

FALTA DE APOYO ENTRE COMPAÑEROS Y COMPAÑERAS

FALTA DE RESPETO AL DOCENTE Y SU TRABAJO

ACTITUDES EGOÍSTAS EN EL RECREO

CONDUCTAS NEGATIVAS EN EL COMEDOR O EN LOS PASILLOS

ENVIDIA ANTE LOS LOGROS DE LOS DEMÁS

2. Pide a varias personas de tu familia o entorno que elijan de la lista los cinco problemas de convivencia que les parecen más importantes. Anota el número de personas que han votado cada problema, ordénalos de mayor a menor número de votos y haz una tabla con los cinco problemas más votados.

Registro de los datos

PROBLEMA	NÚMERO DE PERSONAS
1	
2	
3	
4	
5	

Anota tu opinión y también el número total de personas al que has preguntado.

- ¿Qué problema es el que más preocupa? ¿Cuántas personas lo han votado?
- ¿Hay problemas que han registrado el mismo número de votos? ¿Cómo los has ordenado en ese caso?
- ¿Qué porcentaje de personas del total entrevistado ha votado cada problema de los cinco? Todos esos porcentajes, ¿suman 100? ¿Por qué?
- ¿Ha habido algún problema que no haya votado nadie? ¿Por qué crees que es así?
- Imagina que el resto de problemas que no aparecen en la tabla los unimos en una categoría llamada *Otros problemas*. ¿Qué porcentaje de votos le corresponde?

COMPARAD los datos de todo el equipo.

Organización de los datos

- Elabora una tabla en la que aparezcan tus datos y el resultado de unir todos los datos del resto del equipo.

PROBLEMA	TUS DATOS
1	
2	
3	
4	
5	

PROBLEMA	RESTO DEL EQUIPO
1	
2	
3	
4	
5	

- Dibuja un gráfico de sectores con tus datos y otro con los datos agrupados del resto del equipo. Utiliza dos colores distintos: uno para tus datos y otro para los del resto.

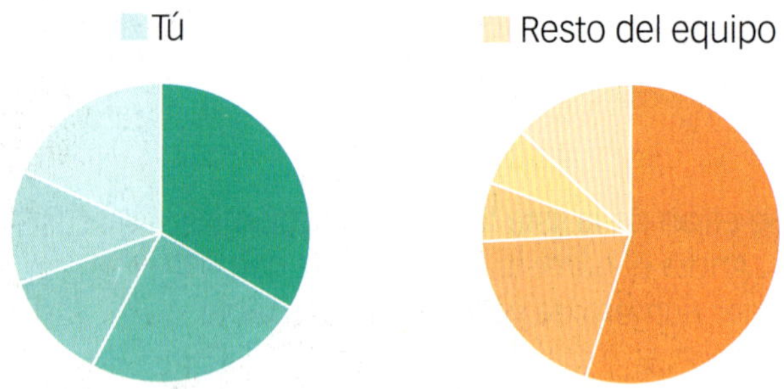

Aproxima las medidas de los ángulos de los sectores si es necesario para poder dibujar el diagrama. Recuerda que un círculo tiene 360º.

ANALIZA los gráficos obtenidos y contesta estas preguntas.

Interpretación de la información

- Compara los datos que habéis obtenido. ¿Son similares? ¿Esperabas que ocurriera así?
- ¿Coinciden en el problema más importante? ¿Y en el resto?
- ¿Hay algún problema que se considere importante en tus datos y no en los del equipo? ¿Y al revés? ¿Por qué crees que puede ocurrir esto?
- ¿Podrías haber representado los datos en otro tipo de gráfico? ¿Cuál podrías haber elegido? ¿Por qué te parece adecuado?
- ¿Crees que tus resultados y los resultados del equipo pueden variar si repitierais la encuesta en otro momento del año o con otras personas? ¿Por qué?

RESPONDED a estas preguntas en tu cuaderno y luego comentadlas en común.

¿Hay que esperar a que surjan problemas de convivencia o podemos intentar tomar medidas antes?

¿Qué problemas se perciben como más importantes en general? ¿Qué se puede hacer para solucionarlos?

Elaboración de las conclusiones

¿Has tenido algún problema de convivencia últimamente? ¿Cómo lo has resuelto? ¿Crees que tu experiencia puede ayudar a otras personas que lo tengan?

REALIZA un estudio estadístico sobre los problemas de convivencia agrupando todos los datos recopilados por la clase y, después, haz una lista de medidas para mejorar la convivencia.

- Recopila todos los datos de la clase. Ten en cuenta que puede haber problemas distintos de los de tus datos y los de tu equipo.
- Piensa cómo los vas a representar. Analiza después las diferencias con tus datos y los de tu equipo.
- Revisa a menudo tu lista de medidas por si necesitas añadir alguna según los problemas que surjan.

Lista de acciones

Dialogar más.

Exponer mis opiniones con calma.

...

Tu aportación

¿Cómo lo hemos hecho?

- ¿Tuvisteis dificultades al elegir los problemas más importantes y anotar las respuestas? ¿Se te ocurre otra forma de hacerlo?
- ¿Fue sencillo realizar tu gráfico de sectores? ¿Te sirvió para fijarte en las similitudes y diferencias entre tus datos y los del resto de tu equipo?
- ¿Te parece que un estudio estadístico es una buena herramienta para conocer los problemas de convivencia más importantes?
- ¿Crees que este reto te ha servido para tomar conciencia de la importancia de detectar y corregir este tipo de problemas?

CÁLCULO MENTAL	STEAM lab	SITUACIÓN DE APRENDIZAJE
– Complementarios de números de 1 cifra – Sumar por compensación – Restar por compensación	**LABORATORIO DE PROBLEMAS.** Determinar si un problema se puede resolver **TRATAMIENTO DE LA INFORMACIÓN.** Interpretar gráficos de barras bidireccionales	En el mundo somos muchas personas
– Complementarios de 1 cifra – Sumar descomponiendo términos – Restar descomponiendo sustraendo	**LABORATORIO DE PROBLEMAS.** Ordenar datos de un problema **TRATAMIENTO DE LA INFORMACIÓN.** Interpretar diagramas de dispersión	Leo, leo… ¿Qué lees?
– Comp. de números de 1 cifra – Sumar 1.001, 2.001, 3.001… – Restar 1.001, 2.001, 3.001…	**LABORATORIO DE PROBLEMAS.** Extraer datos de la resolución **TRATAMIENTO DE LA INFORMACIÓN.** Interpretar coordenadas cartesianas	Vamos a buscarnos
– Complementarios de decenas – Sumar 999, 1.999, 2.999… – Restar 999, 1.999, 2.999…	**LABORATORIO DE PROBLEMAS.** Cambiar datos en un problema **TRATAMIENTO DE LA INFORMACIÓN.** Representar en coordenadas cartesianas	Macedonia de simetrías

Nuestro reto: PREVENIR ENFERMEDADES. *Realizaremos una encuesta sobre acciones saludables.*

– Comp. de números de 2 cifras – Multiplicar decenas, centenas… – Dividir entre decenas, centenas…	**LABORATORIO DE PROBLEMAS.** Completar enunciados utilizando los datos adecuados **TRATAMIENTO DE LA INFORMACIÓN.** Interpretar gráficos de sectores	Las fracciones en el hogar
– Comp. de números de 2 cifras – Calcular el doble – Calcular la mitad	**LABORATORIO DE PROBLEMAS.** Determinar preguntas con palabras diferentes **TRATAMIENTO DE LA INFORMACIÓN.** Representar gráficos de sectores	Conociendo el mundo
– Comp. de números de 2 cifras – Calcular el doble – Calcular el doble	**LABORATORIO DE PROBLEMAS.** Relacionar enunciado y preguntas **TALLER DE PROGRAMACIÓN.** Bloques	El agua que consumes
– Comp. de números de 3 cifras – Calcular la mitad – Calcular la mitad	**LABORATORIO DE PROBLEMAS.** Determinar si un problema está bien resuelto **TALLER DE PROGRAMACIÓN.** Profundizar en los bloques	A hombros de la tecnología

Nuestro reto: PROMOVER LA CONVIVENCIA. *Haremos un estudio estadístico sobre la convivencia en clase.*

– Comp. de números de 3 cifras – Multiplicar por 5 – Dividir entre 5	**LABORATORIO DE PROBLEMAS.** Estimar la solución **TALLER DE PROGRAMACIÓN.** Bloques anidados	Corriendo tras la pelota
– Comp. de números de hasta 3 cifras – Multiplicar por 4 – Dividir entre 4	**LABORATORIO DE PROBLEMAS.** Ordenar las operaciones que resuelven un problema **TALLER DE PROGRAMACIÓN.** Variables	Ciudades saturadas
– Comp. de números de 3 cifras – Calcular el 10 % – Calcular el 20 %	**LABORATORIO DE PROBLEMAS.** Inventar problemas a partir de una situación **TALLER DE PROGRAMACIÓN.** Profundizar en variables	Cada gota cuenta
– Comp. de números de 3 cifras – Calcular el 50 % – Calcular el 25 %	**LABORATORIO DE PROBLEMAS.** Inventar problemas **TALLER DE PROGRAMACIÓN.** Variables y bloques	Educación para todos

Nuestro reto: LUCHAR CONTRA EL CAMBIO CLIMÁTICO. *Analizaremos la contaminación en el aire.*

¿Cuánto corre un jugador?

Distancia media (en m) recorrida por posición de juego y velocidad

Comparte tus preguntas

- Inventa una pregunta en la que intervengan unidades de longitud diferentes.
- Plantea una pregunta de forma que para resolverla se deba hacer la operación 10.611 − (719 + 114).

9

Haz memoria

- Escribe tres unidades de medida diferentes para las magnitudes que conozcas y las equivalencias entre ellas.
- ¿Qué instrumentos de medida conoces? ¿Para qué se utilizan?

Distancias recorridas en distintas ligas por partido

País	Nombre de la liga	Distancia media (en km) recorrida por equipo y partido	Distancia media (en m) recorrida a alta intensidad por jugador y partido
Alemania	Bundesliga	100,0	731,7
Argentina	Liga Profesional Argentina	97,7	717,5
Brasil	Série A	95,8	673,9
Croacia	1. HNL	100,8	741,4
España	Liga	103,7	803,9
Francia	Ligue 1	98,6	699,3
Grecia	Super League	98,4	695,6
Italia	Serie A	102,8	773,4
Portugal	Primeira Liga	100,6	748,2
Reino Unido	Premier League	100,8	790,1
República Checa	First League	100,2	763,8
Rusia	Premier League	100,3	715,1
Suecia	Allsvenskan	103,6	732,7

Resuelve mentalmente

- Si un defensa central recorriera 15 m más al *sprint*, ¿qué distancia recorrería a esa velocidad?
- Si en la liga sueca cada jugador recorriera a alta intensidad 9 m menos cada partido, ¿qué distancia recorrería?

TU PLAN DE TRABAJO

Aprenderás

- Las relaciones entre las unidades de longitud, capacidad y masa
- Las relaciones entre las unidades de superficie
- El volumen con un cubo unidad y las relaciones entre las unidades de volumen
- La relación entre volumen y capacidad

Pasarás a la acción

- LABORATORIO DE PROBLEMAS
- TALLER DE PROGRAMACIÓN

Pondrás a prueba lo aprendido

- COMPRUEBA TU PROGRESO
- SITUACIÓN DE APRENDIZAJE
- REPASA LO QUE SABES

Longitud, capacidad y masa

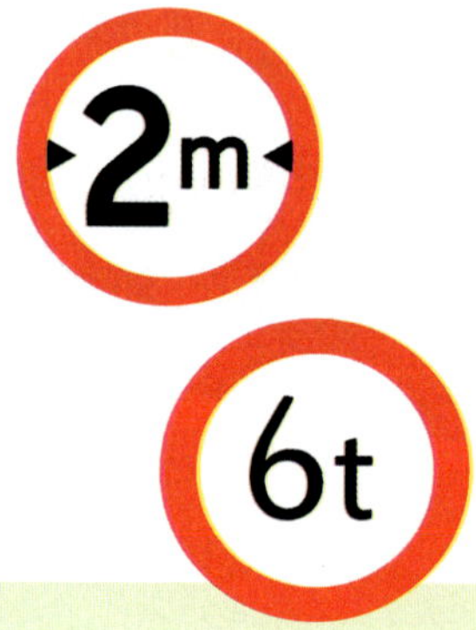

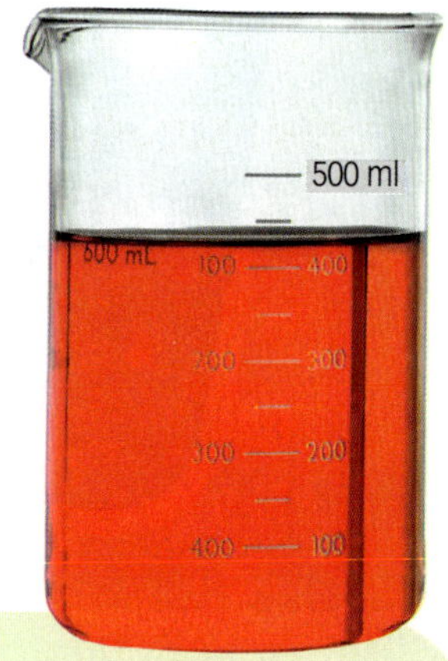

Descubre

- ¿Qué crees que significa cada señal circular de prohibición? ¿Qué unidades aparecen? ¿De qué magnitudes son?
- ¿Cuánto líquido hay aproximadamente en el recipiente? ¿Qué capacidad puede medir ese recipiente como máximo?

Aprende

1 tonelada (t) son 1.000 kg.
1 quintal (q) son 100 kg.

Las unidades de **longitud**, **capacidad** y **masa** forman un sistema decimal. Sus unidades principales son el **metro**, el **litro** y el **kilogramo**, respectivamente.

Múltiplos ← → Submúltiplos

× 10 (de izquierda a derecha) — : 10 (de derecha a izquierda)

km	hm	dam	**m**	dm	cm	mm
kl	hl	dal	**ℓ**	dl	cl	ml
kg	hg	dag	**g**	dg	cg	mg

Ejemplos

5,4 dam a dm → 5,4 × 100 → 540 dm

12,6 cl a dal → 12,6 : 1.000 → 0,0126 dal

3,75 kg a g → 3,75 × 1.000 → 3.750 g

6 t y 4 q a kg → 6.000 + 400 = 6.400 → 6.400 kg

Practica

1 **AVERIGUA** las equivalencias incorrectas y exprésalas correctamente.

- 4,5 m = 4.500 mm
- 0,18 cm = 1,8 mm
- 7,2 ℓ = 0,72 hl
- 9,3 ml = 0,093 cl
- 0,75 cg = 0,075 g
- 52,3 mg = 5,23 dg

2 **INVENTA** y escribe dos cambios de unidad en los que tengas que hacer lo que se indica.

- Multiplicar por 100.
- Dividir entre 10.000.

3 **EXPRESA** en la unidad indicada.

- 3,5 km y 8,3 dam en m.
- 3 t, 5 q y 6 kg en kg.
- 7,3 dal y 12 dl en ℓ.
- 1,3 kl, 9,7 hl y 25 cl en ℓ.

4 **INVENTA** y completa. Escribe dos soluciones.

- 1,5 dam y 2 m < ■ < 15 m y 40 dm
- 0,4 hl y 80 dal > ■ > 0,8 hl y 2 dal
- 7 hg y 5,5 dag < ■ < 0,85 hg y 750 dag

5 **ORDENA** de menor a mayor cada grupo.

- 3,4 km   3.225 m   321 dam   33 hm   32.320 cm
- 0,02 kl   1.710 dal   0,16 hl   18.000 cl   2.000 dl
- 460.000 mg   0,05 hg   4.600 dg   0,04 dag   45.000 cg

Conecta con la realidad

6 **OBSERVA** y contesta en tu cuaderno.

- ¿Qué medirías en cada objeto? Escribe una magnitud (longitud, capacidad o masa) y estima su medida, eligiendo la unidad más adecuada.
- Piensa y escribe una situación en la que necesites calcular cada medida anterior.
- ¿Puedes medir otras magnitudes en cada objeto? ¿En qué situaciones lo harías?

7 **INTERPRETA** la información nutricional de un yogur y contesta.

Recomendaciones de la FAO para niños y niñas de 11-12 años

Energía para niños: 2.240 kilocalorías (kcal) por día.
Energía para niñas: 1.989 kilocalorías (kcal) por día.
Proteínas: 1,35 g por kilo de peso al día.
Grasas: 25 % de las kilocalorías diarias.

Información nutricional	Por 100 g
Valor energético	277 kJ 66 kcal
Grasas de las cuales saturadas	3,5 g 2,3 g
Hidratos de carbono de los cuales azúcares	5 g 5 g
Fibra alimentaria	0 g
Proteínas	3,7 g
Sal	0,19 g
Calcio	118 mg

- Un yogur tiene 125 g. ¿Qué cantidad de energía, proteínas y grasas contiene?
- ¿Qué cantidad de nutrientes tomarías diariamente si consumieras dos yogures al día?
- ¿Qué cantidad de proteinas y grasas te faltarían o te sobrarían diariamente si consumieras dos yogures?
- ¿Qué cantidad de yogur tendrías que tomar para seguir las recomendaciones? ¿Tiene sentido obtener los nutrientes tomando solo yogures? ¿Por qué?

Cálculo MENTAL

Calcula cuánto le falta a cada número para llegar:

- **A 200:** 160 190 130 170 110 180 140 120 150
- **A 500:** 480 420 450 490 460 410 470 430 440

¿Cómo lo calculas?

MatemáticaMENTE

Tienes tres montones con bolas iguales en aspecto. Hay dos montones que contienen bolas que pesan 10 g y otro con bolas de 11 g.

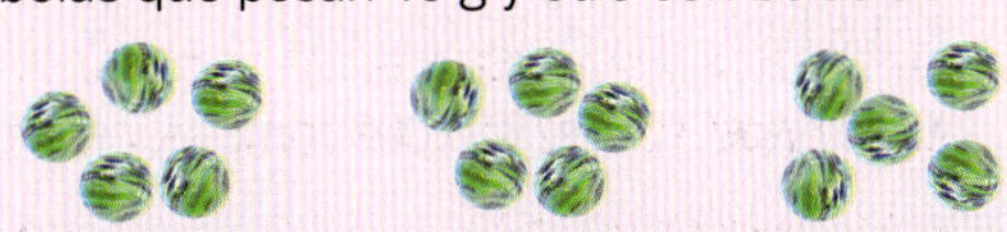

Hay que averiguar qué montón tiene las bolas más pesadas con una sola pesada en una báscula. Se pueden utilizar todas las bolas que se quiera. ¿Cómo puedes hacerlo?

Superficie

Descubre

Con las MANOS

Mide los lados de estos cuadrados y contesta.

- ¿Qué cuadrado tiene un área de 1 cm^2? ¿Cómo lo has averiguado?
- ¿Podrías dibujar figuras cuya área sea 10 cm^2? Pon ejemplos.

Aprende

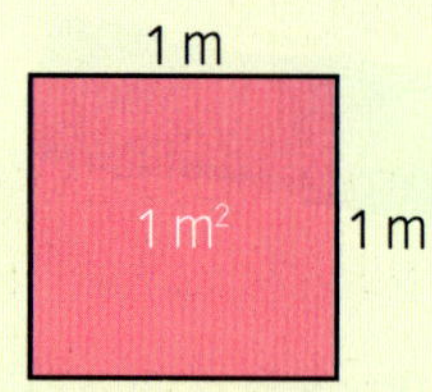

- La unidad principal de **superficie** es el **metro cuadrado (m^2)**.
- Para medir superficies mayores y menores que el metro cuadrado se utilizan sus múltiplos y submúltiplos.
  - **Múltiplos:** decámetro cuadrado (dam^2), hectómetro cuadrado (hm^2) y kilómetro cuadrado (km^2).
  - **Submúltiplos:** decímetro cuadrado (dm^2), centímetro cuadrado (cm^2) y milímetro cuadrado (mm^2).
- En las unidades de superficie, cada unidad es 100 veces mayor que la unidad inmediatamente inferior.

Para pasar de una unidad a otra menor se multiplica.

$km^2 \xrightarrow{\times 100} hm^2 \xrightarrow{\times 100} dam^2 \xrightarrow{\times 100} \mathbf{m^2} \xrightarrow{\times 100} dm^2 \xrightarrow{\times 100} cm^2 \xrightarrow{\times 100} mm^2$

$mm^2 \xrightarrow{:100} cm^2 \xrightarrow{:100} dm^2 \xrightarrow{:100} \mathbf{m^2} \xrightarrow{:100} dam^2 \xrightarrow{:100} hm^2 \xrightarrow{:100} km^2$

Para pasar de una unidad a otra mayor se divide.

Ejemplos 5,8 m^2 a cm^2 → 5,8 × 10.000 → 58.000 cm^2 3.490 m^2 a km^2 → 3.490 : 1.000.000 → 0,00349 km^2

Practica

1 **EXPLICA** qué operación harías para pasar:

- De m^2 a cm^2.
- De hm^2 a dm^2.
- De cm^2 a dam^2.
- De m^2 a km^2.

2 **EXPRESA** en metros cuadrados.

- 1,5 hm^2
- 32.000 cm^2
- 0,09 km^2
- 93 dam^2
- 800.000 mm^2
- 6 dm^2

3 **COMPLETA** las equivalencias.

- 8,3 dam^2 = … dm^2
- 0,8 km^2 = … m^2
- 612 m^2 = … hm^2
- 1.257 cm^2 = … dm^2
- 9.700 dm^2 = … dam^2
- 47.200 mm^2 = … dam^2

Con las MANOS

MEDID el largo y el ancho de la clase y de vuestra habitación. Calculad su área y comparadla. Expresadlo en otras unidades. El resultado de la comparación, ¿es el mismo?

4 **INVENTA** dos medidas de superficie que cumplan cada desigualdad.

- 0,27 m^2 < ■ < 2.800 cm^2
- 1,5 hm^2 > ■ > 149 dam^2

Conecta con la realidad

5 **LEE** y resuelve.

CASA A
Superficie: 112 m^2
Precio: 180.000 €

CASA B
Superficie: 140 m^2
Precio: 224.700 €

CASA C
Superficie: 105 m^2
Precio: 168.000 €

- ¿Cuál es el precio del metro cuadrado en cada casa? ¿Cuál es la mejor oferta?
- Con ese precio por metro cuadrado, ¿cuánto deberían costar las otras dos casas?
- Si puedo pagar 160.000 € por la compra de una casa, ¿qué superficie puede tener como máximo esa casa si la compro al precio del metro cuadrado más ventajoso?

6 **OBSERVA** los datos de la tabla y contesta razonadamente.

Parque natural	Doñana	Monfragüe	Cabañeros	Picos de Europa
Extensión	68.236 ha	18.396 ha	40.856 ha	67.127,59 ha

Unidades agrarias
Centiárea (ca) = 1 m^2
Área (a) = 1 dam^2
Hectárea (ha) = 1 hm^2

- ¿Cuántos kilómetros cuadrados mide cada parque natural?
- ¿Cuántos kilómetros cuadrados tiene el parque mayor más que el menor?
- En el Parque de los Picos de Europa está el lago Enol, que ocupa una superficie de 812 a. ¿Qué extensión tiene el parque sin el lago?
- En el Parque de Monfragüe hay una ermita y un castillo que ocupan 2.561 ca. ¿Qué zona es mayor, esta o el resto del parque? ¿Cuánto mayor es?
- La finca Las Marismillas está situada en el extremo sur del Parque de Doñana. Su extensión es de 10.286 ha. ¿Cuántos kilómetros cuadrados tiene el parque sin esa finca?

Cálculo MENTAL

Multiplicar por 5

$38 \xrightarrow{\times 10} 380 \xrightarrow{:2} 190$ (× 5)

22 × 5	54 × 5	81 × 5	68 × 5
46 × 5	63 × 5	95 × 5	79 × 5
37 × 5	72 × 5	47 × 5	96 × 5

Expresa 240 y 370 como el resultado de la multiplicación de un número por 5.

Volumen con un cubo unidad

Descubre

- ¿Cuántos cubitos hay en cada capa? ¿Y cuántas capas hay?
- ¿Cuántos cubitos hay en total?
- Si juegas girando las capas, ¿el espacio que ocupa el cubo es el mismo en todo momento?

Aprende

- El **volumen** de un cuerpo es la cantidad de espacio que ocupa.
- Para hallar el volumen de un cuerpo, se toma como unidad de medida un cubo y se cuenta el número de cubos que hay en ese cuerpo.

Ejemplos

Cada capa tiene 3×3 cubos.
Hay 3 capas.
Total de cubos → $3 \times 3 \times 3 = 27$
Volumen = 27 (cubo)

Cada capa tiene 4×2 cubos.
Hay 3 capas.
Total de cubos → $4 \times 2 \times 3 = 24$
Volumen = 24 (cubo)

Practica

1. **EXPLICA** cómo calculas los cubos que tiene cada cuerpo y escribe su volumen.

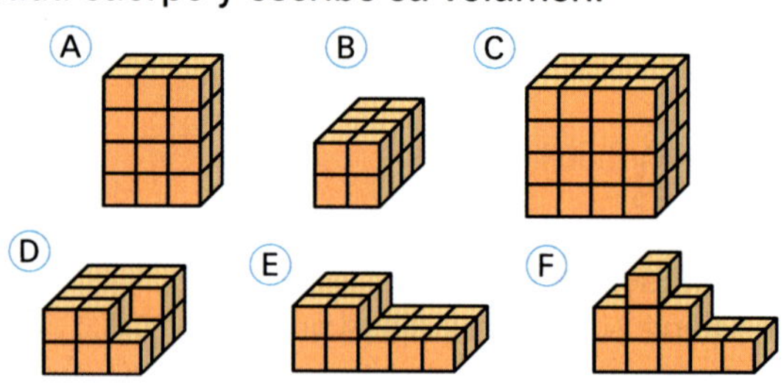

2. **CALCULA** el volumen de la figura tomando como unidad de medida cada cubo y contesta.

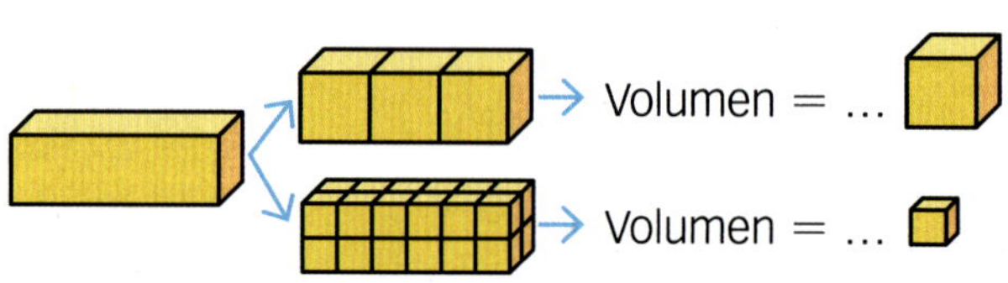

› ¿Por qué los valores numéricos del volumen son números distintos? ¿Cambia el volumen del cuerpo?

3. **PIENSA** y contesta.
   - ¿Dos cuerpos pueden tener el mismo volumen y distinto peso?
   - ¿Dos cuerpos pueden tener el mismo peso y diferente volumen?
   - ¿Por qué no se usan como unidad de medida de volumen las esferas?

4. **INTERPRETA** y completa en tu cuaderno.

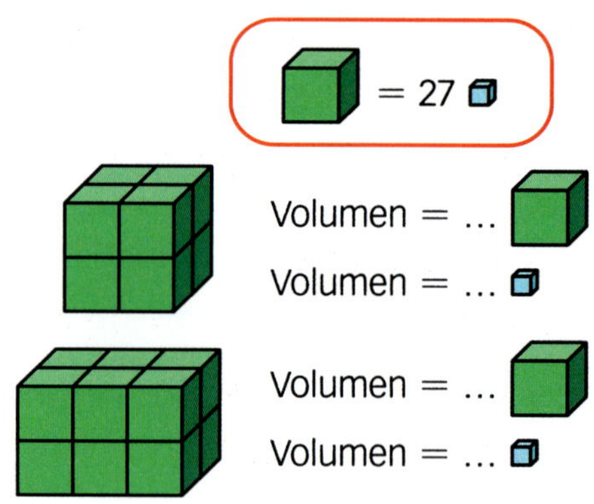

El metro cúbico. Submúltiplos

Descubre

Con las MANOS

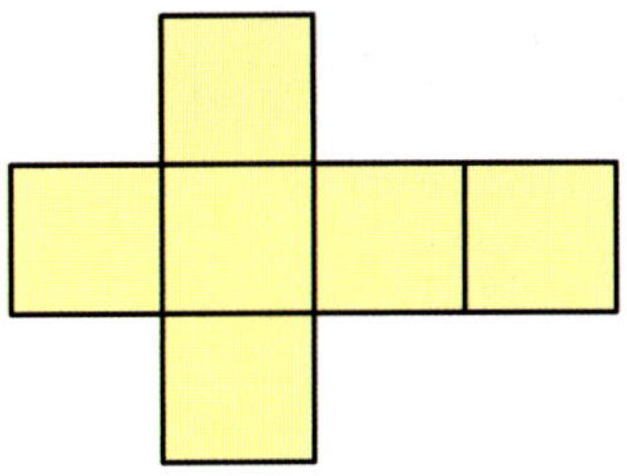

- ¿Cuánto mide el lado de cada cuadrado en la figura amarilla?
- ¿Qué cuerpo puedes construir con esa figura?
- ¿Cuántos cubitos como el amarillo necesitarías para construir la figura verde? ¿Cuánto medirá su largo, su ancho y su alto?

Aprende

- La unidad principal para medir volúmenes es el **metro cúbico (m^3)**. El metro cúbico es el volumen de un cubo de 1 metro de arista.
- Para medir volúmenes pequeños, usamos sus **submúltiplos**:
  - El **decímetro cúbico (dm^3)** es el volumen de un cubo de 1 dm de arista.
  - El **centímetro cúbico (cm^3)** es el volumen de un cubo de 1 cm de arista.
  - El **milímetro cúbico (mm^3)** es el volumen de un cubo de 1 mm de arista.
- Observa las equivalencias:

	×1.000 →		×1.000 →		×1.000 →	
m^3		dm^3		cm^3		mm^3
	← :1.000		← :1.000		← :1.000	

Ejemplos

$0{,}005\ m^3$ a mm^3 → $0{,}005 \times 1.000.000.000$ → $5.000.000\ mm^3$

$270.000\ cm^3$ a m^3 → $270.000 : 1.000.000$ → $0{,}27\ m^3$

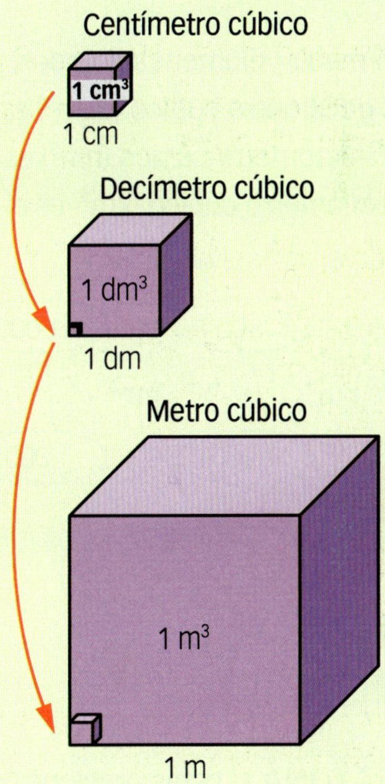

Practica

1 **EXPLICA** cómo pasar:

- De m^3 a dm^3.
- De dm^3 a mm^3.
- De dm^3 a cm^3.
- De mm^3 a cm^3.
- De m^3 a cm^3.
- De cm^3 a dm^3.

2 **COMPLETA** en tu cuaderno.

- $1{,}2\ m^3 = \ldots\ dm^3$
- $0{,}032\ m^3 = \ldots\ cm^3$
- $3{,}4\ dm^3 = \ldots\ mm^3$
- $29\ dm^3 = \ldots\ cm^3$
- $96.000\ mm^3 = \ldots\ dm^3$
- $380\ m^3 = \ldots\ dm^3$

3 **EXPRESA** en metros cúbicos.

- $24\ dm^3$ y $125\ cm^3$
- $9\ dm^3$ y $8.150\ cm^3$
- $2.500\ dm^3$ y $48.000\ cm^3$

4 **PIENSA** y resuelve.

En una bombona de buceo hay $12\ dm^3$ de aire. Cada vez que inspiras tomas $500\ cm^3$. ¿Para cuántas inspiraciones hay aire?

Múltiplos del metro cúbico

Descubre

- ¿Cuánto miden las aristas de cada bloque cúbico de piedra?
- ¿Qué bloque tiene un volumen de 1 metro cúbico? ¿Por qué?
- ¿Cuánto medirá la arista de un cubo con un volumen de 1 decámetro cúbico?

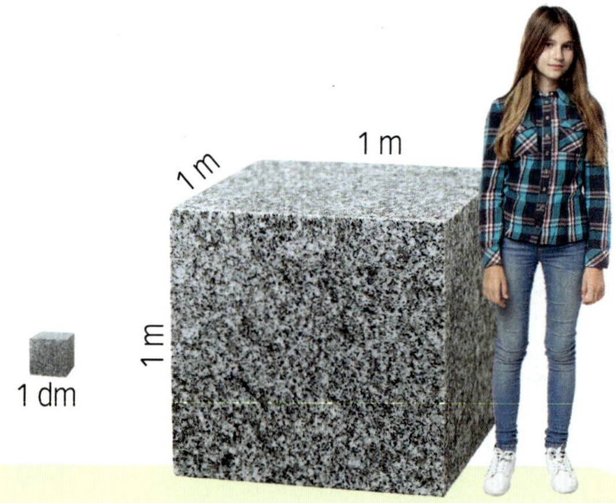

Aprende

- Para medir volúmenes grandes, usamos los **múltiplos** del metro cúbico.
  - El **decámetro cúbico** (dam^3) es el volumen de un cubo de 1 dam de arista.
  - El **hectómetro cúbico** (hm^3) es el volumen de un cubo de 1 hm de arista.
  - El **kilómetro cúbico** (km^3) es el volumen de un cubo de 1 km de arista.
- Observa las equivalencias:

×1.000 →		×1.000 →		×1.000 →	

km^3	hm^3	dam^3	m^3

← :1.000	← :1.000	← :1.000

Practica

1 **RAZONA** si estas oraciones son ciertas.

- Para pasar de decámetros cúbicos a metros cúbicos se multiplica por 1.000.
- Para pasar de hectómetros cúbicos a metros cúbicos se multiplica por 100.000.
- Para pasar de metros cúbicos a hectómetros cúbicos se divide entre 1.000.000.

2 **COMPLETA** las equivalencias en tu cuaderno.

- 3 dam^3 = … m^3
- 520 m^3 = … hm^3
- 0,09 hm^3 = … km^3
- 68 km^3 = … hm^3
- 0,02 hm^3 = … m^3
- 360 m^3 = … dam^3

3 **ORDENA** de menor a mayor cada grupo.

- 1,9 hm^3 1.850.000 m^3 2 dam^3
- 0,0075 hm^3 7.550.000 m^3 750 dam^3

4 **PIENSA** y resuelve.

En el rompeolas de un puerto han colocado bloques cúbicos de 2 dam^3 cada uno.

- Se usaron 0,5 hm^3 de cemento para fabricarlos. ¿Cuántos bloques se obtuvieron?
- Por defectos en el proceso de secado se desechó un 10 % de los bloques. ¿Cuántos m^3 se desaprovecharon?

MatemáticaMENTE

Calcula el volumen de este cubo. ¿Cómo lo has hecho?

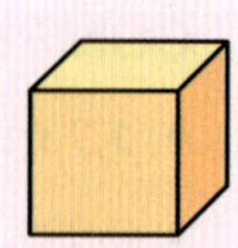

Volumen y capacidad

Descubre

Con las MANOS

Recorta un cuadrado de cartón de lado 1 dm y fórralo con cinta impermeable. Después, únelo con el de otros cuatro compañeros formando un cubo abierto.

- ¿Qué volumen tiene ese cubo?
- Si llenas el cubo de agua, ¿qué cantidad necesitarás?

Aprende

Las unidades de volumen y de capacidad son equivalentes.

Las equivalencias entre las unidades de volumen y capacidad son:

- **1 metro cúbico = 1 kilolitro** → $1\ m^3 = 1\ kl = 1.000\ \ell$
- **1 decímetro cúbico = 1 litro** → $1\ dm^3 = 1\ \ell$
- **1 centímetro cúbico = 1 mililitro** → $1\ cm^3 = 1\ ml$

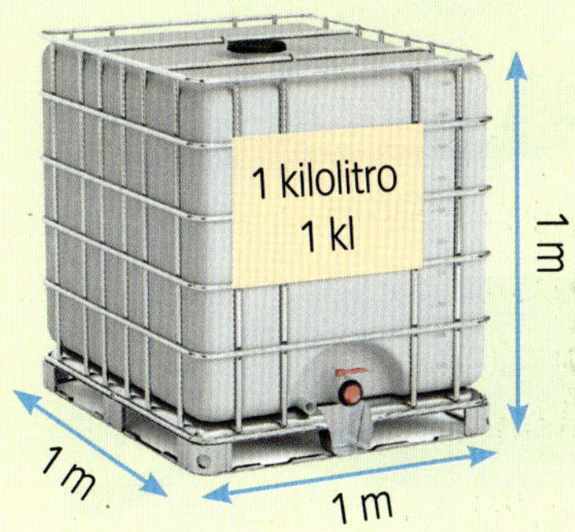

Practica

1 **EXPLICA** qué equivalencias no son ciertas y escríbelas correctamente.

- $1\ m^3 = 10\ hl$
- $1\ dm^3 = 0{,}1\ dal$
- $1\ cm^3 = 100\ cl$
- $10\ m^3 = 10\ kl$
- $20\ dm^3 = 2\ dal$
- $1\ cm^3 = 10\ cl$

2 **EXPRESA** cada medida en las dos unidades.

- En kl y en ℓ: $2\ km^3$ $1{,}5\ km^3$ $0{,}38\ km^3$
- En ℓ y en cl: dm^3 $6{,}7\ dm^3$ $1{,}23\ dm^3$
- En cl y en ℓ: $8\ cm^3$ $9{,}5\ cm^3$ $0{,}75\ cm^3$

3 **EXPRESA** en litros.

- $4{,}5\ km^3$ y $9\ dm^3$
- $0{,}7\ km^3$ y $40\ dm^3$
- $1{,}3\ dm^3$ y $45\ cm^3$
- $6{,}8\ dm^3$ y $30\ cm^3$
- $0{,}7\ km^3$, $12{,}5\ dm^3$ y $25\ cm^3$
- $0{,}03\ km^3$, $3\ dm^3$ y $70\ cm^3$

4 **ESCRIBE** cuatro recipientes y estima su volumen y su capacidad equivalente.

5 **INVENTA** una frase para recordar que $1\ cm^3$ es igual a 1 ml y no a 1 cl.

Cálculo MENTAL

Dividir entre 5

80 → (: 10) → 8 → (× 2) → 16 (: 5)

70 : 5	160 : 5	480 : 5	720 : 5
80 : 5	270 : 5	590 : 5	810 : 5
90 : 5	360 : 5	630 : 5	950 : 5

Expresa 24 y 140 como el resultado de dividir un número entre 5.

Estimar la solución

1 **ELIGE** la medida de cada objeto. Cada medida corresponde a un solo objeto.

Mermelada

Taza

Garbanzos

Lápiz

Harina

Coche

MEDIDAS

1 ℓ	2 toneladas
230 dal	850 kg
100 ml	1 kg
225 ℓ	500 g
200 ml	250 g
2 ℓ	10 g

Camión

Botella de refresco

Piscina

Frasco de perfume

Barril

Brik de leche

2 **ELIGE** la solución de cada problema estimando mentalmente.

SOLUCIONES

- Me quedan menos de 100 €.
- Me quedan más de 150 €.
- Me quedan unos 15 €.
- Me quedan unos 200 €.

- Tengo ahorrados 126 €. Con ese dinero quiero comprar un balón que vale 12,50 €, un juego de 20,50 € y dos raquetas de plástico de 5 € cada una. ¿Cuánto dinero me queda?
- He salido a comprar con 65 €. En la pescadería he gastado 18,50 €, en la carnicería 22,35 € y en la frutería 9,15 €. ¿Cuánto dinero me queda?
- Para la excursión necesito recaudar el dinero de 22 personas que tienen que pagar 8 € cada una. Si han pagado 3, ¿cuánto dinero me queda por recaudar?
- He montado mi propia obra de teatro. Cada entrada vale 8,50 € y he vendido 49 entradas. Los gastos de la obra han sido 250 €. ¿Cuánto dinero me queda?

Bloques anidados

Misión *Rescatar las naves*

En esta misión, cada nave de la flota Atalanta buscará naves averiadas esquivando agujeros negros y distintos soles. Las reparará y las rescatará hasta ponerlas fuera de peligro.

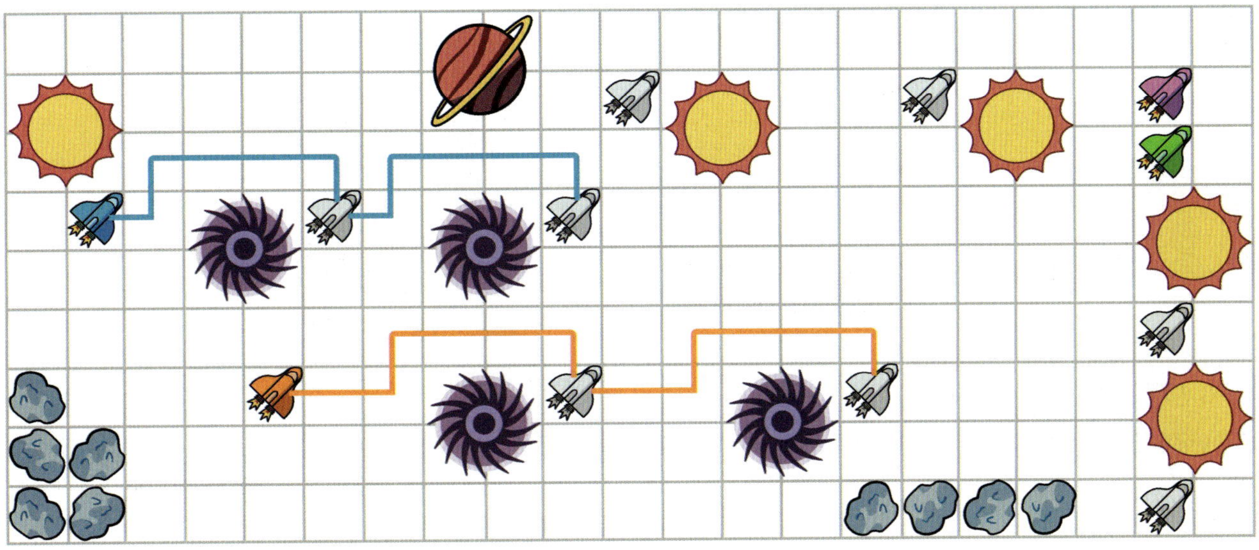

Instrucciones para la nave azul:

- Ejecuta el bloque 1 dos veces:
  - ⓐ Se mueve alrededor del agujero negro.
  - ⓑ Ejecuta el código del bloque 2:
    - Repara la nave averiada.
    - Rescata la nave.

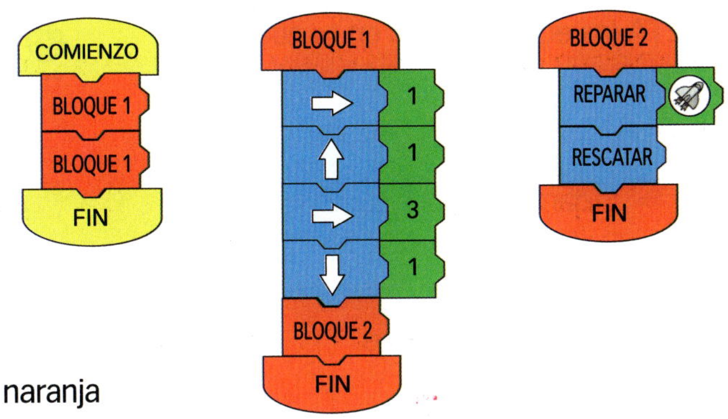

1 **DESCRIBE** los movimientos para que la nave naranja siga el camino esquivando los agujeros negros para reparar y rescatar a las naves averiadas.

2 **DESCUBRE** a qué nave pertenecen estas instrucciones y describe qué hace.

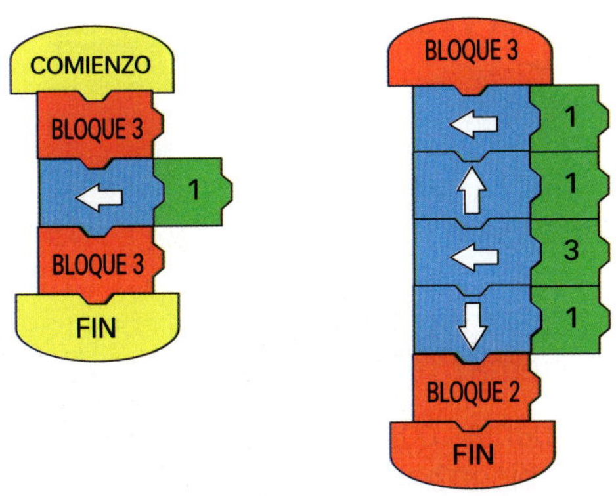

3 **PROGRAMA** la nave verde para que repare y rescate a las naves averiadas que faltan.

Comprueba tu progreso

1 **EXPRESA** en la unidad que se indica.

En m
- 3,5 hm   1,9 dam   12 dm   7 cm
- 0,6 km   0,5 dm   19 cm   15 mm
- 0,08 km   6 dm   50 cm   80 mm

En ℓ
- 0,74 kl   5,2 hl   7,1 dal   65 dl
- 8 hl   9,3 dal   46 dl   97 cl
- 0,45 dal   1,5 dl   8 cl   26 ml

En g
- 5,7 kg   8,3 hg   3,5 dag   9 dg
- 8 hg   1,32 dag   58 dg   43 cg
- 2,19 hg   0,5 dg   7 cg   62 mg

2 **CALCULA** cuántos kilos son.
- 2,5 t, 8 q y 75 kg
- 5.200 g y 8.000 dg
- 128 hg y 500 dag
- 75.000 cg y 300.000 mg

3 **COMPLETA** las equivalencias en tu cuaderno.
- 7 dam^2 = … m^2
- 12 dm^2 = … m^2
- 3,6 km^2 = … dam^2
- 21,6 m^2 = … hm^2
- 9 hm^2 = … dm^2
- 0,5 cm^2 = … mm^2
- 2,9 dam^2 = … cm^2
- 7.290 cm^2 = … dam^2

4 **EXPRESA** en metros cuadrados.
- 0,8 km^2, 5,3 hm^2 y 15 dm^2
- 6,7 hm^2, 3,7 dm^2 y 140 cm^2
- 0,24 dam^2, 9,3 cm^2 y 1.200 mm^2

5 **COMPLETA** estas igualdades.
- 2 m^3 = … dm^3
- 35 dm^3 = … m^3
- 4 dam^3 = … m^3
- 70.000 m^3 = … hm^3
- 5.000 cm^3 = … dm^3
- 6,1 dm^3 = … cm^3
- 3.000 dam^3 = … m^3
- 2,6 hm^3 = … m^3

6 **COMPLETA** estas igualdades.
- 5 m^3 = … kl = … ℓ
- … m^3 = … kl = 9.000 ℓ
- … dm^3 = 4,5 ℓ = … cl
- 9.000 cm^3 = … ml = … ℓ

7 **COLOREA** del mismo color en tu cuaderno las medidas que sean iguales.

5.200 dm^3	5,2 dam	0,52 ha
5.200 cm	5.200 ℓ	0,052 km
920 cm	92 ℓ	5,2 m^3
920 dl	9.200 mm	9.200 cm^3

8 **ORDENA** de menor a mayor cada grupo.
- 3,5 m   1,7 dam   0,3 km   250 dm   180 cm
- 18 dl   34 cl   0,6 dal   0,09 hl   0,5 kl
- 125 mg   82 cg   9,1 dg   0,5 dag   0,03 kg
- 2,1 dam^2 0,6 hm^2 1,3 m^2 21 dm^2 215 cm^2
- 0,4 hm^3 4,1 dam^3 42 dm^3 142 cm^3 4,5 m^3

9 **BUSCA** información sobre las unidades de medida de información (byte, megabyte…) y prepara una presentación para contarla al resto de la clase.

10 **OBSERVA** los precios y resuelve.

- ¿Cuánto costarán 2,5 m de tela? ¿Tendrás suficiente con 20 € para pagarla?
- ¿Cuánto valdrán en total una botella con 1,5 litros de zumo y otra con un cuarto de litro?
- ¿Cuánto costarán en total una caja con 3,5 kg de peras y una bolsa con tres cuartos de kilo?

11 **PIENSA** y resuelve.

- ¿Cuántos bidones se llenan con el agua de la cisterna? ¿Cuánto falta para llenar otro bidón?
- ¿Cuántas botellas se pueden llenar con el agua del bidón? ¿Y con la de la cisterna?
- Si compras un bidón de agua y 7 botellas, ¿cuántos litros de agua son?

Aplica lo que has aprendido

12 **ANALIZA** y resuelve.

Tengo una piscina con dos paredes de 12,6 m de largo por 1,8 m de alto y las otras dos paredes de 5,4 m de largo por 1,8 m de alto. Voy a recubrir las paredes y el fondo de la piscina con unos azulejos muy pequeños que se llaman gresite. Son azulejos de forma cuadrada con 3 cm de lado y que se venden en planchas de 12 azulejos de largo por 12 azulejos de ancho.

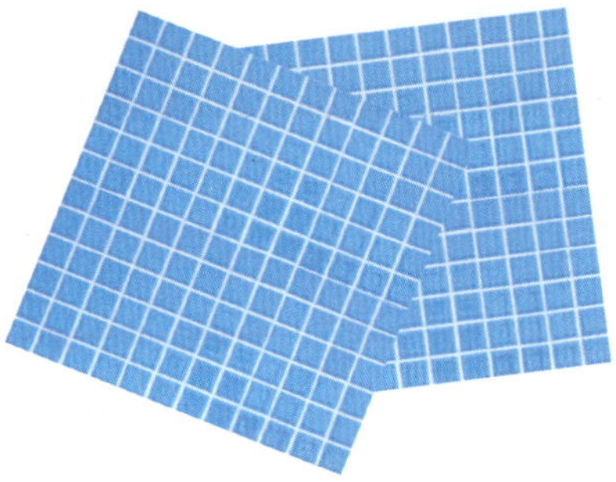

- ¿Cuál es la superficie de cada azulejo pequeño? ¿Cuál es la superficie de la plancha entera?
- ¿Cuántas planchas usaré para cubrir las paredes más largas? ¿Y las otras dos paredes?
- ¿Cuántas planchas necesito para cubrir el suelo de la piscina?
- Las planchas se venden en dos tipos de cajas. Unas tienen 20 placas y cuestan 31,20 € y otras con 15 placas cuestan 25,65 €. ¿Cuántas cajas de cada tipo tengo que comprar para que me salga lo más barato posible?

13 **PIENSA** y resuelve.

Según las indicaciones del médico, tengo que tomar 8 cm^3 de jarabe después de cada comida. Es decir, 3 veces al día. En casa hay un dosificador para medirlo, es un tubito graduado donde puedo coger el jarabe. El problema es que el dosificador está graduado en mililitros.

- ¿Cuántos mililitros de jarabe hay que tomar en cada toma?
- ¿Cuántos mililitros se deben tomar al día?
- Si para acabar el tratamiento se debe tomar durante una semana, ¿será suficiente con un frasco?
- ¿Para cuántos días tendré con un frasco?

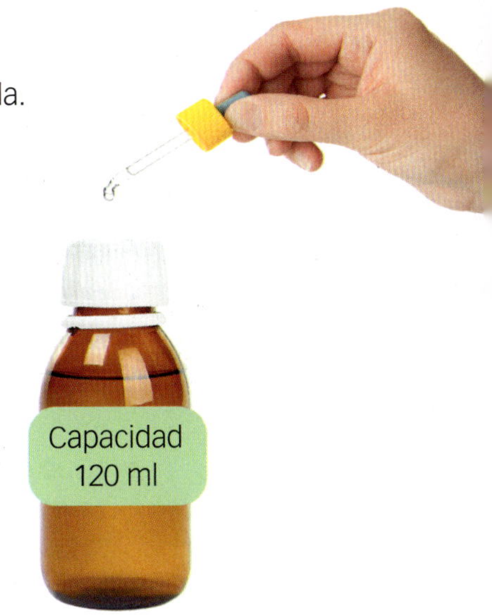

Valora tu aprendizaje

14 **REFLEXIONA** sobre lo que has trabajado en esta unidad y contesta.

- ¿Aceptas bien las críticas cuando no has realizado bien algún trabajo?
- ¿Cuál es tu mejor aporte al trabajar en grupo? ¿Por qué piensas que es así?

Enfréntate al DESAFÍO

VOLÚMENES DE FIESTA

LEE y contesta.

Un grupo de 4 personas celebró ayer un cumpleaños. En total bebieron 11 vasos de agua y cada una bebió un número distinto de vasos.
¿Cuántas personas bebieron más de 1 litro de agua si cada vaso contenía 25 cl? ¿Cuánto bebió cada una?

SITUACIÓN DE APRENDIZAJE

Corriendo tras la pelota

En los partidos de fútbol todos los jugadores están en constante movimiento: unos corriendo detrás de la pelota y otros defendiendo o desmarcándose.

No todo el rato se juega a la misma velocidad: a veces van más tranquilos y otras corren a alta intensidad o al máximo, en *sprint*.

¿Has jugado alguna vez al fútbol? ¿Cuántos metros crees que recorres cada vez que juegas?

1 **Observa los datos que aparecen en la primera doble página de la unidad y contesta.**

- ¿Cuántos kilómetros recorren los equipos argentinos por partido?
- ¿Cuántos metros recorren los jugadores de los equipos suecos a alta intensidad?
- ¿En qué liga se recorre de media por equipo más kilómetros? ¿Y menos?
- ¿Cuántos metros recorre un centrocampista a alta intensidad más que en *sprint*?
- ¿Qué tipo de jugador recorre más distancia total? ¿Y más distancia en *sprint*?

2 **Analiza los datos y reflexiona.**

- Elige la liga de un país. ¿Cuál es la distancia recorrida de media por equipo? Si cada jugador (menos el portero) corriera lo mismo, ¿qué distancia recorrería? ¿Cuántos metros correría cada minuto, aproximadamente? ¿Qué distancia total recorre el equipo a alta intensidad?
- ¿Qué distancia total recorre un extremo más que un defensa central? ¿Y en *sprint*? ¿Por qué hay esas diferencias en las distancias recorridas según la posición en el campo?
- En un equipo hay 1 defensa central, 3 defensas, 3 centrocampistas, 2 extremos y 1 delantero. ¿Qué distancia total recorren de media? ¿Qué distancia recorren a alta intensidad? ¿Y en *sprint*?

3 **Compara los datos con tu experiencia.**

- Piensa en una distancia que suelas recorrer andando. ¿Adónde vas? ¿Qué distancia recorres? ¿Cuánto tiempo tardas en recorrerla?
- ¿Cuál es la distancia más larga que has recorrido andando?
- ¿Te parecen muy grandes las distancias que recorren los jugadores en un partido?
- Elige una posición en el campo. ¿Cuánto tiempo crees que tardarías en recorrer tú la distancia que hace un jugador en esa posición por partido?

Actividades

1 ESCRIBE en cada caso cinco números.

- Fracciones propias cuyo numerador es 9.
- Fracciones impropias cuyo denominador es 8.
- Fracciones equivalentes a 7.
- Decimales cuya parte entera es 5 y su cifra de las centésimas es 2.
- Decimales cuya parte entera es 0 y su cifra de las milésimas es 8.

2 COMPLETA cada tabla de proporcionalidad.

4	5	6	7		
12				27	48

5	6	8	9		
	30			60	75

3 CALCULA y completa.

- $\frac{2}{5}$ de 850
- $\frac{4}{7}$ de 1.505
- 14 % de 950
- 32 % de 7.200

4 AVERIGUA las medidas reales de cada parcela.

0 120 240 360 m

1:20.000

Problemas

5 En una pastelería han hecho 30 kg de pastas. La mitad las han envasado en cajas con un cuarto de kilo cada una y el resto en cajas de medio kilo. Cada caja de un cuarto cuesta 9,50 € y la de medio kilo vale 15,90 €. ¿Cuánto obtendrán por la venta de todas las cajas?

6 Para hacer dos bizcochos iguales utilizan tres cuartos de litro de leche. ¿Qué cantidad de leche usarán para hacer un pedido de 30 bizcochos? Con 3 litros de leche, ¿para cuántos bizcochos tendrán?

7 Los cinco octavos de los pedidos que reciben son por internet. De ellos, tres cuartos pagan con tarjeta. Al mes reciben 160 pedidos. ¿Cuántos son por internet y no pagan con tarjeta? ¿Son más que los pedidos que no se hacen por internet?

8 Cada bizcocho costaba antes 3,20 € y están pensando en subir su precio 40 céntimos. Creen que así tendrán un 10 % menos de ventas. ¿Les compensa hacer la subida?

¿Cuánta gente vive ahí?

Áreas urbanas más extensas del mundo

SUPERFICIE DEL ÁREA URBANA (km^2)	CIUDADES / PAÍSES	POBLACIÓN (HABITANTES)
91.000	Gran Los Ángeles **Estados Unidos**	18.000.000
17.495	Nueva York **Estados Unidos**	22.500.000
13.934	Área metropolitana de Buenos Aires **Argentina**	15.369.920
12.496	Área metropolitana de San Diego **Estados Unidos**	5.100.000
7.854	Tokio **Japón**	39.500.000
7.501	Boston **Estados Unidos**	4.959.000
7.489	Osaka-Kobe -Kioto **Japón**	17.800.000
7.440	Chicago **Estados Unidos**	9.800.000
7.160	Filadelfia **Estados Unidos**	7.300.000
7.107	Toronto **Canadá**	5.555.487

Comparte tus preguntas

- Inventa una pregunta en la que utilices la unidad de medida de superficie kilómetro cuadrado.
- Inventa una pregunta en la que, para responderla, tengas que hacer la división 18.000.000 entre 91.000.

Haz memoria

- Halla el área de una parcela rectangular de 9 dam de largo y 40 m de ancho. ¿Cuánto mide el lado de una parcela cuadrada con la misma área que ella?
- Encuentra tres rectángulos con medidas distintas que tengan igual área. ¿Cuáles son sus perímetros?

Superficie y población de los países con las áreas urbanas más pobladas

Resuelve mentalmente

- Si en el área urbana de Nueva York hubiera 200.000 habitantes más, ¿cuántos serían?
- Imagina que hubiera 300.000 habitantes menos en el área urbana de Tokio, ¿cuántos habitantes serían?

10

TU PLAN DE TRABAJO

Aprenderás

- El perímetro de un polígono y la longitud de una circunferencia
- La base y la altura de triángulos y paralelogramos
- El área del cuadrado, rectángulo, rombo y romboide
- El área del triángulo
- El área del polígono regular y del círculo
- El área de figuras planas

Pasarás a la acción

- LABORATORIO DE PROBLEMAS
- TALLER DE PROGRAMACIÓN

Pondrás a prueba lo aprendido

- COMPRUEBA TU PROGRESO
- SITUACIÓN DE APRENDIZAJE
- REPASA LO QUE SABES

Perímetro de un polígono

Descubre

Con las MANOS

Coge estas figuras del material de aula y mide sus lados.

- ¿Cuánto mide cada lado del hexágono?
  ¿Cuál es la longitud total de su borde? ¿Cómo la has calculado?
- ¿Cuánto miden los lados del romboide?
  ¿Cómo calculas la longitud de su borde? ¿Cuál es?

VOCABULARIO MATEMÁTICO

Perímetro → *P*

Aprende

El **perímetro (*P*)** de un polígono es la suma de las longitudes de sus lados.

Ejemplo La pieza de madera tiene 5 lados, de longitudes diferentes.
Para hallar su perímetro hay que sumar todas:

$P = 50 \text{ cm} + 90 \text{ cm} + 100 \text{ cm} + 150 \text{ cm} + 60 \text{ cm} = 450 \text{ cm}$

Practica

1 **DI** cómo hallarías cada perímetro y calcúlalo.

- Un rombo de lado 15 cm.
- Un hexágono regular de lado 2 dm.
- Un triángulo equilátero de lado 8 m.

2 **MIDE** y halla el perímetro de cada polígono.

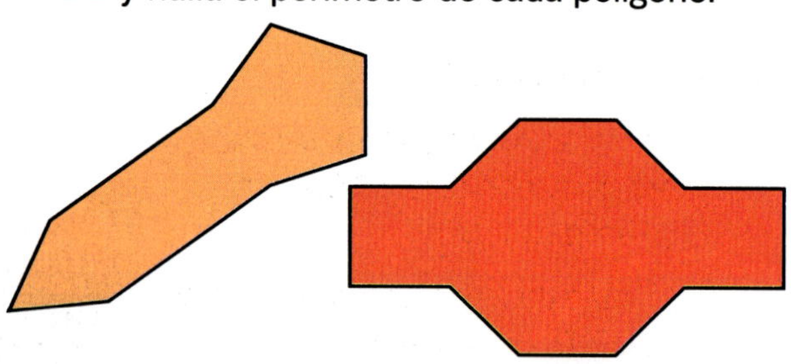

3 **OBSERVA** el plano de la casa y responde.

- Para poner un marco a la ventana, ¿qué longitud de listón de madera se necesita?
- ¿Y para la puerta?
- ¿Cuál es la longitud total de los lados que forman el tejado?

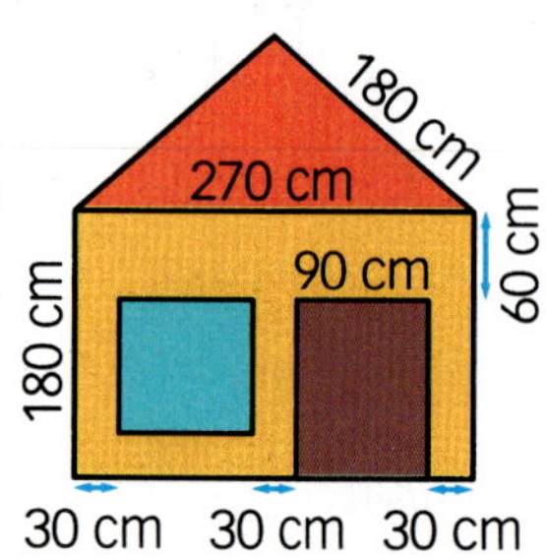

MatemáticaMENTE

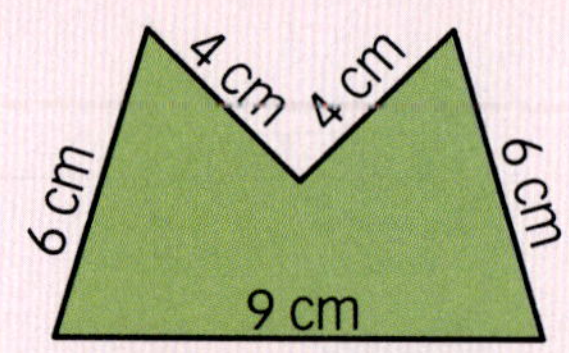

Este polígono tiene un ángulo interior mayor de 180°.

- Calcula su perímetro.
- Cálcalo y, a partir de él, moviendo dos lados, dibuja otro con igual perímetro y número de lados, y que no tenga ningún ángulo mayor de 180°. ¿Podrías hacer lo mismo con todos polígonos de este tipo?

Cálculo MENTAL

Para cada número, calcula cuánto le falta para llegar a 500 y, después, para llegar a 700.

40 280 370 290 150 410 230

¿Cómo calculas cuánto le falta en cada caso?

El número π. Longitud de una circunferencia

Descubre

Con las MANOS

Traza una circunferencia de diámetro 5 cm.

- Toma un hilo y colócalo siguiendo la circunferencia. Después, estíralo y mídelo. Divide esa medida entre la longitud del diámetro sacando decimales. ¿Qué resultado has obtenido?
- Traza otras circunferencias de distintos tamaños y divide la longitud entre el diámetro. ¿Son parecidos los resultados?

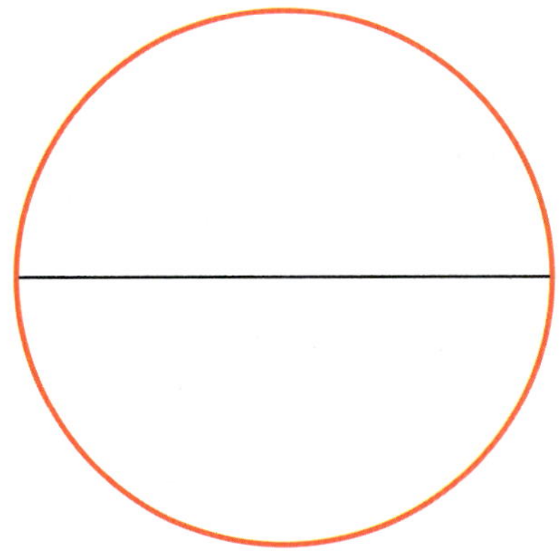

Aprende

El cociente entre la longitud de una circunferencia, *L*, y su diámetro, *d*, es un número decimal, π. Su valor aproximado es 3,14.

La longitud de una circunferencia se halla multiplicando el número π por su diámetro o por dos veces su radio.

$$L = \pi \times d = 2 \times \pi \times r$$

Ejemplo Una circunferencia mide 10 cm de diámetro. Su longitud es:

$$L = \pi \times 10 \text{ cm} = 3{,}14 \times 10 \text{ cm} = 31{,}4 \text{ cm}$$

Practica

1. **EXPLICA cómo hallarías la longitud de cada circunferencia y calcúlala después.**
   - Su diámetro es 3 dm.
   - Su radio es 0,5 m.

2. **MIDE y halla la longitud de cada línea.**

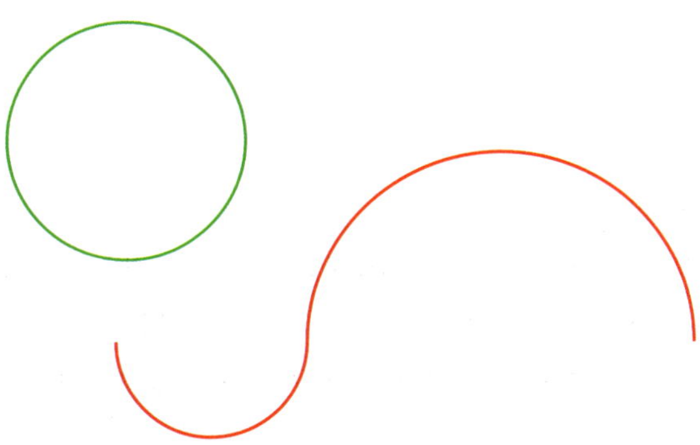

3. **PIENSA y resuelve.**
   - La circunferencia terrestre mide aproximadamente 40.000 km. ¿Cuál es su radio?
   - El radio de la circunferencia lunar es 1.737 km. ¿Cuánto mide su circunferencia?

MatemáticaMENTE

La longitud de una circunferencia es de 12 m.

- Sin operar, ¿cuál es la longitud de otra cuyo radio es el triple? ¿Y si el radio es la mitad?
- Esas relaciones, ¿dependen del valor inicial?

Base y altura de triángulos y paralelogramos

Descubre

- ¿De cuántas formas puede apoyarse un triángulo sobre uno de sus lados? ¿Y un paralelogramo?
- Observa los segmentos coloreados. ¿Qué partes del polígono unen? ¿Cuál de los segmentos de color tiene menor longitud? ¿Cómo es con respecto al lado?

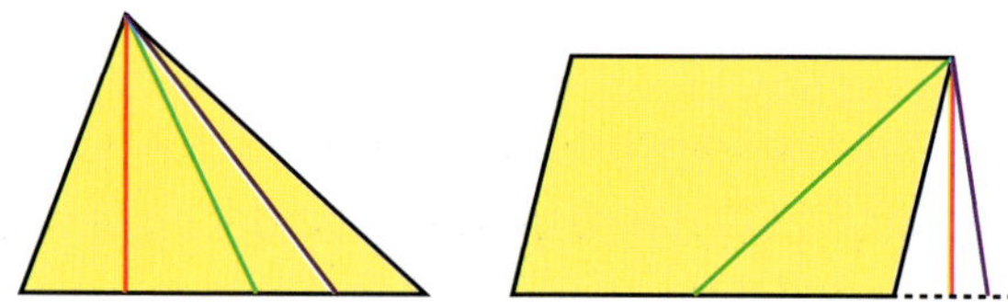

Aprende

En los triángulos y paralelogramos:

- Una **base** es cualquiera de sus lados.
- La **altura** correspondiente a una base es el segmento perpendicular a esa base o a su prolongación, trazado desde un vértice opuesto.

VOCABULARIO MATEMÁTICO

Base → *b*

Altura → *h*

Ejemplos La altura correspondiente al lado *AB* es el segmento *h*.

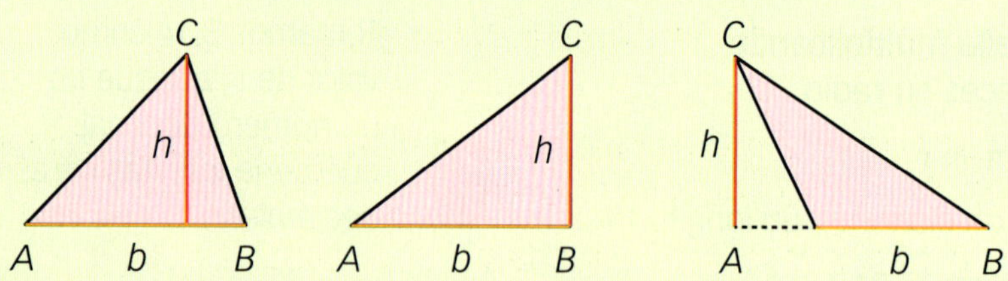

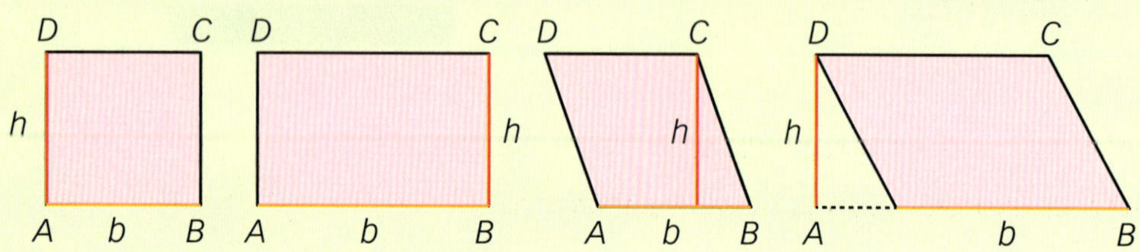

Practica

1. **PIENSA** y contesta.
   - ¿Cuántas bases tiene un triángulo? ¿Y un paralelogramo?
   - ¿Cuántos vértices opuestos tiene cada base de un triángulo? ¿Y de un paralelogramo?
   - ¿Cuántas alturas tiene cada base de un triángulo? ¿Y de un paralelogramo?
   - La altura, ¿es el segmento más corto que une el vértice opuesto con la base?
   - ¿Qué ángulo forma cada altura con su base?

MatemáticaMENTE

Haz dibujos si lo necesitas y contesta.

- ¿En qué triángulos coincide alguna altura con una de sus bases? ¿Y en qué paralelogramos?
- ¿En qué triángulos alguna de las alturas está fuera de ellos al dibujarla? ¿Y en qué paralelogramos?
- ¿En qué paralelogramos todas las alturas tienen la misma longitud que todas las bases?
- ¿Puede ser una altura mayor que su base?

Conecta con la realidad

2 **FÍJATE**, dibuja y contesta.

Hazlo ASÍ

Para trazar un triángulo *ABC* cuyos lados miden 6 cm, 5 cm y 4 cm, sigue estos pasos:

1.º Dibuja con la regla un segmento *AB* de 6 cm.

2.º Abre el compás 5 cm, pincha en el punto *A* y traza un arco.

3.º Abre el compás 4 cm, pincha en el punto *B* y traza un arco que corte el anterior en el punto *C*.

4.º Une los puntos *A* y *B* con *C* para formar los lados del triángulo. Después, colorea el interior.

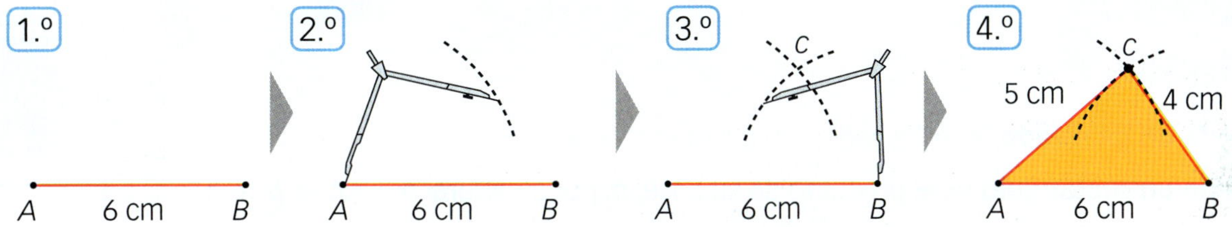

- Traza un triángulo cuyos lados midan 6 cm, 8 cm y 10 cm. Dibuja la altura desde el vértice *C*. ¿Cuánto mide?
- Dibuja un triángulo cuyos lados midan 12 cm, 16 cm y 20 cm, el doble de los lados del triángulo anterior. ¿Cuánto crees que medirá ahora la altura? Trázala y comprueba tu respuesta.
- Piensa cómo trazarías un paralelogramo sabiendo las longitudes de sus cuatro lados. Básate en el método explicado para los triángulos.

3 **PIENSA** y contesta.

Traza un triángulo equilátero de lado 10 cm. Recórtalo con cuidado.

- Ayúdate de la regla, y mediante plegado, obtén las tres alturas del triángulo.
- Une después entre sí, con líneas rojas, los tres puntos de corte de las alturas con los lados. ¿Cuántos triángulos forman estas líneas rojas dentro del triángulo inicial?
- Mide los lados de esos triángulos que has obtenido. ¿Cómo son estos triángulos? ¿Existe alguna relación entre las longitudes de sus lados y las longitudes de los lados del triángulo inicial?
- Prueba con otros triángulos acutángulos y averigua si ocurre lo mismo.

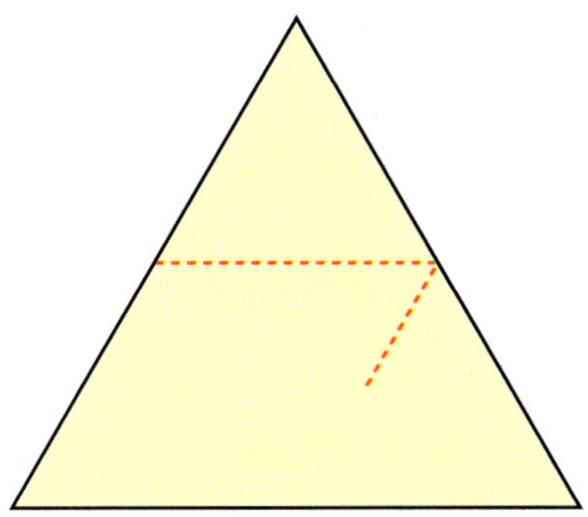

Cálculo MENTAL

Multiplicar por 4

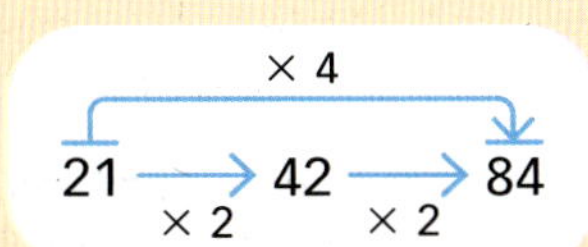

12 × 4	22 × 4	13 × 4	35 × 4
32 × 4	42 × 4	25 × 4	34 × 4
41 × 4	31 × 4	24 × 4	43 × 4

Escribe 48 y 180 como resultado de una multiplicación en la que uno de los factores es 4.

Área del rectángulo y del cuadrado

Descubre

Con las MANOS

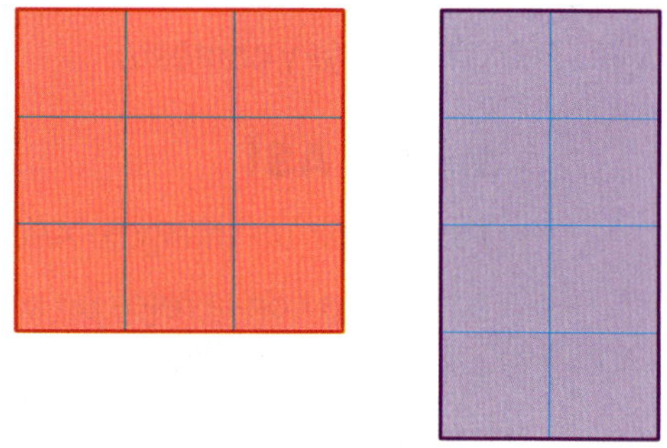

- ¿Cuántos lados de cuadrito miden los lados de estos polígonos?
  ¿Cuál es su área en cuadritos?
  ¿Hay alguna relación entre la longitud de los lados y su área?
- ¿Cuántos centímetros mide el lado de cada cuadrito?
  ¿Y los lados de cada polígono?
  ¿Cuál es el área en centímetros cuadrados de cada polígono?

Aprende

VOCABULARIO MATEMÁTICO

Área → A Lado → l

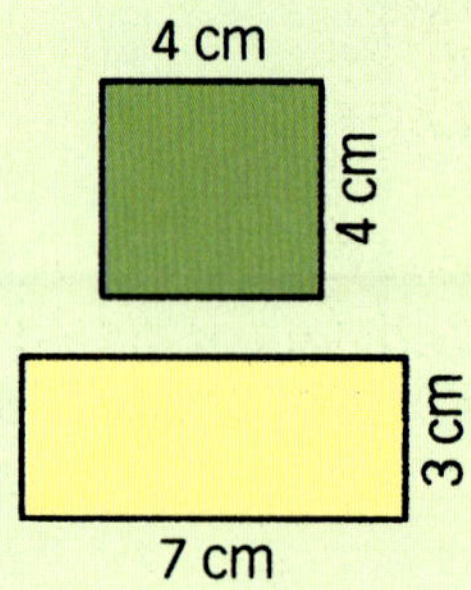

El **área de un cuadrado**, A, es su lado, l, al cuadrado. → $A = l^2$

El **área de un rectángulo** es el producto de su base, b, por su altura, h. → $A = b \times h$

Ejemplos El área de un cuadrado de lado 4 cm es $A = (4\text{ cm})^2 = 16\text{ cm}^2$.

El área de un rectángulo de base 7 cm y altura 3 cm es $A = 7\text{ cm} \times 3\text{ cm} = 21\text{ cm}^2$.

Practica

1. **PIENSA** qué partes componen cada figura, mide y calcula su área.

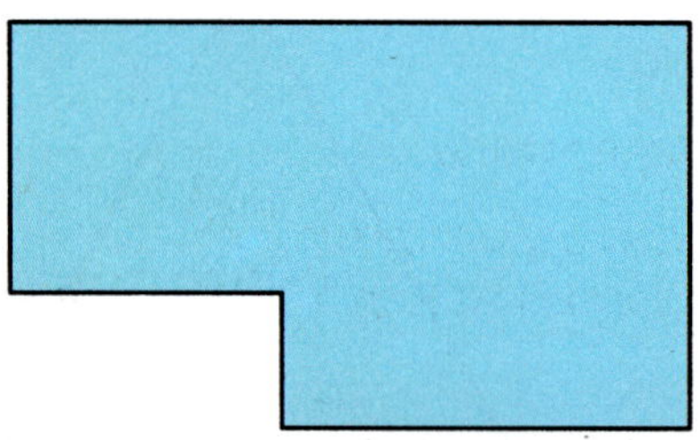

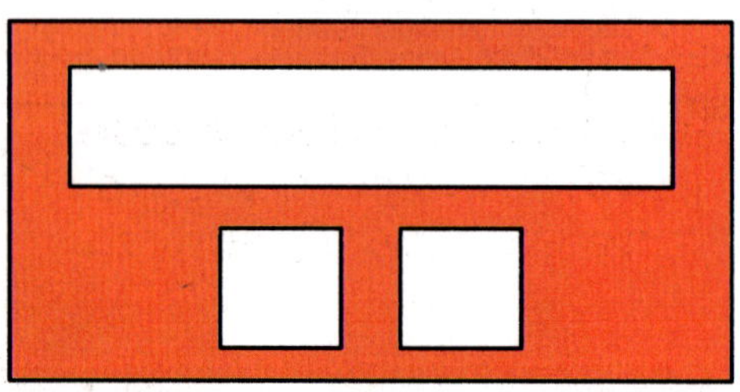

2. **FÍJATE** en las unidades y calcula el área en cada caso.
   - Una parcela rectangular de 3 hm de largo y 85 m de ancho.
   - Un estanque cuadrado de lado 2,7 dam.

Con las MANOS

DIBUJAD distintos rectángulos en una hoja cuadriculada. Enseñadlos a vuestra compañera o compañero para que dibuje otra figura que tenga su misma área. La figura dibujada puede tener huecos en su interior.

MatemáticaMENTE

Haz dibujos si lo necesitas y contesta.

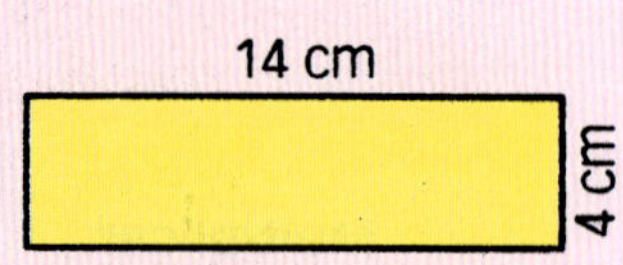

- ¿Puedes dividir este rectángulo en cuadrados iguales? ¿Existe una única posibilidad? ¿Cuánto miden sus lados?
- ¿Y si el rectángulo mide 15 cm de largo y 6 cm de ancho?
- ¿Se puede dividir siempre un rectángulo en cuadrados? ¿Cuánto medirían sus lados?

Área del rombo

Descubre

Con las MANOS

- Dibuja un rombo como este en una cuadrícula y recorta el rectángulo de la figura. ¿Cuánto miden los lados de ese rectángulo? ¿Cuál es su área?
- Corta los triángulos que están fuera del rombo y comprueba, superpniendo que con ellos puedes formar un rombo como el dibujado. ¿Cuál será entonces el área del rombo?

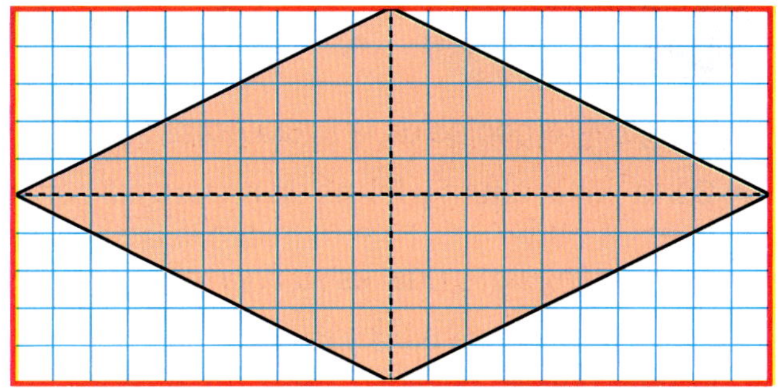

Aprende

El **área del rombo** es la mitad del área de un rectángulo que tiene como base la diagonal mayor del rombo (*D*) y como altura la diagonal menor (*d*).

$$A = \frac{D \times d}{2}$$

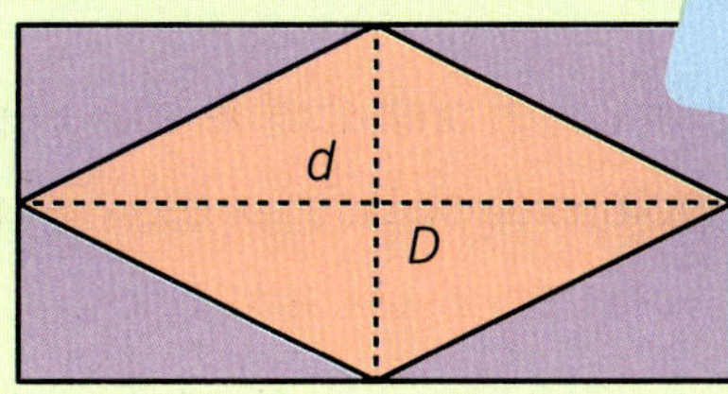

VOCABULARIO MATEMÁTICO

Diagonal mayor → *D*

Diagonal menor → *d*

Ejemplo Las diagonales de la cometa miden 60 cm y 40 cm. Su área es:

$$A = \frac{D \times d}{2} = \frac{60\ \text{cm} \times 40\ \text{cm}}{2} = 1.200\ \text{cm}^2$$

Practica

1 **DI** cómo calcularías el área de cada rombo y hállala después.

- Su diagonal mayor es 3 dm y su diagonal menor mide la mitad que ella.
- Su diagonal menor mide 12 cm y la mayor mide 35 cm más que ella.
- El producto de sus diagonales es 80.

2 **MIDE** y halla el área de cada figura.

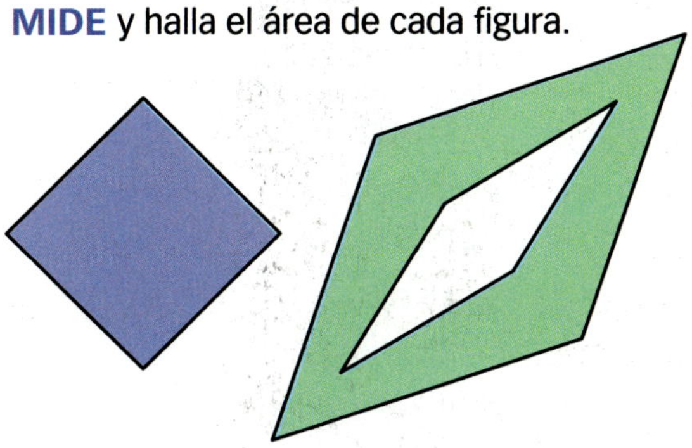

3 **PIENSA** y contesta.

Cada rombo del pavimento tiene diagonales de 20 cm y 10 cm.

- ¿Qué área tiene cada estrella de 6 puntas?
- Si las diagonales midieran el doble, ¿el área de la estrella sería el doble? Calcula y comprueba tu respuesta.

MatemáticaMENTE

¿Qué parte de color tiene mayor área? ¿Por qué?

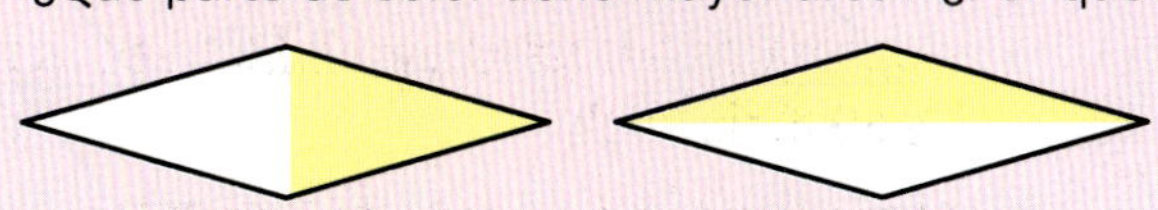

Área del romboide

Descubre — Con las MANOS

- Dibuja el romboide de la figura, traza su altura y recórtalo.
- Corta por la altura y forma un rectángulo con los dos trozos que has obtenido. ¿Cuánto miden la base y la altura de ese rectángulo? ¿Cuál es su área?
- ¿Cuánto miden la base y la altura del romboide? ¿Cómo puedes hallar su área? ¿Cuál será?

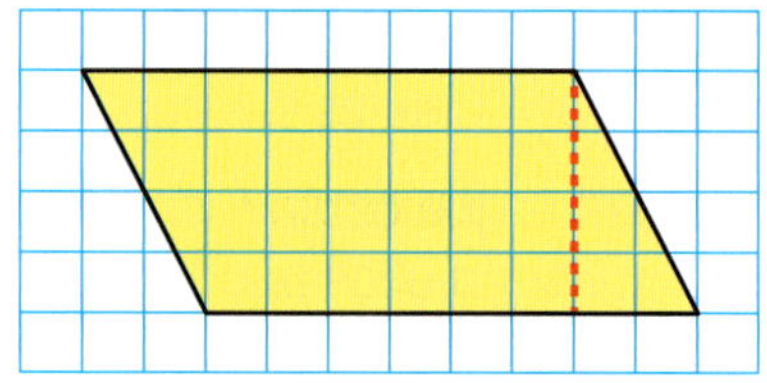

Aprende

El **área de un romboide** es el producto de su base, b, por su altura, h. → $A = b \times h$

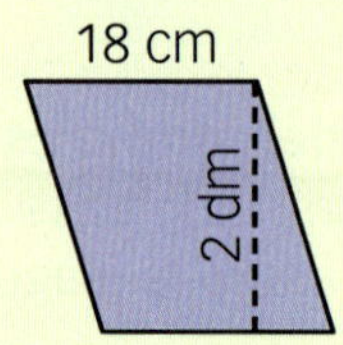

Ejemplo El área del romboide de la figura es:

$A = 18 \text{ cm} \times 2 \text{ dm} = 18 \text{ cm} \times 20 \text{ cm} = 360 \text{ cm}^2$

Practica

1 **INDICA** qué romboide tiene un área mayor.

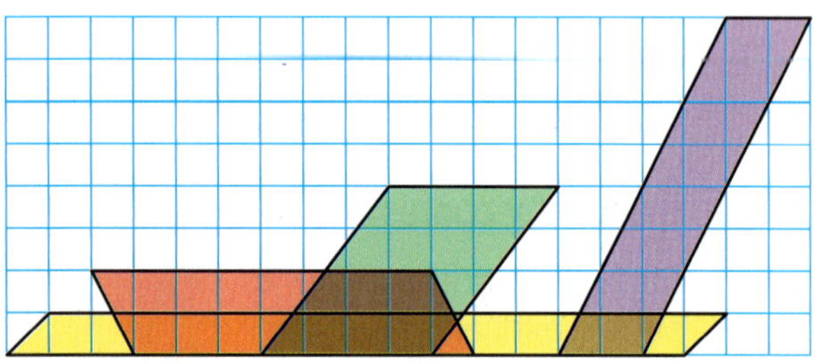

2 **MIDE** y calcula el área.

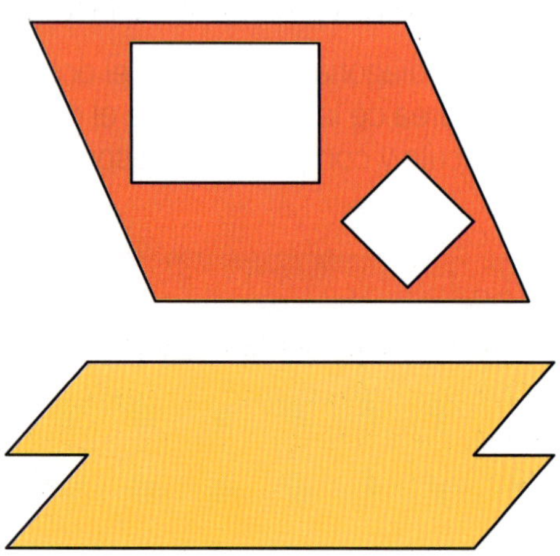

3 **PIENSA** y escribe las medidas de un cuadrado, rectángulo, rombo y romboide que tengan de área:

$A = 4 \text{ dm}^2$ $A = 36 \text{ cm}^2$ $A = 0,81 \text{ m}^2$

4 **OBSERVA** la fotografía, lee y contesta.

El lado de cada cuadrado negro mide 10 cm y la altura de las partes rojas y grises es 7,1 cm.

- ¿Cuál es el perímetro de la estrella roja? ¿Y el de la estrella negra?
- ¿Cuál de las tres zonas (negra, roja o gris) tiene mayor área?
- ¿Cuál es el área total que cubren las baldosas?

Área del triángulo

Descubre

Con las MANOS

Dibuja un triángulo en un papel y recórtalo. Traza una de sus alturas. Después, calca ese triángulo en otra hoja de papel y recórtalo también.

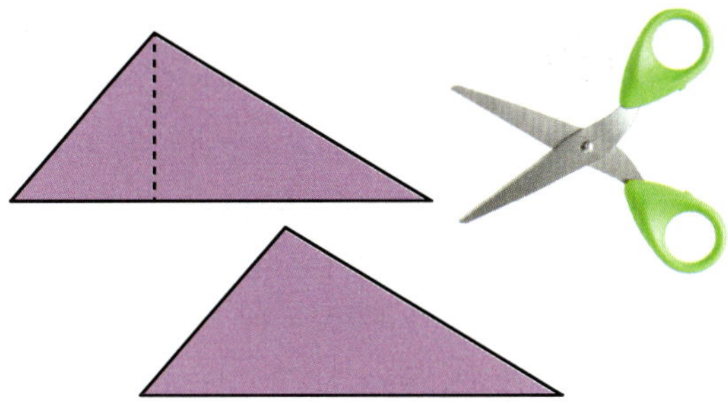

- Forma un romboide con los dos triángulos. ¿Cuál es el área de ese romboide? ¿Qué medidas has utilizado para calcularlo?
- ¿Cuál será el área de un solo triángulo? ¿Qué medidas necesitas saber?

Aprende

El **área de un triángulo** es la mitad del producto de su base por su altura.

$$A = \frac{b \times h}{2}$$

Ejemplo La señal de tráfico tiene una base de 70 cm y una altura de 60,6 cm.

$$A = \frac{70 \text{ cm} \times 60{,}6 \text{ cm}}{2} = 2.121 \text{ cm}^2$$

Practica

1 **OBSERVA** y halla el área de cada figura.

El lado de cada cuadrito mide 4 cm.

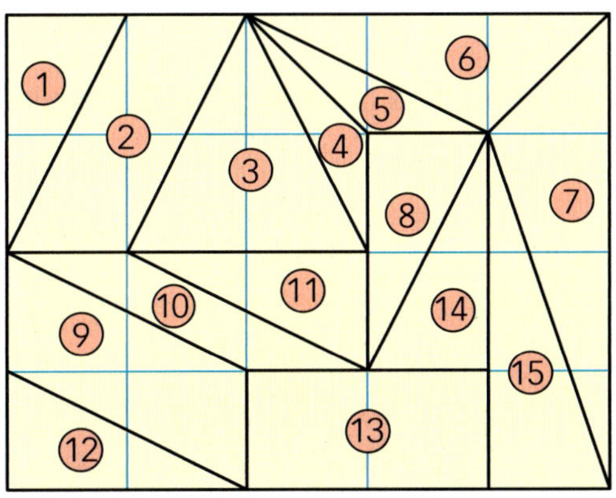

2 **PIENSA** y calcula el área de cada triángulo.

- Una base y su altura miden las dos 10 cm.
- Si lo unes a otro triángulo igual, forman un romboide de base 7 cm y altura 12 cm.
- Es la mitad de un rectángulo de área 90 dm^2.
- Es la mitad de un cuadrado de lado 4 cm.

MatemáticaMENTE

¿Qué parte del área del bizcocho tiene mermelada?

Calcúlalo dando valores al lado: 8 cm, 10 cm…

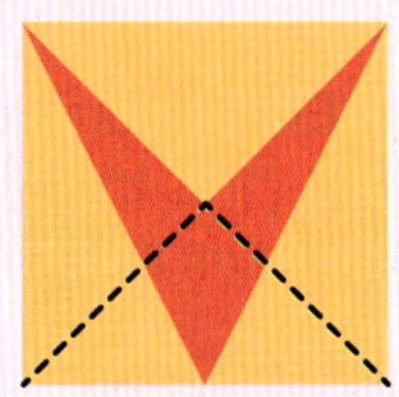

¿Depende el resultado del valor del lado?

Con las MANOS

RECORTAD una pieza triangular de papel. Pedid a un estudiante que estime su área. Después, midiendo y operando, comprobad la estimación.

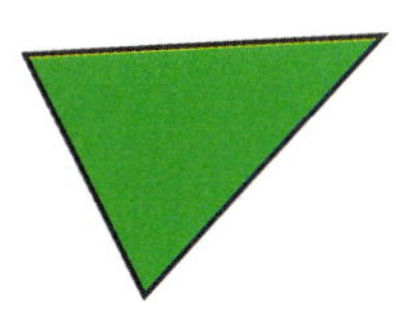

Área de un polígono regular

Descubre

- ¿Este hexágono es regular? ¿Por qué? ¿En cuántos triángulos iguales está dividido?
- ¿Cuánto miden la base y la altura de cada triángulo? ¿Cuál es su área?
- ¿Cómo puedes hallar el área del hexágono a partir del área de los triángulos? ¿Cuál es?

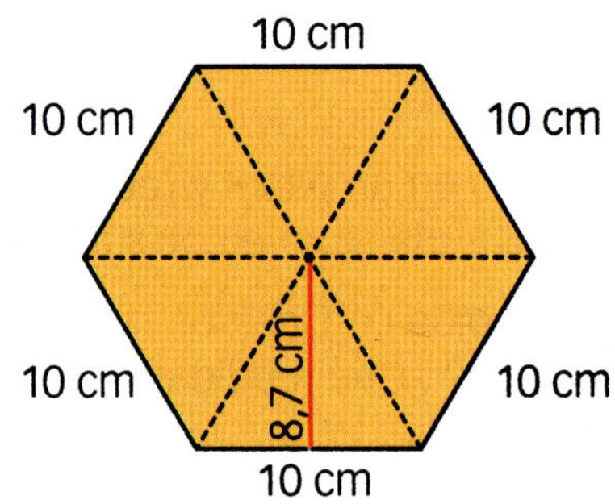

Aprende

VOCABULARIO MATEMÁTICO
Apotema → *ap*

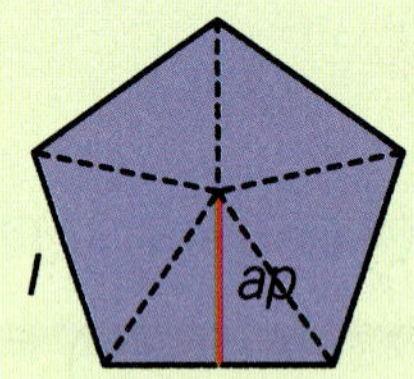

Un polígono regular podemos dividirlo en tantos triángulos iguales como lados tiene.
La altura de esos triángulos se llama **apotema** (*ap*).

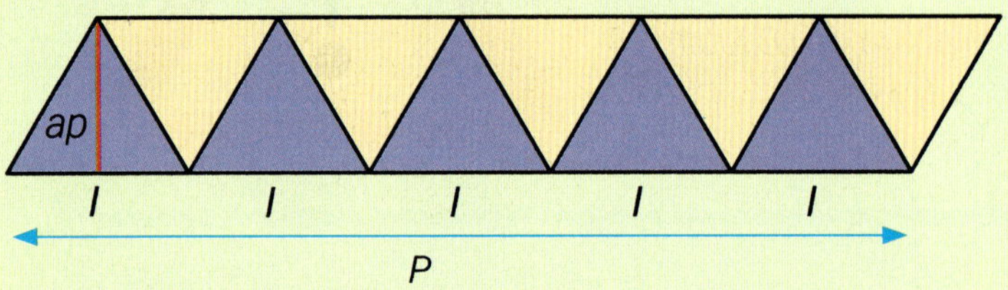

El **área del polígono regular** es la suma de las áreas de los triángulos, que es la mitad del área de un romboide de base el perímetro, *P*, y altura la apotema, *ap*.

$$A = \frac{P \times ap}{2}$$

Ejemplo El área de un pentágono regular de lado 8 cm y apotema 5,5 cm es $A = \frac{5 \times 8 \times 5,5}{2} = 110\ cm^2$.

Practica

1 **PIENSA** cómo dividir cada polígono regular en tantos triángulos iguales como lados tiene y calcula su área a partir del área de ellos.

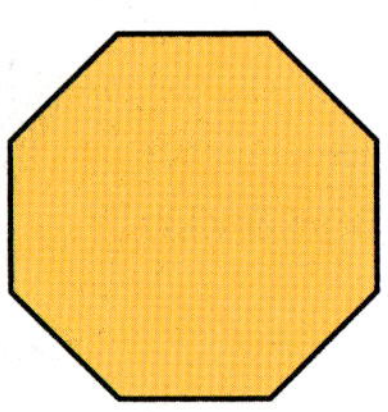

2 **CALCULA el área de cada polígono regular.**

- Pentágono de lado 12 cm y apotema 8,3 cm.
- Octógono de $P = 56$ cm y $ap = 8,4$ cm.

3 **HALLA** el área de cada pieza de metal.

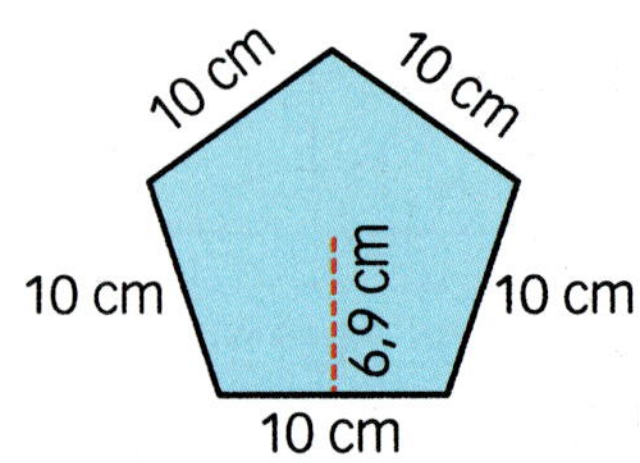

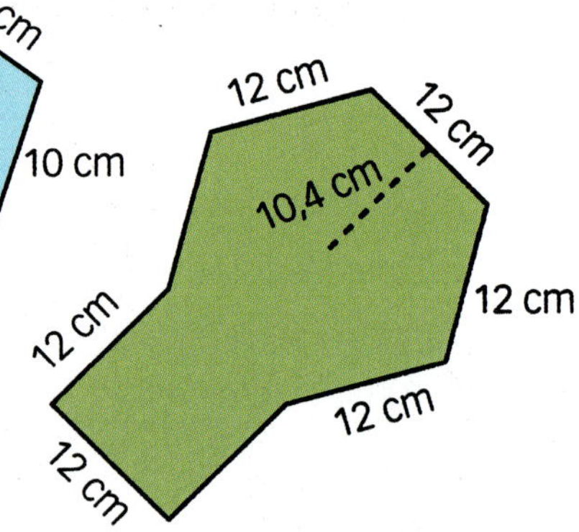

Área del círculo

Descubre

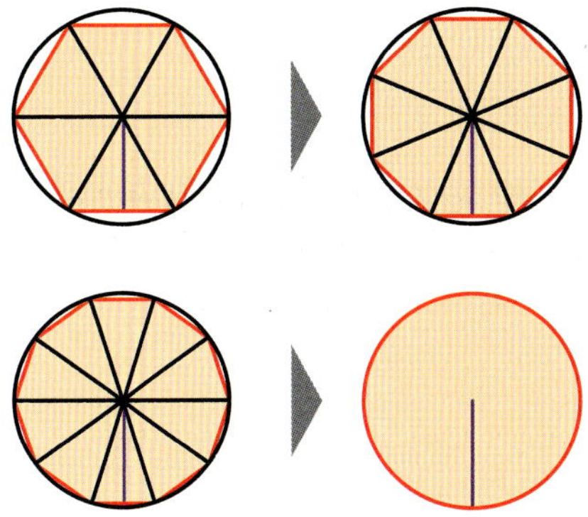

- Si dibujamos un polígono regular inscrito en una circunferencia y vamos aumentando su número de lados, ¿a qué elemento del círculo se aproxima la apotema del polígono?¿A qué se acerca el perímetro del polígono?
- A la vista de esto, ¿cómo se te ocurre que puedes calcular el área de un círculo?

Aprende

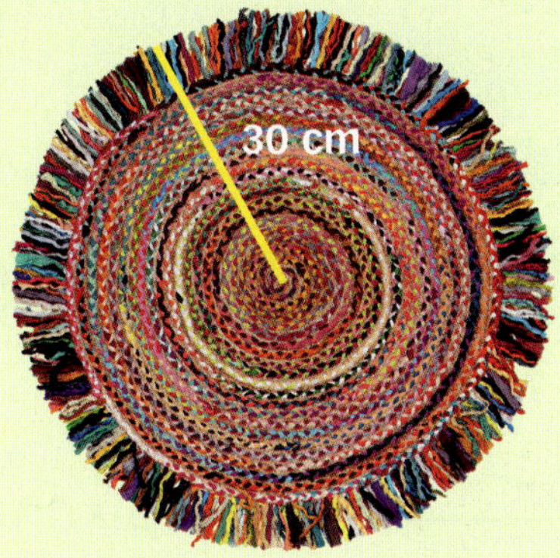

El **área de un círculo** se halla multiplicando el número π por el cuadrado de su radio.

$$A = \pi \times r^2$$

Ejemplo La alfombra tiene un radio de 30 cm.
Su área es:

$$A = \pi \times r^2 = 3{,}14 \times (30\ \text{cm})^2 = 2.826\ \text{cm}^2$$

Practica

1 **DI** cómo calcularías el área en cada caso y hállala después.

- El área de un círculo cuyo diámetro es 12 cm.
- La mitad de un círculo de radio 1 dm.
- La cuarta parte de un círculo de diámetro 1 m.
- El área de un círculo cuya circunferencia mide 628 cm.

2 **MIDE** y halla el área de cada color.

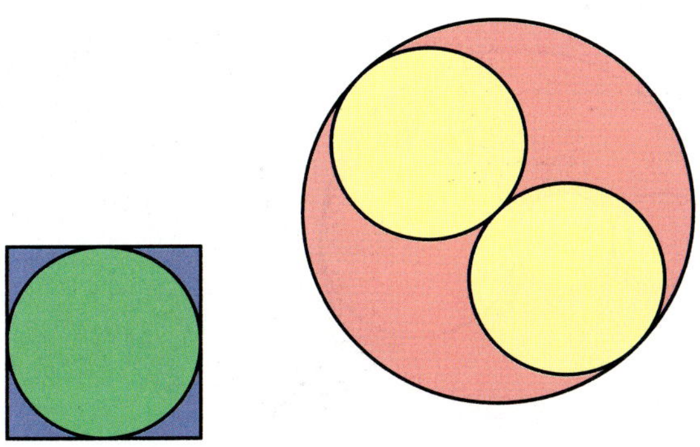

3 **CALCULA** y contesta.

Quiero hacer una funda para mi aro. He cortado dos círculos de tela iguales, de 80 cm de diámetro, y los uniré por el borde con una cremallera.

- ¿De qué longitud tengo que comprar la cremallera?
- ¿Qué área de tela he preparado?

MatemáticaMENTE

Si el radio de un círculo es el doble que el radio de otro, ¿su área es también el doble?

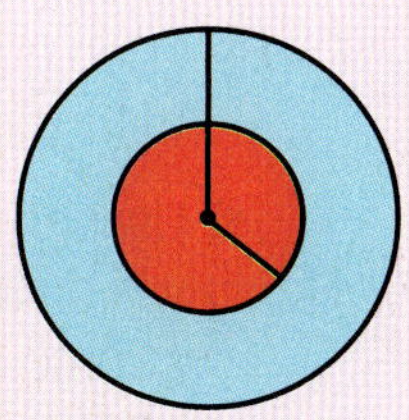

Área de figuras planas

Descubre

Con las MANOS

- Dibuja un cuadrado de 4 cm de lado, un rectángulo de 4 cm de largo y 2 cm de ancho, y un triángulo rectángulo cuyos lados menores midan 2 cm. Recórtalos y halla el área de cada figura.
- Coloca las figuras sobre un papel de forma que algunos de sus lados se toquen. Marca el borde de la nueva figura. ¿Cuál es su área? ¿Podrías dividir la figura de otra manera para calcular su área?

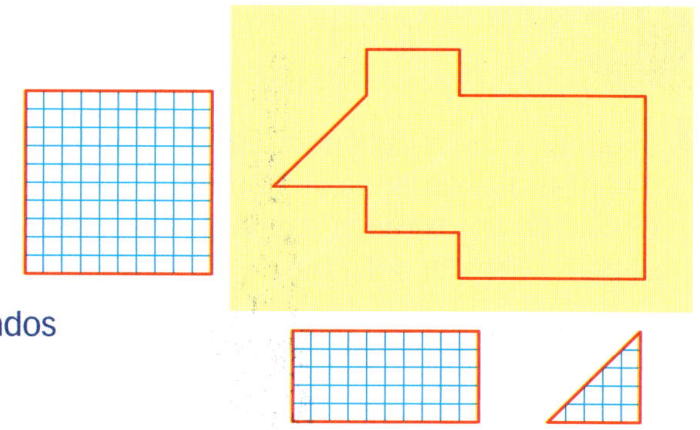

Aprende

El **área de una figura plana** se determina a partir del área de figuras más sencillas cuyas áreas sepamos calcular.

Ejemplo Triángulo ↓ Rectángulo ↓ Hueco cuadrado ↓

$$A = \frac{4,5 \text{ cm} \times 1,2 \text{ cm}}{2} + 4,5 \text{ cm} \times 1,4 \text{ cm} - 1 \text{ cm} \times 1 \text{ cm} =$$

$$= 2,7 \text{ cm}^2 + 6,3 \text{ cm}^2 - 1 \text{ cm}^2 = 8 \text{ cm}^2$$

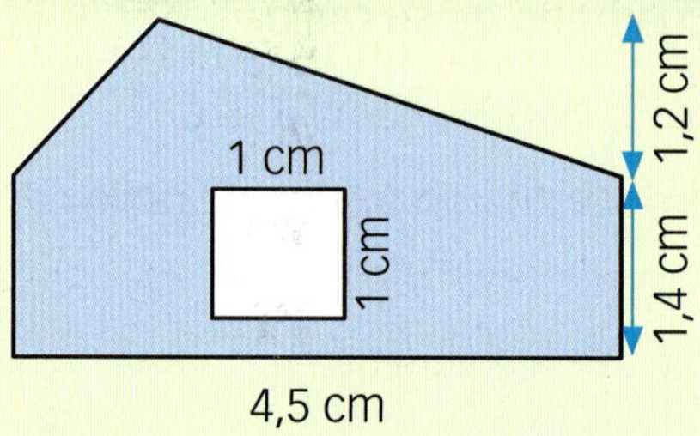

Practica

1 **DI** cómo calcularías el área de este trapecio de tres formas diferentes. Después, mide, calcula y comprueba que el resultado no varía.

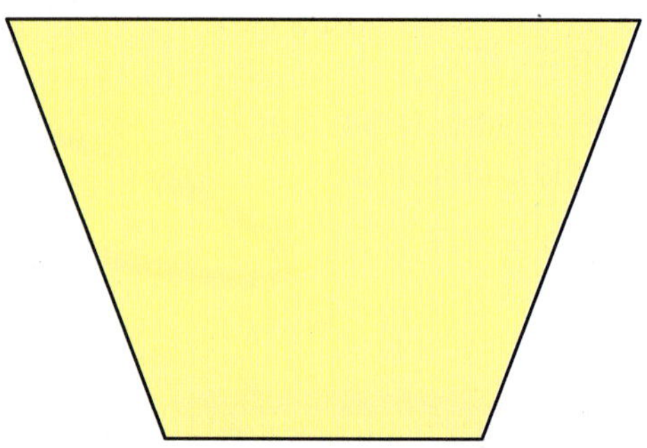

- ¿Con qué forma has tenido que hacer menos mediciones? ¿Y menos cálculos?
- Usando la longitud de los dos lados horizontales y la distancia entre ellos, ¿podrías hallar el área? ¿Cómo lo haces? ¿Te parece el mejor método? ¿Por qué?

2 **MIDE** y halla el área de la zona coloreada. Después, dibuja una figura que tenga la misma área que cada una de ellas.

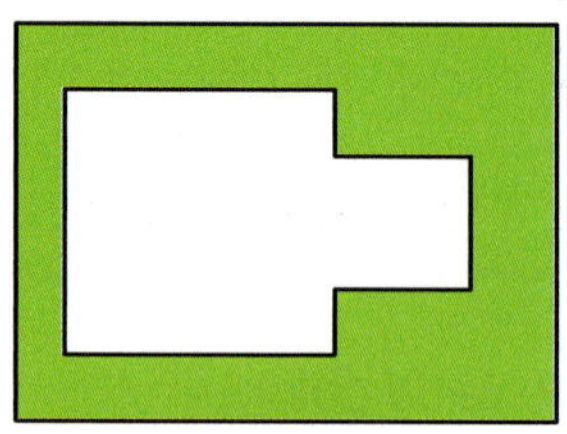

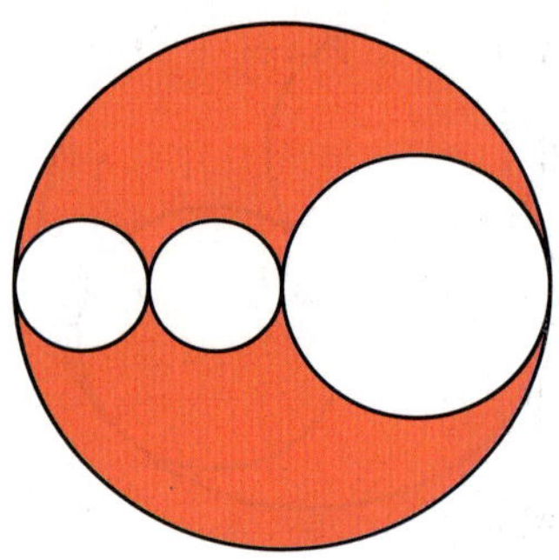

Conecta con la realidad

3 **CALCULA** y contesta.

En la serie numérica de Fibonacci cada término se halla sumando los dos términos anteriores. La serie es 1, 1, 2, 3, 5, 8, 13…

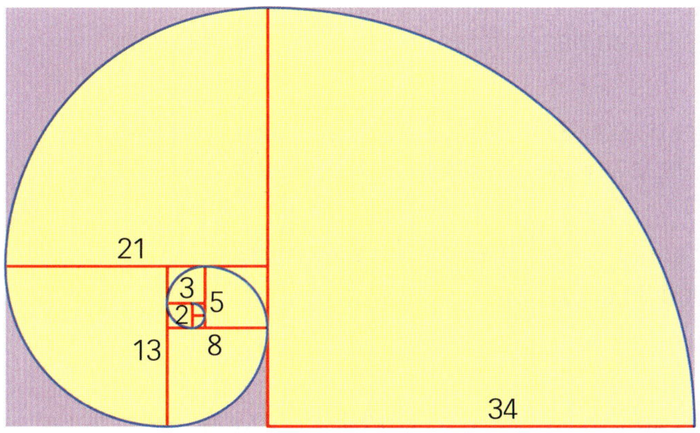

Uniendo cuartos de circunferencia que tengan esos radios, obtenemos la espiral de Fibonacci, una figura plana que crece a medida que vamos añadiendo más cuartos de circunferencia. Esta figura está presente en muchos organismos de la naturaleza.

- ¿Cuál es el área de la espiral formada por los cinco primeros términos (radios 1, 1, 2, 3 y 5)?
- ¿Cuál es el área de la espiral formada por los 7 primeros términos?
- ¿Cuál es el área del rectángulo en el que está incluida esa espiral cuando hay 5 términos?
- ¿Qué área queda entre el rectángulo y la espiral cuando hay 6 términos?

4 **PIENSA** y resuelve.

En una plaza rectangular de 80 m × 50 m se van a colocar 30 alcorques de 2 m de lado para poner árboles.

- ¿Qué porcentaje del área de la plaza ocuparán los alcorques? ¿Qué área quedará libre para otros usos?
- El hueco circular en cada alcorque es de 1 m de diámetro. ¿Qué área total de los alcorques no tendrá árboles?

Con las MANOS

COGED una caja de cartón, desmontadla con cuidado, medid las partes que la componen y hallad el área de cartón que se ha usado para hacerla.

Diseñad otra caja distinta en la que se use la misma cantidad de cartón.

Cálculo MENTAL

Dividir entre 4

240 → (: 2) → 120 → (: 2) → 60   (: 4)

480 : 4	264 : 4	804 : 4	360 : 4
840 : 4	640 : 4	600 : 4	444 : 4
804 : 4	880 : 4	500 : 4	560 : 4

Expresa los números 121 y 202 como el cociente de un número entre 4.

Ordenar las operaciones que resuelven un problema

1 **LEE estos problemas y ordena las operaciones que tienes que realizar para resolverlos. Escribe qué calculas con cada operación.**

- Un edificio construido en el año 1875 tiene cuatro pisos, con tres viviendas en cada uno. La comunidad dispone de un presupuesto de 2.000 € para hacer obras de mejora y han decidido pintar los balcones de cada una de las viviendas.

Necesitan para cada balcón 2 botes de 1 kg de pintura protectora, que vale 8,75 € el kilo, y 1 bote de 3 kg de pintura negra, cuyo precio es de 12,55 € el kilo.

¿Cuánto dinero les sobrará o les faltará para hacer la reforma si cada vivienda tiene 3 balcones?

OPERACIONES

$55{,}15 \times 36 = 1.985{,}40$	$1 \times 3 \times 12{,}55 = 37{,}65$
$2 \times 1 \times 8{,}75 = 17{,}50$	$2.000 - 1.985{,}40 = 14{,}60$
$17{,}50 + 37{,}65 = 55{,}15$	$4 \times 3 \times 3 = 36$

- La profesora de Educación Plástica de un centro escolar propone a los estudiantes realizar un trabajo de clase, que consistirá en construir una casa para los estudiantes de Infantil con envases vacíos de zumo y leche.

Las paredes de la casa se harán apilando envases en filas. Se elaborarán 2 paredes con 20 filas y 12 envases en cada fila, y otras 2 paredes con 20 filas y 6 envases en cada fila.

De estos envases habrá que descontar el espacio libre para una puerta, que será un rectángulo con unas dimensiones de 3 cartones de base y 12 de alto, y de dos ventanas en forma de rectángulos de 2 cartones de ancho y 7 cartones de alto. Después, se colocarán dos láminas de madera como tejado.

Para la construcción de la casa, los estudiantes de 6.º A han traído 108 envases de leche y 72 de zumo y los de 6.º B han recogido 99 envases de zumo y 84 de leche.

¿Tendrán suficientes envases para construir la casa?

OPERACIONES

$108 + 72 + 99 + 84 = 363$	$720 - 64 = 656$
$2 \times 20 \times 6 = 240$	$3 \times 12 = 36$
$2 \times 20 \times 12 = 480$	$36 + 28 = 64$
$240 + 480 = 720$	$2 \times 2 \times 7 = 28$

Variables

Misión *Buscando planetas*

La flota Atalanta ha llegado a una región sin explorar del espacio. Se han marcado en el mapa las zonas que cada nave tendrá que investigar para poder hacer un recuento de los planetas que halle en su camino.

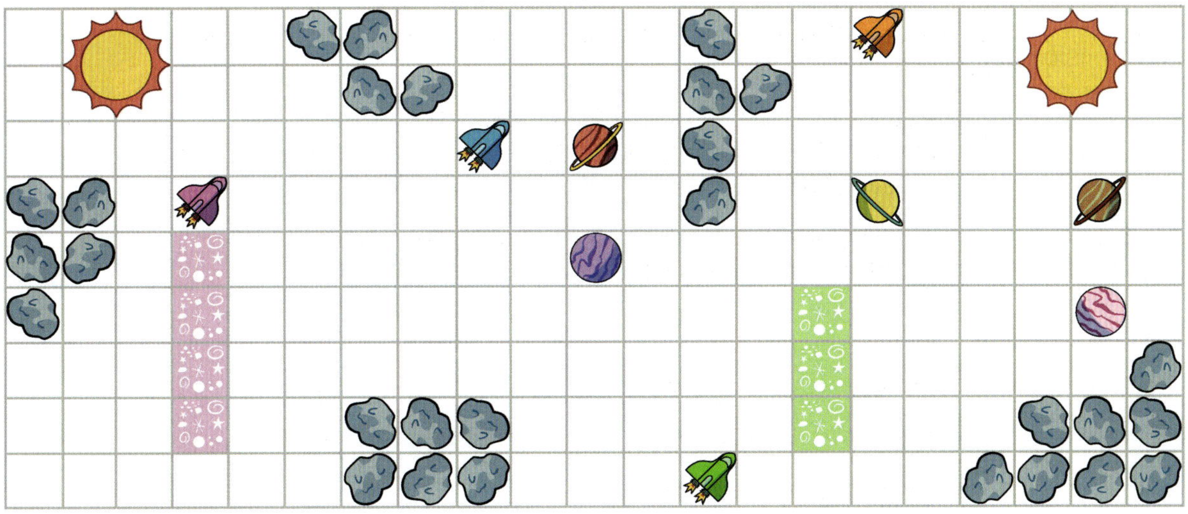

Instrucciones para la nave azul:

- Se pone la variable *pla* (número de planetas) a 0.
- Avanza 2 casillas a la derecha.
- Da a la variable *pla* el valor 1.
- Avanza 2 casillas hacia abajo.
- Da a la variable *pla* el valor 2.

La variable *pla* termina con el valor 2, que es el número de planetas que ha encontrado.

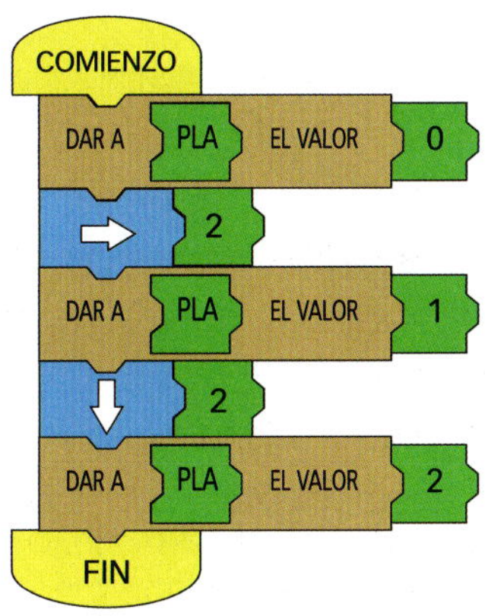

1 **DESCRIBE** qué hará la nave naranja para contar los tres planetas restantes.

2 **DESCUBRE** a qué nave pertenecen estas instrucciones y describe qué hace.

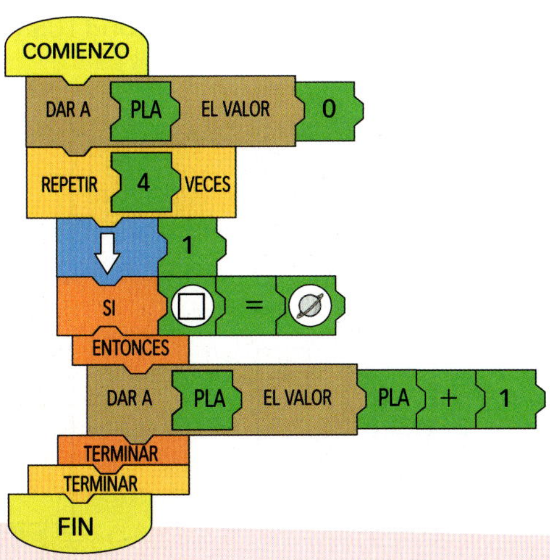

3 **PROGRAMA** la nave verde para que cuente todos los planetas que haya en su zona de color de la cuadrícula.

Comprueba tu progreso

1 **PIENSA** y dibuja en una hoja cuadriculada dos figuras diferentes.

- Con igual perímetro y distinta área.
- Con igual área y diferente perímetro.
- Con la misma área y el mismo perímetro.

2 **CALCULA** la dimensión que falta en cada figura para que, al ordenar de menor a mayor sus áreas, las letras formen una palabra.

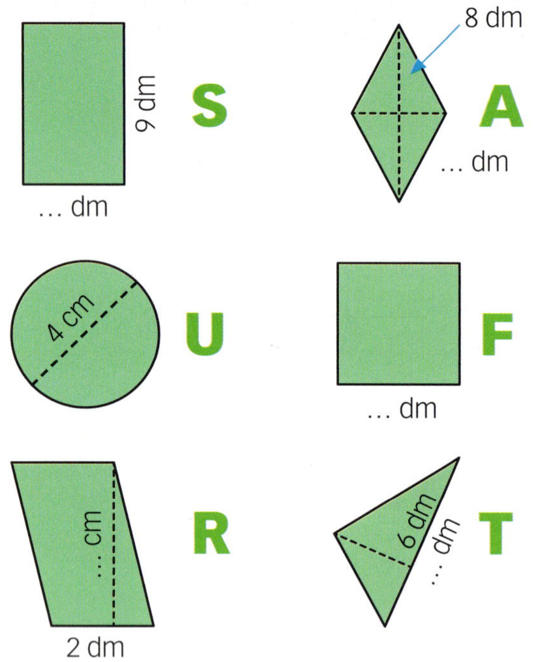

3 **HALLA** el área de color de estas figuras.

La apotema de estos hexágonos regulares mide 6,9 cm y su lado 8 cm. Calcula el área de la zona coloreada en cada caso.

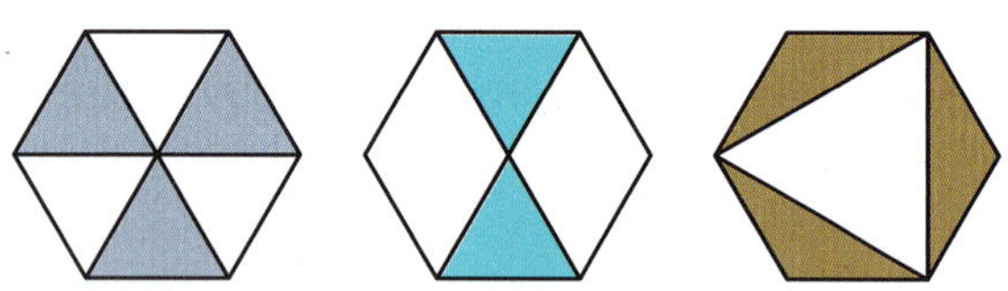

4 **HALLA** el área de estas figuras.

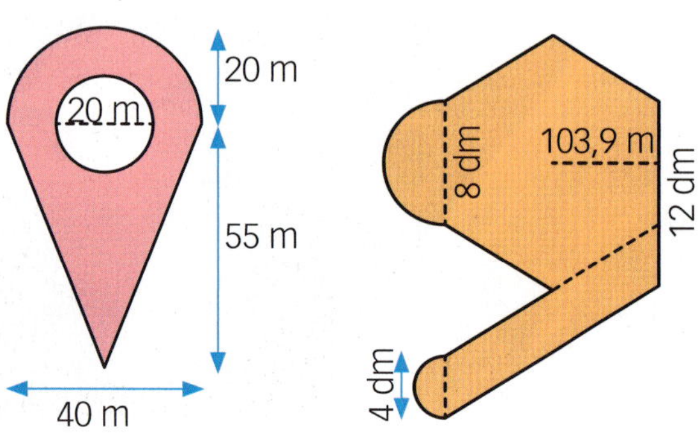

5 **HALLA** el perímetro y el área de esta figura.

Los hexágonos miden 10 cm de lado y 8,7 cm de apotema.

La altura de los triángulos mide lo mismo que la apotema de los hexágonos.

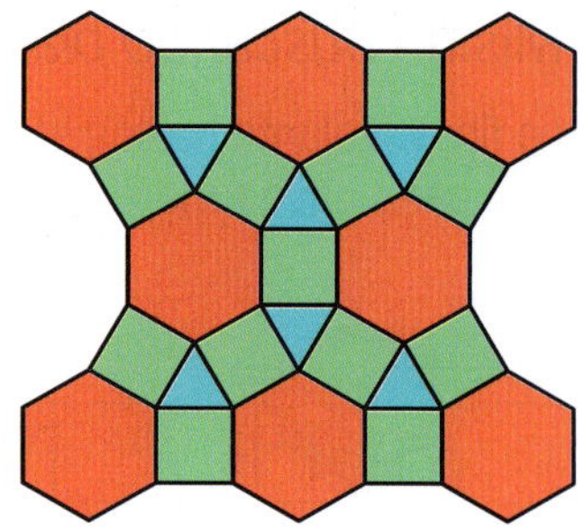

6 **MIDE** y calcula el área coloreada.

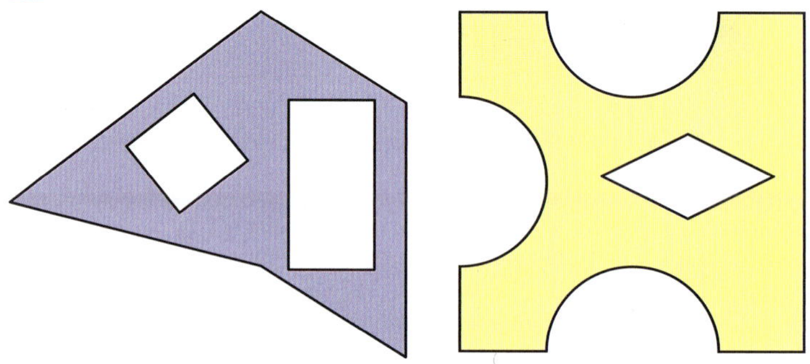

7 **TRAZA**, mide y contesta.

Triangular un polígono consiste en dividirlo en triángulos, normalmente trazando segmentos entre dos vértices. Así se puede calcular también su área a partir del área de los triángulos.

Triangula estos polígonos, mide y halla su área. ¿Lo has hecho igual que tus compañeros?

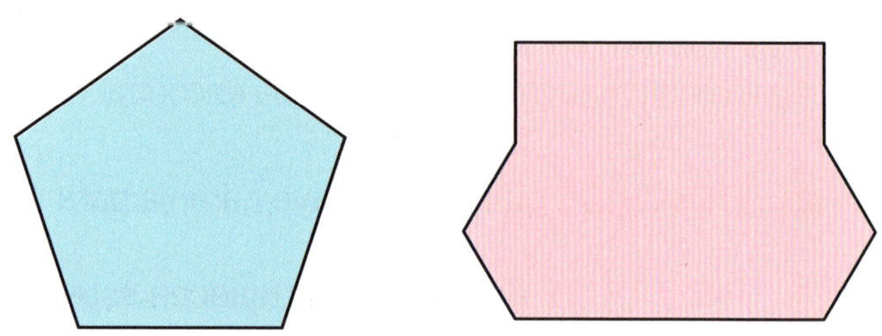

8 **CALCULA** el área de cada zona rosa.

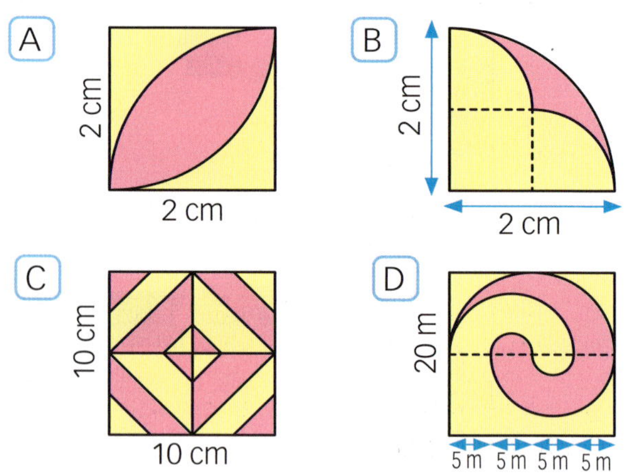

Aplica lo que has aprendido

9 **PIENSA**, haz un dibujo si te es útil y resuelve.

El interior de mi horno mide 42 cm de largo y 32 cm de ancho.

- Quiero hornear a la vez 3 pizzas de 20 cm de diámetro para hacerlas porciones después. ¿Puedo hacerlo si horneo las pizzas enteras? ¿Y si las parto en trozos?
- Si horneo minipizzas que tienen 7,5 cm de radio, ¿cuántas minipizzas enteras podré meter en el horno? ¿Y si las parto por la mitad?

10 **PIENSA** y contesta.

Una empresa de productos deportivos está haciendo diseños de envases para pelotas de tenis. El diámetro de cada pelota es 65 mm y cada envase contendrá tres pelotas.

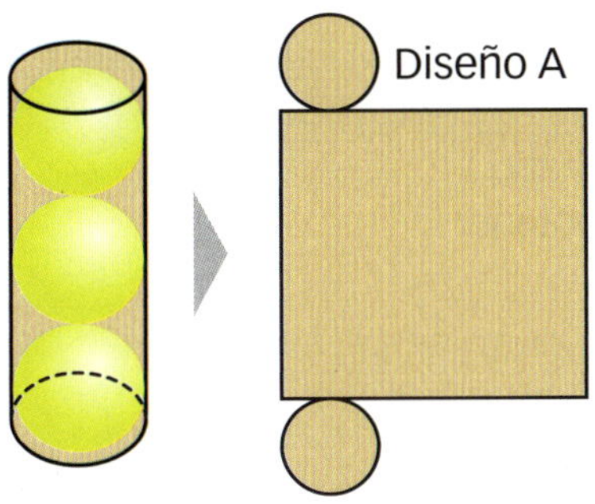

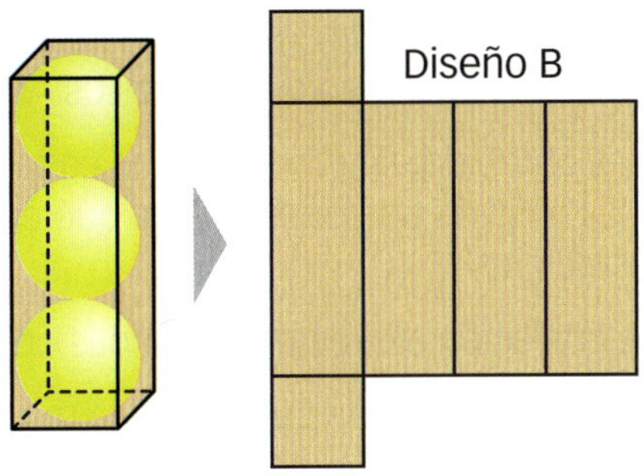

- ¿Qué área de cartón se emplea para las tapas del diseño A? ¿Y para la zona lateral? ¿Y en total?
- ¿Qué área se emplea en cada envase del diseño B?
- ¿Qué diseño crees que es mejor? Si se van a hacer 10.000 envases, ¿cuánto se ahorrará con él si el metro cuadrado de material para el envase vale 3,25 €?

Valora tu aprendizaje

11 **REFLEXIONA** sobre lo que has aprendido en esta unidad y contesta en tu cuaderno.

- ¿Disfrutas con las Matemáticas aunque a veces te supongan un reto?
- ¿Ayudas a los demás cuando tienen dificultades? ¿Se te da bien hacerlo?

Enfréntate al **DESAFÍO**

CUADRADO CURVADO

Los círculos de la figura tienen 20 cm de diámetro cada uno.

> ¿Cuál es el área de la zona amarilla? Piensa antes de calcular.

SITUACIÓN DE APRENDIZAJE

Ciudades saturadas

En nuestro planeta cada vez más personas viven en entornos urbanos, en ciudades.
Algunas ciudades albergan cantidades enormes de personas en muy poco espacio, lo que origina distintos problemas.

¿Sabes cuántas personas viven en la ciudad más poblada de tu país? ¿Y de tu comunidad?

1 **Observa los datos de las áreas urbanas más pobladas del mundo y contesta.**

- La densidad de población es el cociente entre el número de habitantes que tiene una zona y su superficie en kilómetros cuadrados. ¿Cuál es la densidad de población en el área de Los Ángeles?
- Esa densidad que has obtenido, ¿significa que en cada kilómetro cuadrado viven exactamente las mismas personas? ¿Para qué crees que sirve obtener esa densidad de población?
- Halla la densidad de población del resto de grandes áreas urbanas.
- Las ciudades más pobladas, ¿son las que tienen la mayor densidad? ¿Y las menos extensas?

2 **Analiza los datos de extensión y población de los países con las áreas urbanas más pobladas y contesta.**

- ¿Cuál es la densidad de población de cada uno de esos países? ¿Qué debe ocurrir para que un país aumente su densidad de población?
- Los países con la mayor densidad de población, ¿coinciden exactamente con los países que tienen un área urbana más densamente poblada? ¿Por qué crees que es así?
- Si aumenta la superficie de una ciudad, ¿qué debe ocurrir para que aumente su densidad de población?

3 **Busca tus propios datos y resuelve.**

- ¿Cuál es la densidad de población de la ciudad más poblada de tu país?
- ¿Y de la localidad más poblada de tu comunidad?
- En el lugar en el que vives, ¿cuál es la densidad de población? Compárala con las densidades de las dos preguntas anteriores. ¿Qué observas?

Actividades

1 **ESCRIBE** dos números comprendidos entre cada pareja.

- 38.090.145 y 38.089.999
- -1 y 3
- -7 y -4
- $\frac{7}{10}$ y $\frac{4}{10}$
- $\frac{11}{2}$ y $\frac{11}{3}$
- $\frac{6}{10}$ y 0,59
- 6,7 y 6,71
- 0,09 y 0,91
- 7,94 y 8

2 **EXPRESA** cada cantidad en la unidad indicada.

- En litros: 0,3 hl y 750 ml 4,2 dal y 80 cl
- En kilos: 0,45 t y 2,9 q 925 dag y 725 g
- En m^2: 6 dam^2 y 90 cm^2 0,04 hm^2 y 125 dm^2
- En cm^3: 1,2 m^3 y 7 dm^3 0,005 m^3 y 3,8 dm^3

3 **ORDENA** cada grupo de menor a mayor.

- $\frac{7}{2}$ $\frac{37}{10}$ 3,49 3,801
- 9,2 km y 32 m 95 hm y 2 dam 9.203 m

4 **CALCULA.**

- 574×189
- $1.036,75 : 7,25$
- $\frac{7}{8} + \frac{5}{3}$

5 **TEN EN CUENTA** el orden de las operaciones y calcula.

- $\frac{11}{3} - \left(\frac{3}{2} - \frac{1}{12}\right)$
- $12 - (2,8 + 2,7) : 0,5 + 1,89$
- $\frac{7}{8} - \frac{5}{8} \times \frac{3}{8}$
- $3,2 \times 2,4 : 4 - 1,89 + 0,71$

Problemas

6 Un grupo de senderistas van a hacer una ruta que tiene una longitud de 20 cm en un mapa de escala 1 : 50.000. ¿Qué distancia real tiene la ruta? ¿Qué longitud tendrá en un mapa de escala 1 : 20.000?

7 Cada 500 *likes* a esa ruta en una página web de senderismo, esta gana 12 puntos en el ranking. ¿Cuántos *likes* debe recibir si ahora tiene 1.704 puntos y quiere tener 3.000? ¿Cuántos *likes* recibió para tener los puntos actuales?

8 Los últimos tres días han hecho la ruta 500 personas cada día. Un 15 % decidieron hacerla con un guía. El resto fueron por su cuenta: 30 parejas, 50 grupos de 4 personas y grupos de 5 personas. ¿Cuántos grupos de 5 personas hicieron esa ruta solos?

¿Cuánta agua había?

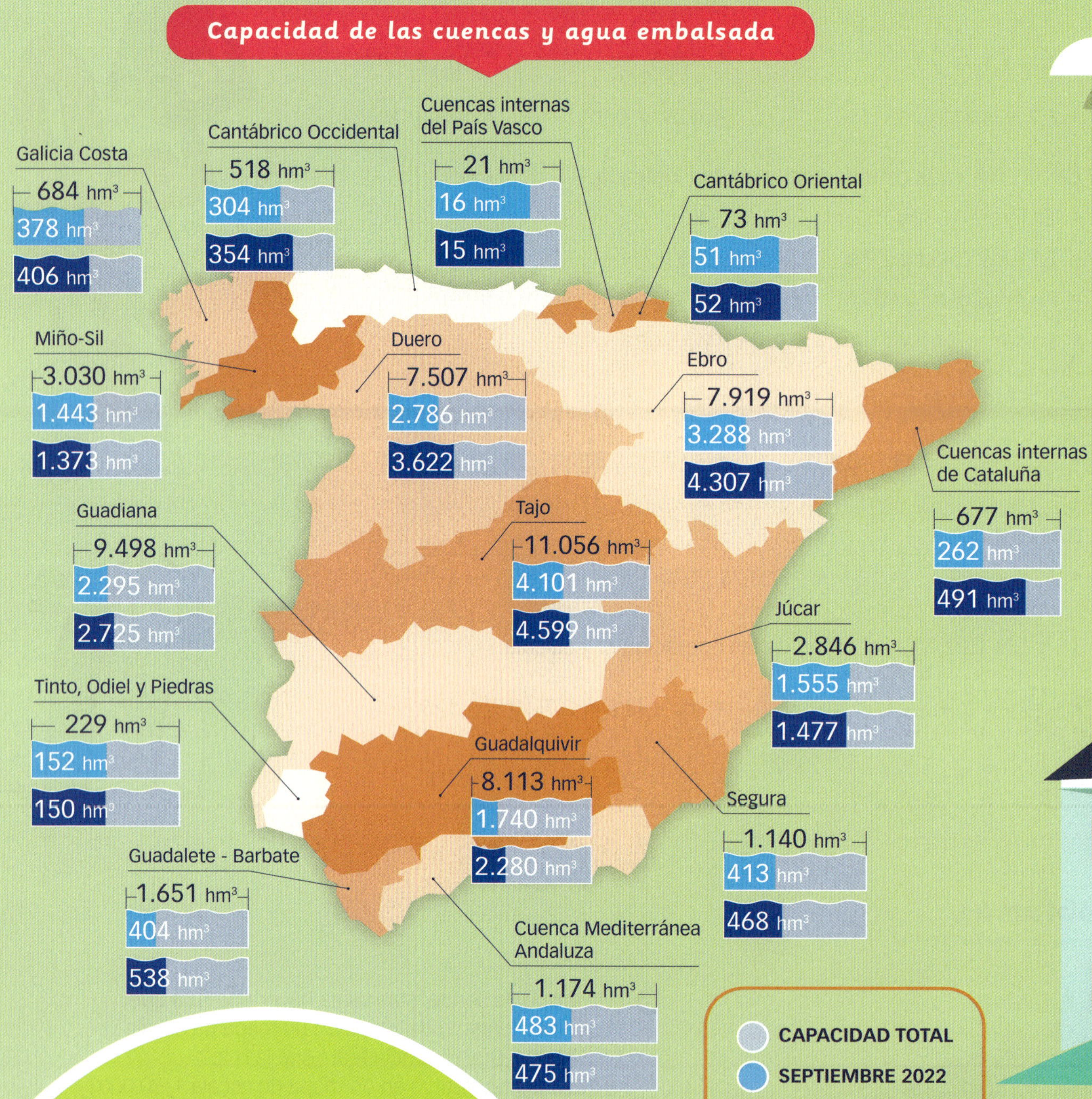

Comparte tus preguntas

- ¿Puedes hacer preguntas en las que utilices alguna unidad de medida de volumen?
- ¿Se te ocurre alguna pregunta en la que tengas que multiplicar por un millón para responderla?

11

Haz memoria

- ¿Qué tipos de cuerpos geométricos conoces? ¿Cuáles son sus elementos?
- Halla el área de un rectángulo de base 4 dm y altura 19 cm y de un círculo de diámetro 2 dm.
- Un metro cúbico, ¿cuántos litros son? Mil litros, ¿cuántos decímetros cúbicos son?

Capacidad peninsular de agua embalsada

Resuelve mentalmente

- Si en septiembre de 2021 hubiera habido 28 hm^3 más de agua embalsada, ¿qué capacidad habría habido en total?
- ¿Cuál habría sido la capacidad total de agua embalsada en septiembre de 2022 si hubiera habido 14 hm^3 menos?

TU PLAN DE TRABAJO

Aprenderás

- Los poliedros y los poliedros regulares
- Los prismas y las pirámides y sus áreas
- Los cuerpos redondos y sus áreas
- Los volúmenes de prismas y pirámides
- Los volúmenes de cuerpos redondos

Pasarás a la acción

- LABORATORIO DE PROBLEMAS
- TALLER DE PROGRAMACIÓN

Pondrás a prueba lo aprendido

- COMPRUEBA TU PROGRESO
- SITUACIÓN DE APRENDIZAJE
- REPASA LO QUE SABES

Poliedros. Poliedros regulares

Descubre

Observa estos recipientes con forma de cuerpos geométricos.

- Sus superficies, ¿son planas o curvas? ¿Son todas polígonos?
- ¿Qué polígonos identificas? ¿Cuántos lados y vértices tienen?
- En cada recipiente, ¿cuántos polígonos coinciden en cada vértice?

Aprende

Los **poliedros** son cuerpos geométricos limitados por polígonos.

Sus elementos son **caras**, **vértices** y **aristas**, que son los polígonos que los limitan, sus vértices y sus lados.

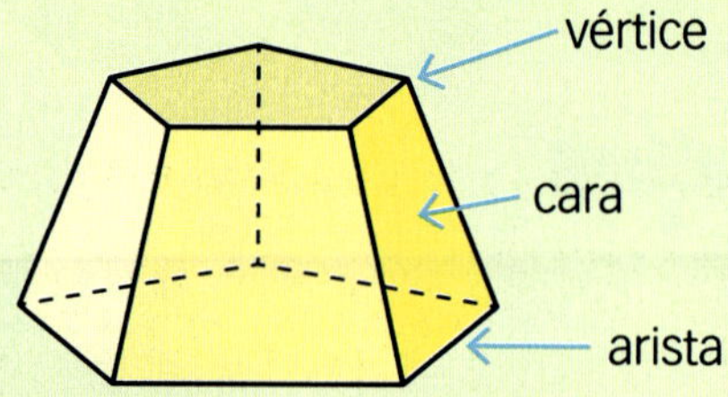

Un poliedro es **regular** cuando todas sus caras son polígonos regulares iguales y coincide el mismo número de caras en cada vértice.

Los cinco poliedros regulares que existen son:

Tetraedro

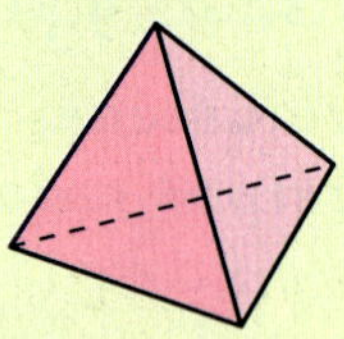

4 caras que son triángulos equiláteros.

Octaedro

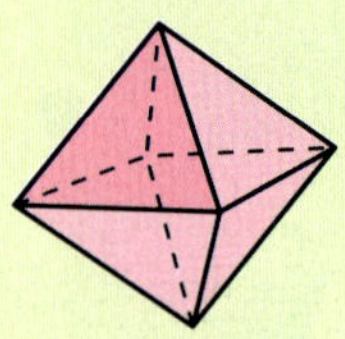

8 caras que son triángulos equiláteros.

Icosaedro

20 caras que son triángulos equiláteros.

Cubo

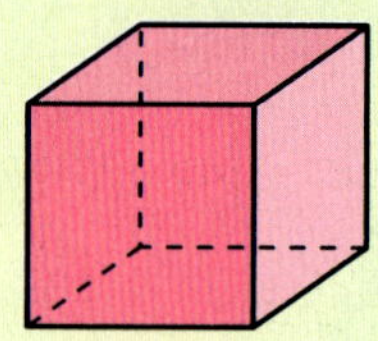

6 caras que son cuadrados.

Dodecaedro

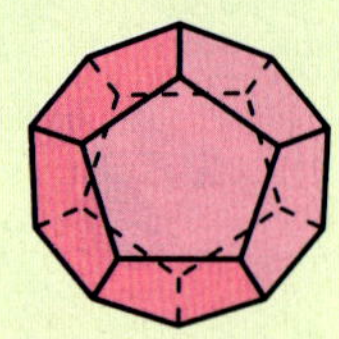

12 caras que son pentágonos regulares.

Practica

1 **DI** cuáles son poliedros y explica por qué.

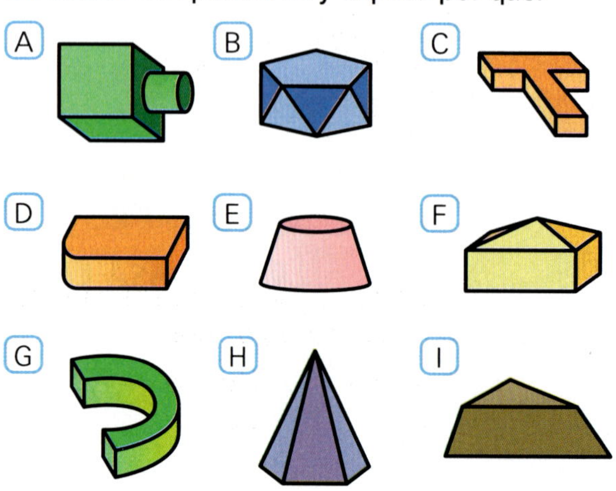

2 **ESCRIBE** el número de caras, vértices y aristas.

MatemáticaMENTE

Suma el número de caras y de vértices de cada poliedro de la actividad 2 y réstale el número de aristas. ¿Qué obtienes? ¿Ocurre siempre igual?

3 **FÍJATE** en los cinco poliedros regulares y escribe cuántas caras, vértices y aristas tiene cada uno.

Cada vértice y cada arista pertenecen a varias caras.

Ten cuidado, solo debes contarlos una vez.

Con las MANOS

MOLDEAD un poliedro con plastilina cada persona. Enseñadlos y contad entre todos su número de caras. Gana el estudiante que haya construido el poliedro con mayor número de caras.

Conecta con la realidad

4 **OBSERVA** este diamante con forma de octaedro y contesta.

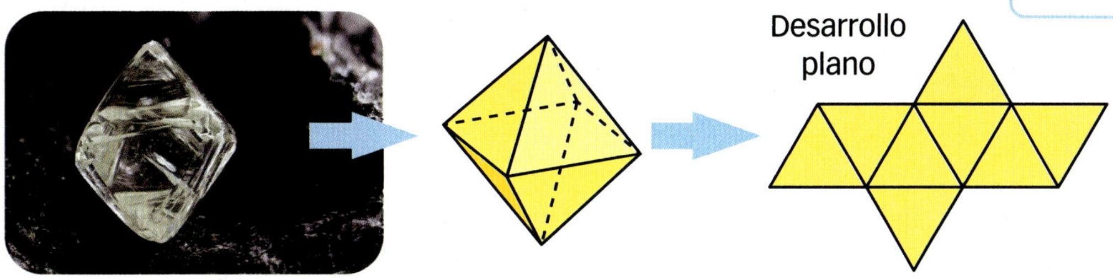

La figura plana a partir de la cual se puede construir un cuerpo geométrico se llama **desarrollo plano**.

- ¿Cuántas caras coinciden en cada vértice? ¿Puedes construir un octaedro plegando el desarrollo plano de arriba por sus aristas?
- ¿Puedes dibujar otros dos desarrollos planos del octaedro diferentes al de arriba?
- Para dar forma al diamante hay que pulir todas sus caras. Cada cara tiene 8 mm de base y 6,9 mm de altura. ¿Cuál es el área de una cara? ¿Y de todo el diamante? ¿Cuánto suman las longitudes de todas las aristas?

5 **PIENSA** y contesta.

En los juegos de mesa es muy común usar dados con formas poliédricas.

- El dado de la fotografía tiene 12 caras que son pentágonos regulares y en cada vértice coinciden 3 caras. ¿Cómo se llama este poliedro? ¿Cuál de estas tres figuras es un desarrollo plano suyo?

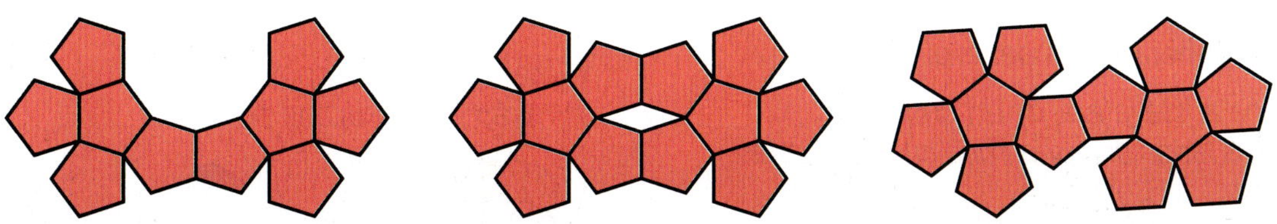

- El dado tiene numeradas sus caras del 1 al 12. Cada cara del dado tiene 1 cm de lado y su apotema mide 6,9 mm. ¿Cuál es el área de la cara con el número 7?
- Para ir a la casilla del tesoro en un juego con este dado, hay que sacar un número par divisor de 12. ¿Qué área total tienen las caras que lo permiten? ¿Es mayor o menor que el área total de las caras que no nos llevan al tesoro?

Cálculo MENTAL

Halla cuánto falta en cada caso para llegar a la centena siguiente:

158 217 432 841 623 579 396 584 775

¿Cómo lo calculas?

Prismas y pirámides. Áreas

Descubre

- ¿Tienen estos objetos forma de poliedro? ¿Por qué?
- ¿En qué polígono se apoya la caja? ¿Cuántas caras tiene en total? ¿Qué polígonos son?
- ¿Qué polígonos ves en la vela? ¿Cuántas caras crees que tiene en total? ¿Qué polígono es la cara en la que se apoya?

Aprende

- Los **prismas** son poliedros que tienen dos caras paralelas e iguales llamadas bases, y el resto de sus caras son paralelogramos.
  Las **pirámides** son poliedros con una base y el resto de las caras son triángulos.
- Ambos se nombran según el polígono que forma sus bases.

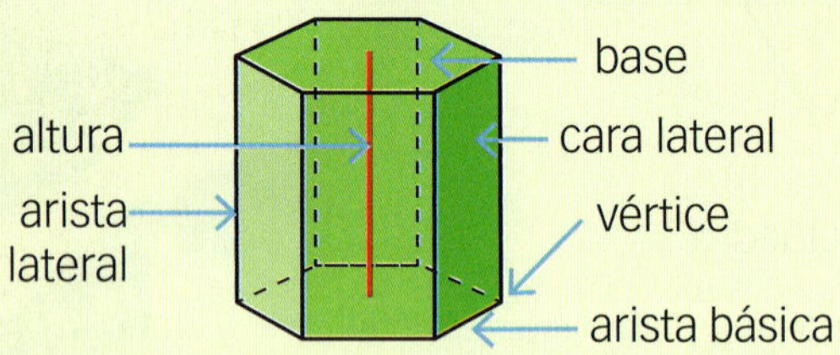

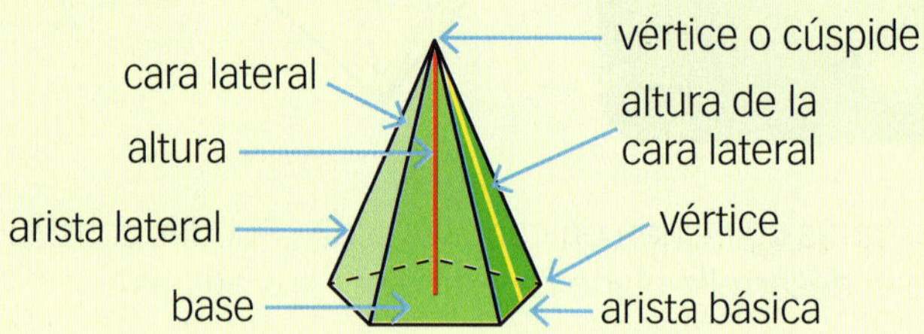

- El **área de un prisma o una pirámide** se calcula sumando las áreas de todas sus caras.

Practica

1. **DEFINE** los elementos de prismas y pirámides. Contrasta tus definiciones con las que haya escrito tu compañera o compañero.

   Ejemplo *Una arista lateral de un prisma es cada uno de los lados que unen dos caras laterales.*

2. **CUENTA** el número de caras, vértices y aristas de cada cuerpo y clasifícalo.

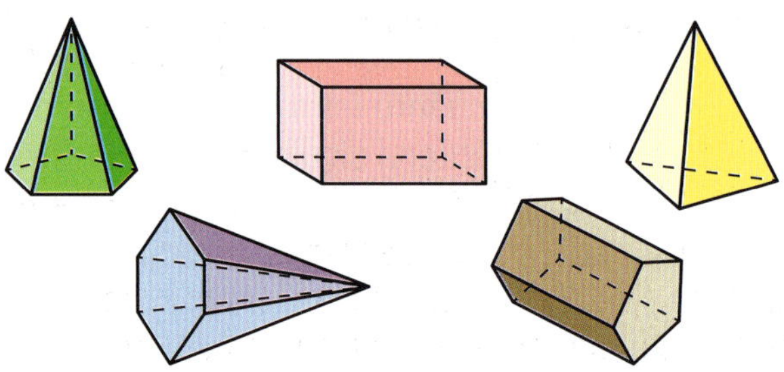

MatemáticaMENTE

Fíjate en estos cuerpos. ¿Son prismas? ¿Y pirámides? Razona por qué.

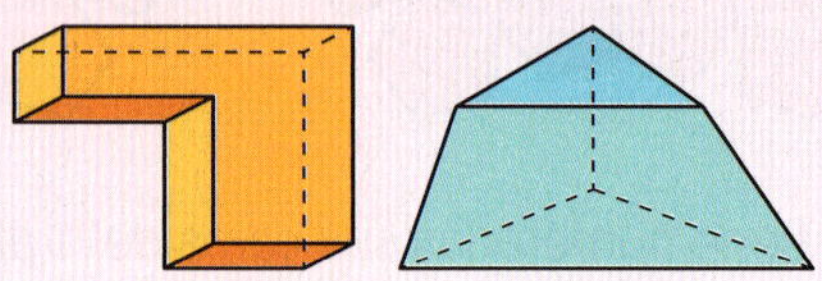

3. **IDENTIFICA** qué cuerpos pueden ser.
   - Su base es un hexágono y tiene 12 aristas.
   - Tiene 6 vértices.
   - Tiene 6 aristas laterales.
   - Tiene 9 aristas.
   - Tiene 4 vértices.

4 **PIENSA** y copia las oraciones que sean ciertas.

- En un prisma el número de vértices es el doble del número de lados de la base.
- En un prisma el número de aristas es el doble del número de lados de la base.
- El número de vértices de una pirámide es igual al número de lados de su base.
- El número de caras de una pirámide es el doble del número de lados de su base.

Con las MANOS

MOLDEAD cubos con plastilina. Partidlos con un solo corte en dos trozos que sean:

- Dos prismas triangulares.
- Un prisma triangular y uno cuadrangular.
- Una pirámide triangular y otro cuerpo.

Conecta con la realidad

5 **IDENTIFICA** qué cuerpo se obtiene al plegar cada pieza de plástico.

6 **OBSERVA** las medidas de la caja y contesta.

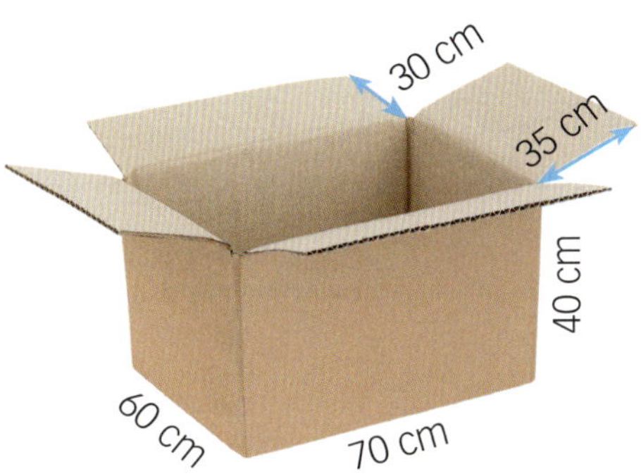

- ¿Cuál es el área de cartón de las cuatro solapas de arriba? ¿Qué área de cartón se usa para el resto de la caja?
- Dibuja en tu cuaderno un desarrollo plano de esta caja a partir del cual pueda construirse.
- ¿Por qué crees que se transportan las cajas siempre apiladas sobre la cara con mayor área?
- En la fábrica quieren aumentar un 10 % la longitud de todas las dimensiones de la caja. ¿Cuánto cartón se gastará en cada nueva caja? ¿Es un 10 % más que el cartón gastado ahora?

7 **PIENSA** y contesta.

Las pirámides de Egipto son uno de los monumentos más conocidos del mundo. La mayor de todas es la pirámide de Keops. Los cuatro lados de su base miden 230 m cada uno y la altura de sus caras laterales es de 186 m.

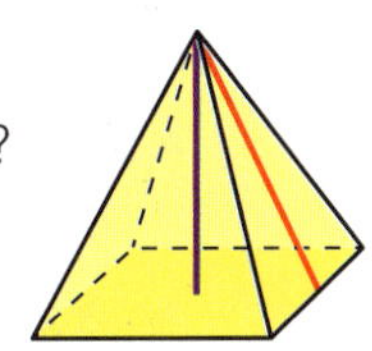

- La altura de la pirámide, ¿mide más o menos que la altura de sus caras? ¿Por qué crees que es así?
- El área de la base de la pirámide, ¿es mayor que el área total de las caras laterales?
- Se dice que en la Antigüedad todas las caras visibles de la pirámide estaban recubiertas de mármol. ¿Cuántos metros cuadrados de mármol se usaron?

Cuerpos redondos. Áreas

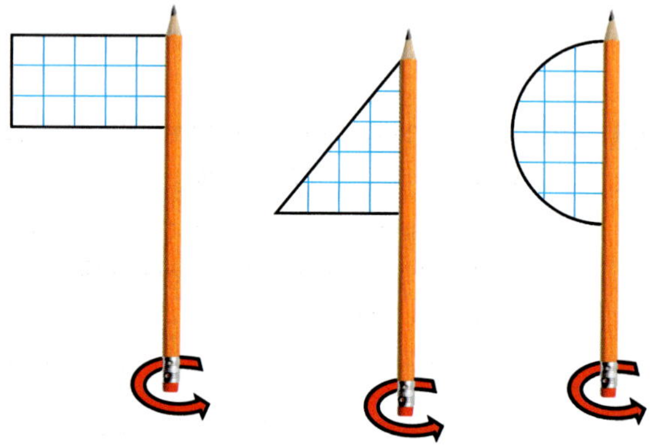

Descubre

Con las MANOS

Dibuja y recorta un rectángulo, un triángulo rectángulo y un semicírculo. Pégalos en un lápiz o palo y hazlo girar muy rápido.

- ¿Sabrías dibujar el cuerpo que se forma en cada caso? ¿Cómo son sus superficies?

Aprende

VOCABULARIO MATEMÁTICO

Generatriz → *g*

- Los **cuerpos redondos** son cuerpos con superficies curvas.

Cilindro

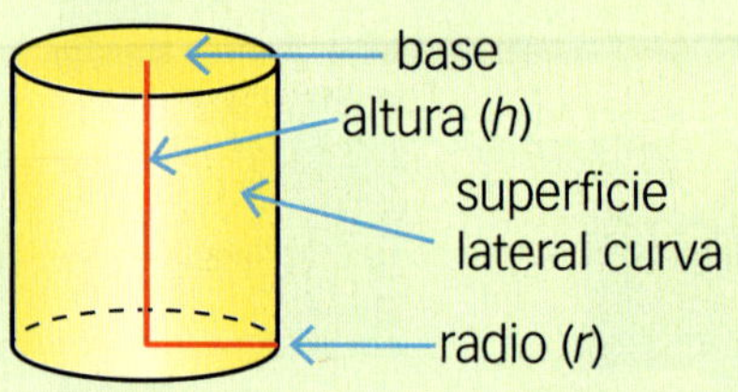

Cono

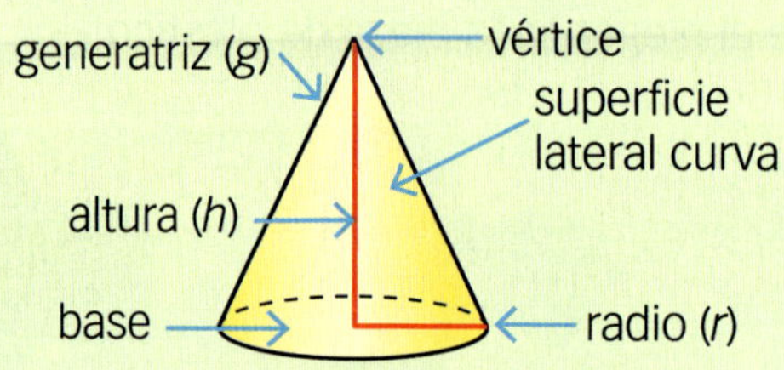

Esfera

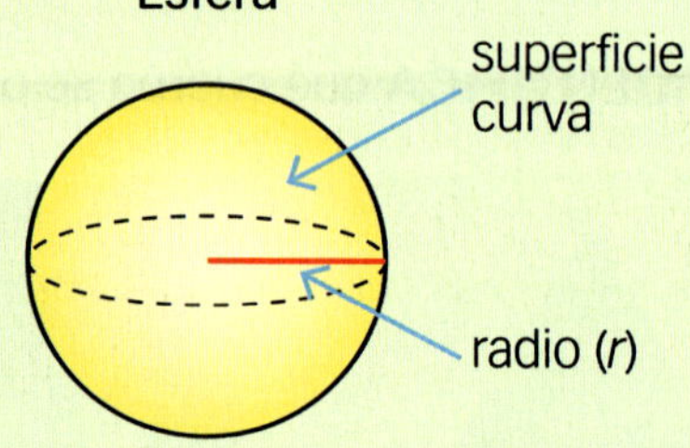

- Sus **áreas** son la suma de las áreas de todas sus superficies.

Área del cilindro

Dos círculos de radio r y un rectángulo de base $2 \times \pi \times r$ y altura h.

$$A = A_{BASES} + A_{SUP.\ CURVA}$$

$$A = 2 \times \pi \times r^2 + 2 \times \pi \times r \times h$$

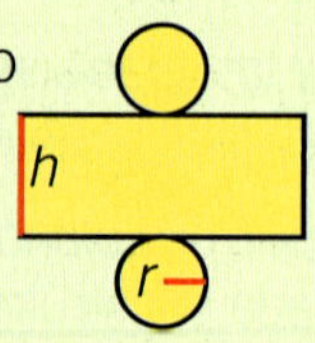

Área del cono

Un círculo de radio r y un sector circular de generatriz g.

$$A = A_{BASE} + A_{SUP.\ CURVA}$$

$$A = \pi \times r^2 + \pi \times r \times g$$

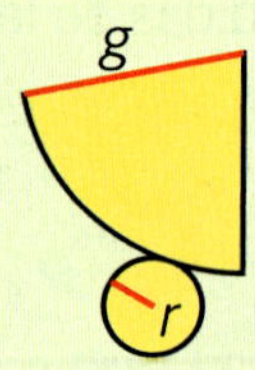

Área de la esfera

No tiene desarrollo plano.

$$A = A_{SUP.\ CURVA}$$

$$A = 4 \times \pi \times r^2$$

Practica

1. **DIBUJA** estos cuerpos redondos.
   - Cilindro con $r = 2$ cm y $h = 6$ cm.
   - Cono con $r = 3$ cm, $h = 4$ cm y $g = 5$ cm.
   - Esfera con $r = 4$ cm.

2. **IDENTIFICA** las oraciones falsas.
   - Todos los radios de un mismo cuerpo redondo miden lo mismo.
   - La generatriz de un cono es mayor que su radio y que su altura.
   - La altura de un cilindro es siempre mayor que el radio.

3. **OBSERVA** y calcula el área de cada cuerpo.

A

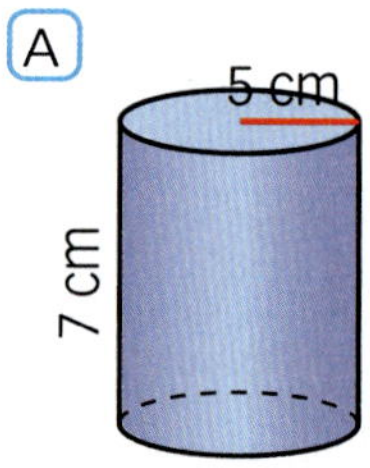

B

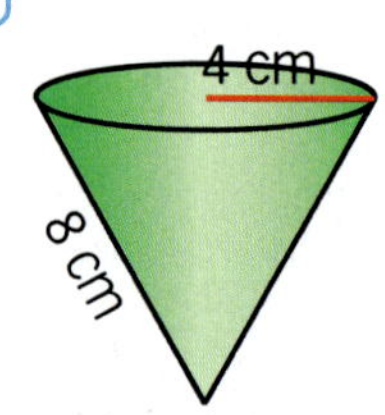

C

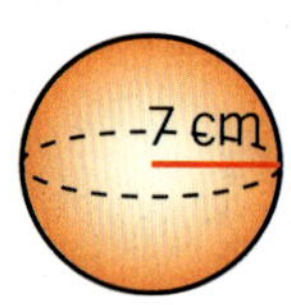

D

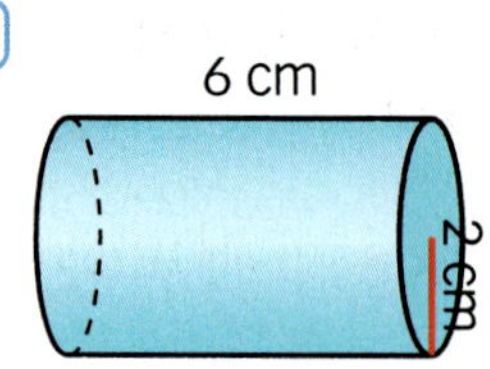

4 **INVENTA** unas medidas para un cilindro, un cono y una esfera, y halla sus áreas.

- Si todas esas medidas fueran el doble, ¿tendrían los nuevos cuerpos el doble de área que los iniciales?
- Calcula sus áreas y comprueba tu hipótesis.
- ¿Ocurre igual sean cuales sean las medidas?

MatemáticaMENTE

El desarrollo plano de un cilindro está formado por dos círculos y un rectángulo que mide 6,28 cm de base y 5 cm de altura. ¿Cuál es el área de ese cilindro?

Conecta con la realidad

5 **IDENTIFICA** las piezas de cartón que no sean desarrollos planos de un cuerpo redondo. Razona por qué.

6 **PIENSA** y resuelve.

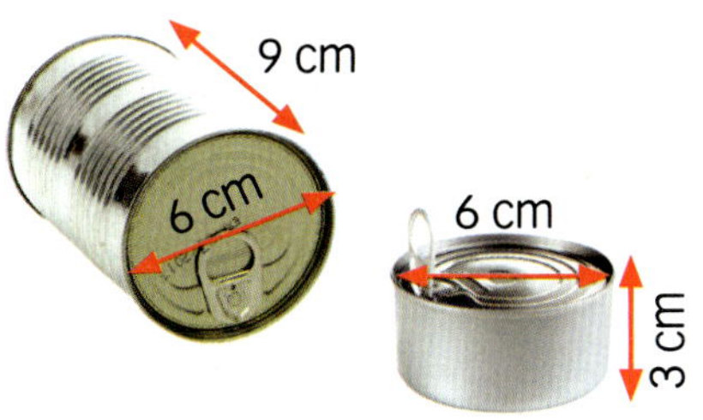

En una fábrica hacen latas de conserva en dos formatos. Las latas grandes se venden por unidades y las pequeñas en paquetes de tres.

- Cada lata tiene una etiqueta de papel que cubre toda la superficie curva. ¿En qué formato se usa más papel, en los paquetes o en las latas grandes?
- ¿En cuál de los dos formatos se utiliza más hojalata?
- Si venden los dos formatos al mismo precio, ¿con cuál ganan más?

7 **CALCULA** y decide.

Necesito gorros para mi fiesta. He pensado en hacerlos yo mismo, recortando las piezas en forma de sector circular y pegándolas con cinta adhesiva por la generatriz.

Cada gorro tendrá 20 cm de diámetro y una generatriz de 40 cm. El precio del papel es de 2 € el metro cuadrado, y el de la cinta adhesiva, 0,08 € el metro. Si compro los gorros hechos, me cuesta 26 céntimos cada uno. Necesito 20 gorros. ¿Es mejor comprarlos o hacerlos? ¿Por qué?

Cálculo MENTAL

Calcular el 10 % o multiplicar por 0,1

10 % de 40 / 0,1 × 40 → 40 : 10 = 4

10 % de 6	0,1 × 500	10 % de 3.000
0,1 × 90	10 % de 750	0,1 de 4.250
10 % de 72	0,1 × 498	10 % de 8.296

Escribe 72 y 280 como el 10 % de un número.

Volúmenes de prismas y pirámides

Descubre

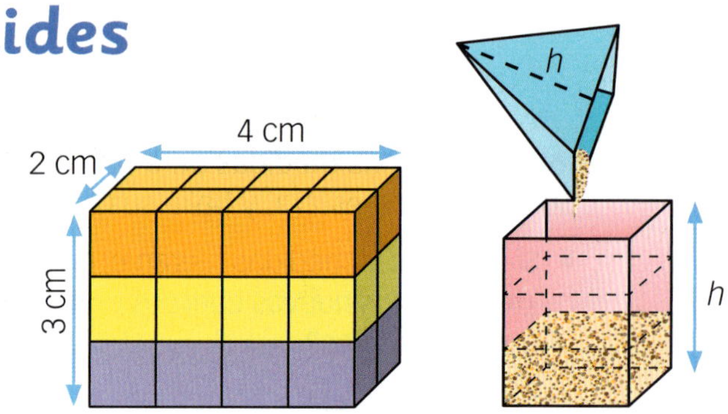

- ¿Cuántos cubitos forman el prisma? ¿Cómo lo has calculado? ¿Cuál es el volumen de cada cubito? ¿Y del prisma?
- ¿Se te ocurre alguna forma de hallar el volumen de una pirámide?

Aprende

VOCABULARIO MATEMÁTICO
Volumen → V

- El volumen de un prisma es el producto del área de su base por su altura. → $V = A_{BASE} \times h$
- El volumen de una pirámide es la tercera parte del volumen de un prisma con la misma base y la misma altura. → $V = \frac{1}{3} \times A_{BASE} \times h$

Ejemplos

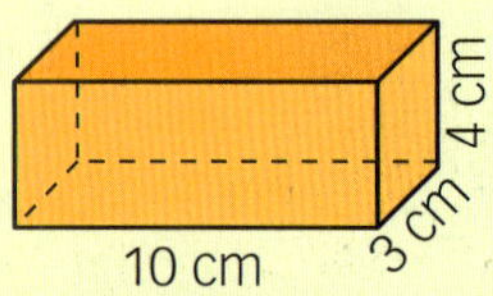

$A_{BASE} = 10\text{ cm} \times 3\text{ cm} = 30\text{ cm}^2$

$V = 30\text{ cm}^2 \times 4\text{ cm} = 120\text{ cm}^3$

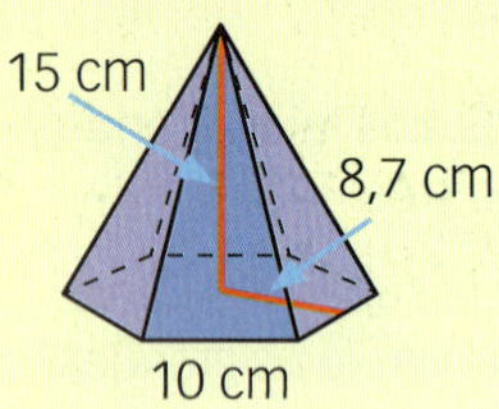

$A_{BASE} = \frac{60\text{ cm} \times 8{,}7\text{ cm}}{2} = 261\text{ cm}^2$

$V = \frac{261\text{ cm}^2 \times 15\text{ cm}}{3} = 1.305\text{ cm}^3$

Para hallar el volumen se usa la altura de la pirámide, no la altura de sus caras laterales.

Practica

1 **FÍJATE** en las distintas posiciones de un mismo prisma y contesta.

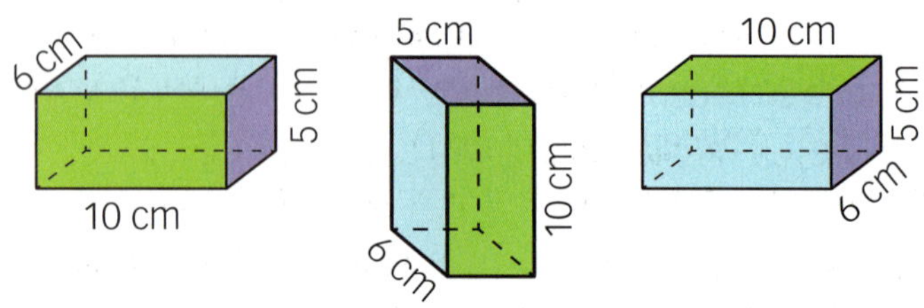

- ¿Cuál es la base en cada caso? ¿Y la altura? ¿Cuál es el volumen? ¿Y el área?
- El volumen de un cuerpo, ¿depende de su posición? ¿Y su área?
- ¿Cuál será el volumen de una pirámide con la misma base y la misma altura que este prisma?

2 **CALCULA** el volumen de cada cuerpo.

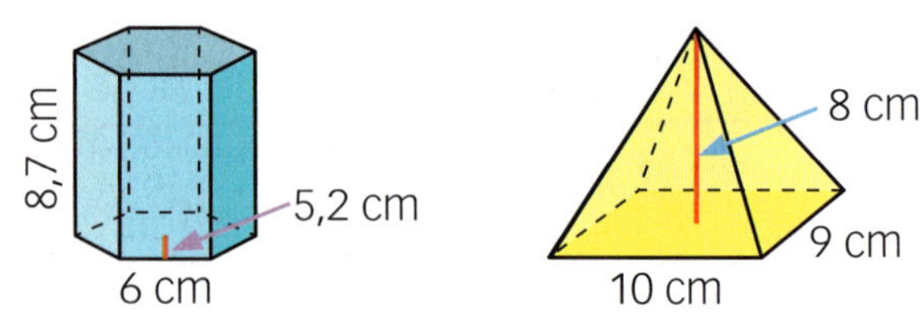

MatemáticaMENTE

Las tres aristas coloreadas del prisma suman 6 cm y miden centímetros exactos. ¿Cuál es el máximo volumen que puede tener?

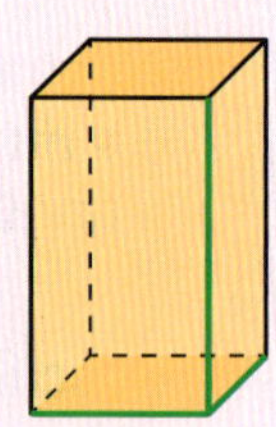

3 **OBSERVA** y calcula el volumen de cada cuerpo a partir de su desarrollo.

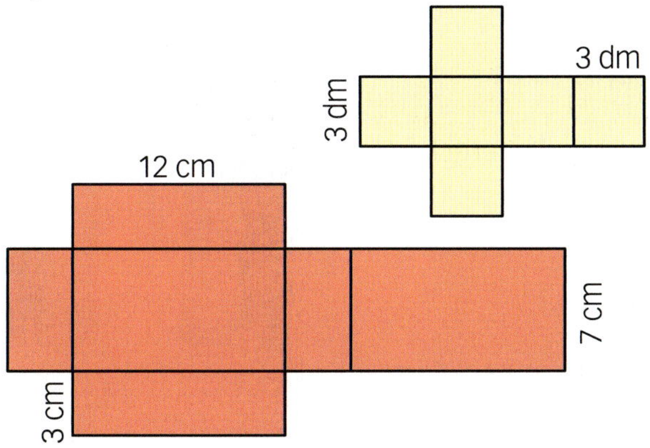

4 **CALCULA** el volumen de cada cuerpo. Fíjate en qué figuras lo forman.

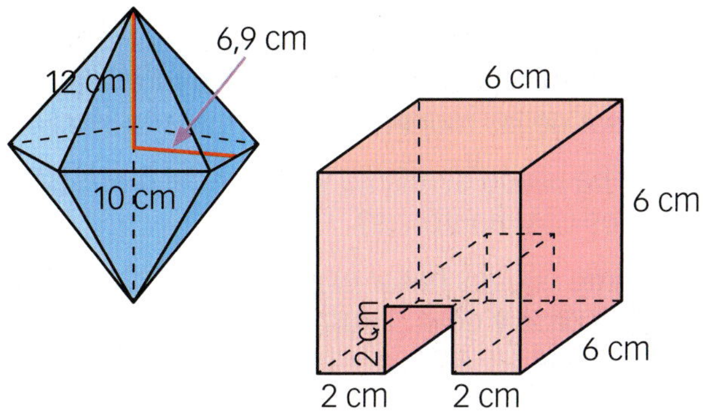

Conecta con la realidad

5 **ANALIZA** la información y resuelve.

El palacio de la Paz y la Reconciliación es un edificio que se construyó en 2006 en Astana (Kazajstán). Es un diseño del arquitecto Norman Foster.

Tiene forma de pirámide con base cuadrada. El lado de su base mide lo mismo que su altura, 62 m, y la altura de sus caras laterales acristaladas es 69,3 m.

- ¿Qué área ocupa sobre el suelo?
- ¿Cuál es el área total acristalada?
- ¿Cuál es el volumen de este edificio?
- Una piscina olímpica tiene forma de prisma de dimensiones 50 m × 20 m × 2,7 m. ¿Cuál es su volumen? ¿Al volumen de cuántas piscinas equivale el volumen de este edificio?

6 **LEE** y resuelve.

La espuma acústica se usa para aislar habitaciones acústicamente. Cada placa está formada por un prisma cuadrangular con una base cubierta por multitud de pequeñas pirámides cuadrangulares iguales.

- La arista básica de cada pirámide mide 4 cm y la altura 2 cm. ¿Qué volumen de espuma se usa para una pirámide?
- Cada placa contiene 300 pirámides y un prisma de 120 cm de largo, 40 cm de ancho y 8 cm de grosor. ¿Qué volumen de espuma se usa en una placa?

7 **MIDE** y diseña.

- Mide las dimensiones de un envase de 1 litro y comprueba que su volumen es 1 dm^3.
- Diseña otros dos envases diferentes que tengan el mismo volumen.
- Explica qué ventajas y qué inconvenientes tienen tus diseños.

Volúmenes de cuerpos redondos

Descubre

Hay dos montones de monedas de igual altura con monedas cuyas caras tienen la misma área, pero que se diferencian en el grosor.
El grosor de las monedas de la izquierda es el doble que el de las de la derecha.

- ¿Se ha usado el mismo volumen de metal para fabricar las monedas de los dos montones?
- ¿Cómo puedes hallar el volumen de un cilindro a partir del área de su base y de su altura?

Aprende

El volumen del cilindro y el cono se calcula de forma similar al del prisma y la pirámide, usando el área de su base y su altura. En el caso de la esfera no es así.

Volumen del cilindro

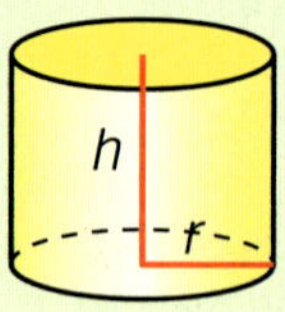

$$V = A_{BASE} \times h$$
$$V = \pi \times r^2 \times h$$

Volumen del cono

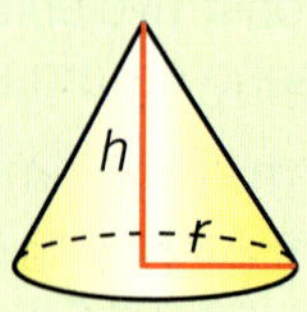

$$V = \frac{1}{3} A_{BASE} \times h$$
$$V = \frac{\pi \times r^2 \times h}{3}$$

Volumen de la esfera

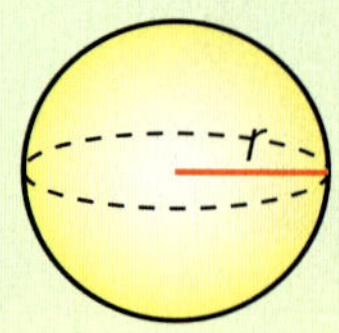

$$V = \frac{4 \times \pi \times r^3}{3}$$

Ejemplos

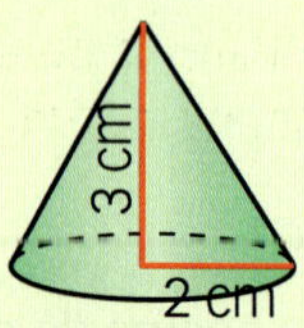

$$V = \frac{\pi \times (2\text{ cm})^2 \times 3\text{ cm}}{3} = \frac{\pi \times 12\text{ cm}^3}{3} = 12{,}56\text{ cm}^3$$

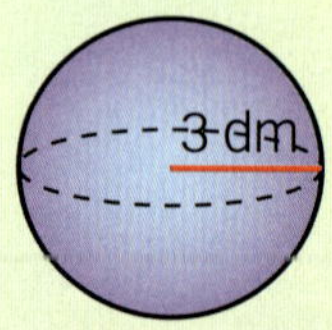

$$V = \frac{4 \times \pi \times (3\text{ dm})^3}{3} = \frac{\pi \times 108\text{ dm}^3}{3} = 113{,}04\text{ dm}^3$$

Practica

1. **PIENSA** si pueden tener el mismo volumen. Prueba con medidas concretas si te ayuda.
   - Dos prismas diferentes.
   - Dos conos distintos.
   - Dos esferas diferentes.
   - Dos cilindros que tienen la misma base.
   - Dos conos con el mismo radio.
   - Dos conos con igual altura.

2. **CALCULA** el volumen de cada cuerpo.

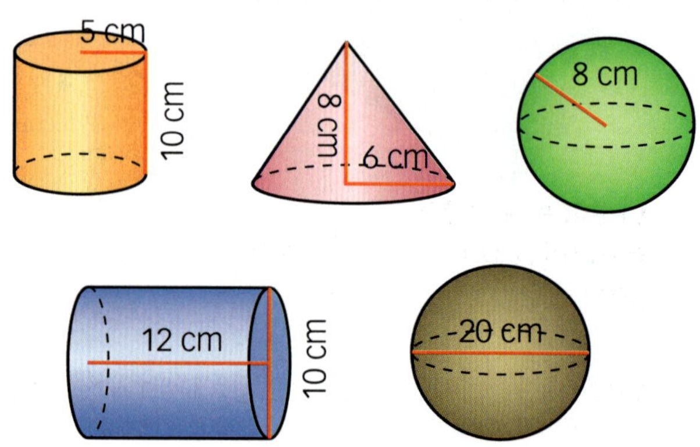

3 **FÍJATE** en qué figuras forman cada cuerpo y halla su volumen.

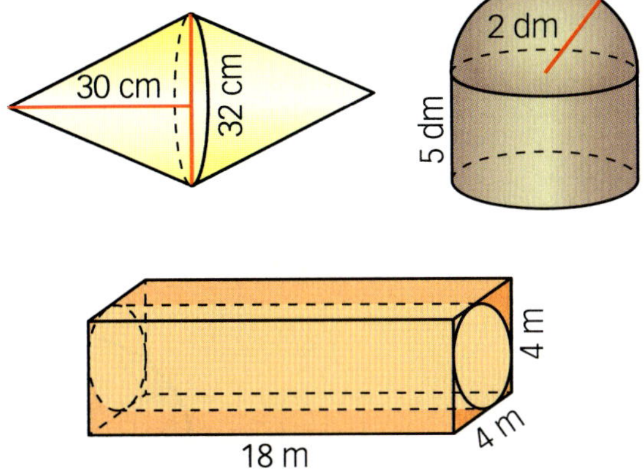

MatemáticaMENTE

Calcula el volumen de este cuerpo. Piensa a qué cuerpo redondo te recuerda.

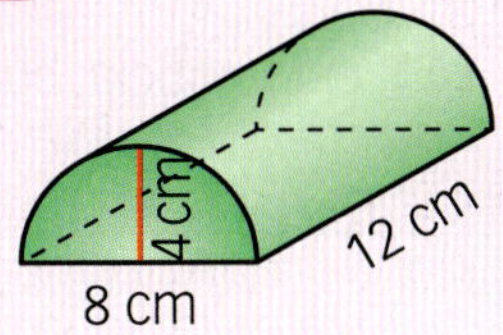

4 **PIENSA**, calcula y comprueba tu respuesta.

Una esfera tiene un radio de 4 cm, que es el doble del radio de otra esfera. El volumen de la primera, ¿es el doble del volumen de la segunda? ¿Qué relación hay entre ellos?

Conecta con la realidad

5 **LEE** y resuelve.

Un *trullo* es un tipo de casa muy curioso típico de una región de Italia y que tiene un tejado cónico.

- El radio y la altura del tejado de un *trullo* es 10 m. ¿Cuál es el volumen del tejado?
- Debajo de ese tejado hay una parte cilíndrica de igual radio que él y altura 5 m. ¿Cuál es el volumen total del *trullo*?
- Si un *trullo* tiene la misma altura y el mismo radio en sus dos partes, ¿qué relación hay entre los volúmenes de ambas?

6 **OBSERVA** la fotografía y contesta.

El *Atomium* es una construcción que representa 9 átomos de un cristal de hierro y está en Bruselas (Bélgica).

- Cada átomo del *Atomium* es una esfera de 18 m de diámetro. ¿Cuál es el volumen total de esas esferas?
- Si en lugar de las 9 esferas hubiera solo una esfera de 38 m de diámetro, ¿crees que el volumen sería mayor? Calcula y comprueba tu hipótesis.
- Diseña un edificio que incluya esferas y calcula su volumen.

Cálculo MENTAL

Calcular el 20 % o multiplicar por 0,2

20 % de 45
0,2 × 45 → 45 : 5 = 9

20 % de 5	0,2 × 500	20 % de 5.000
0,2 × 20	20 % de 600	0,2 de 4.000
20 % de 35	0,2 × 300	20 % de 5.500

Escribe 60 y 400 como el 20 % de un número.

Inventar problemas a partir de una situación

1 **LEE** esta noticia, busca si hay incoherencias entre sus datos y explica por qué.

Esta es la noria más grande del mundo, se encuentra en Dubái, y es una de las principales atracciones de esa ciudad.

Su nombre es Ain Dubái y se abrió al público en 2021, concluyendo las obras que comenzaron en 2013.

En el proyecto se han invertido más de 1.400 millones de euros. Se trata de una noria circular de 250 m de altura y 240 m de diámetro, prácticamente el doble de altura que el London Eye, que tiene 135 m, y superando al High Roller de Las Vegas, que tiene 167,6 m de altura.

Para su fabricación se han utilizado 11.200 toneladas de acero (un 33 % más que la cantidad de hierro usado en la torre Eiffel, que necesitó 7.341.214 kg) junto con 192 cables que miden 2.400 km de longitud.

Está formada por 48 cabinas con una capacidad para 40 personas cada una, lo que significa que, cuando funcione a pleno rendimiento, podrán viajar en ella hasta 1.750 personas de forma simultánea. Supera en más del doble la capacidad del London Eye de Londres, que tiene 32 cabinas de cristal, cada una de 10 toneladas de peso y con una capacidad para 25 personas.

Un giro completo de la noria tarda nada menos de 38 minutos en completarse, mientras que London Eye tarda 30 minutos. Los precios oscilan desde los 130 dírhams (30 euros) para los viajes en cabinas de observación compartidas hasta los 4.700 dírhams (1.095 euros) en las cabinas privadas con tratamiento vip, disponiendo de numerosas opciones intermedias con tarifas acordes con los servicios ofrecidos.

Se encuentra situada en la isla Bluewaters, con vistas panorámicas de la ciudad, así como de lugares emblemáticos como el edificio Burj Khalifa, de 828 metros de altura y 163 plantas, que es el edificio más alto del mundo.

Esta impresionante obra arquitectónica ofrece una nueva silueta a Dubái y es una de las grandes atracciones de las que disfruta el público en su visita.

Inventa un problema que:

- Se resuelva con una sola operación.
- Se necesiten dos operaciones para resolverlo.
- Para resolverlo sean necesarias tres operaciones.
- Se resuelva con la operación $828 - 250 = 578$.
- Se resuelva con las operaciones $130 : 30 = 4{,}33$ y $1.400 \times 4{,}33 = 6.062$.

Profundizar en variables

Misión *Explorar la galaxia Atenea*

La flota Atalanta explorará las nebulosas, soles y planetas de la galaxia Atenea. Hasta esa galaxia también se ha desplazado la estación Otreide, en la que, cada cierto número de pasos o desplazamientos, las naves tendrán que repostar combustible.

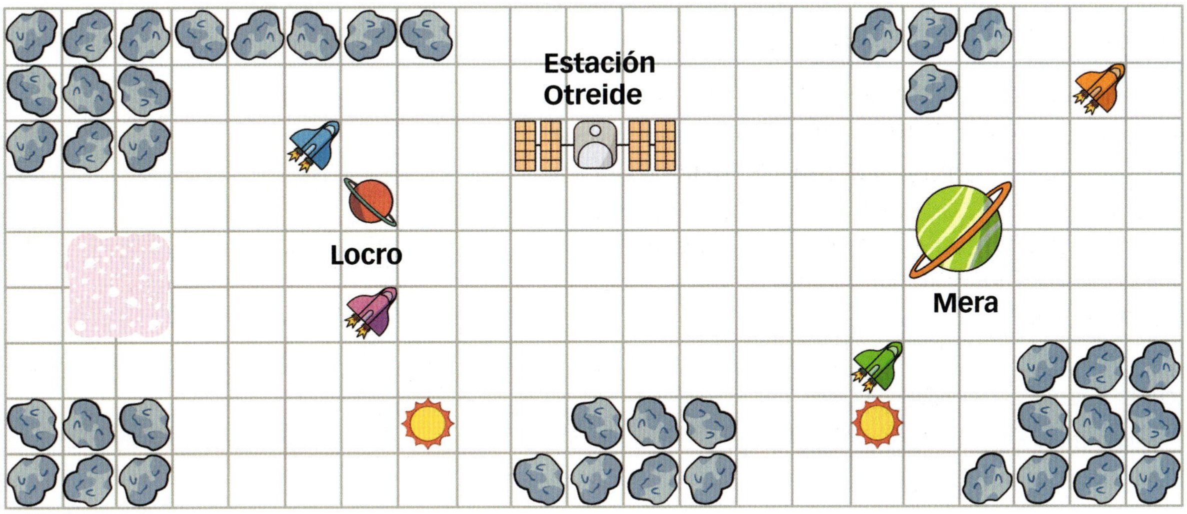

Instrucciones para la nave azul:

- Se pone a cero la variable *mov,* que anota los pasos.
- Se repiten estas instrucciones hasta que se hayan dado 104 pasos:
  - Avanza 2 casillas hacia abajo, 2 a la derecha, 2 hacia arriba y 2 a la izquierda (alrededor del planeta Locro).
  - Añade 8 pasos a la variable *mov* (pasos avanzados).
- Tras dar 104 pasos, avanza 5 casillas a la derecha para repostar en la estación Otreide.

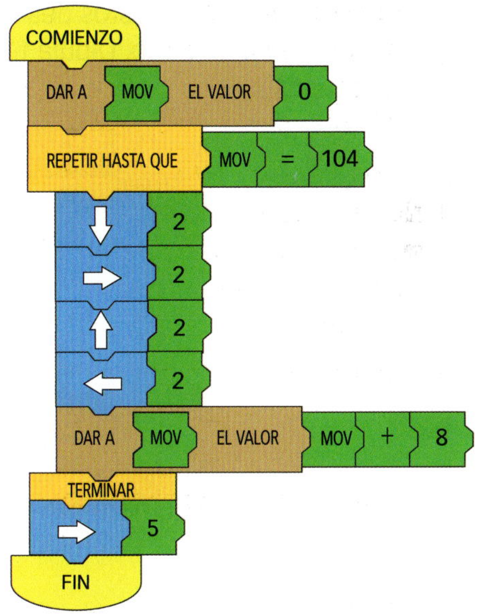

1 **DESCRIBE** los movimientos para que la nave naranja gire alrededor de Mera y vaya a la estación tras hacer al menos 100 desplazamientos.

2 **DESCUBRE** a qué nave pertenecen estas instrucciones y describe qué hace.

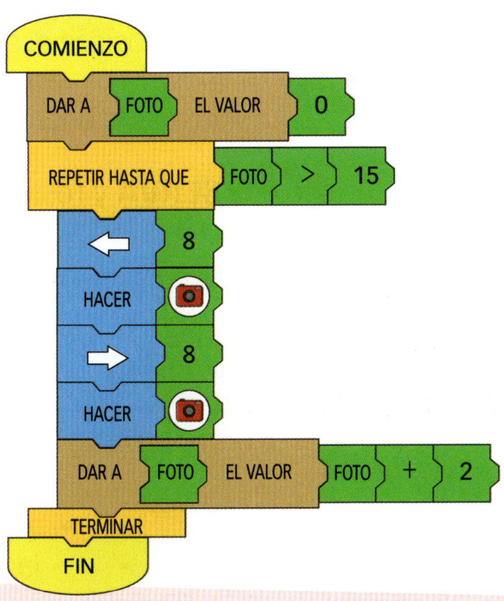

3 **PROGRAMA** la nave morada para que gire alrededor de la nebulosa rosa de la izquierda, realice al menos 20 fotos y después vaya a repostar a la estación.

Comprueba tu progreso

1 **DEFINE** estos términos geométricos.

- Poliedro.
- Poliedro regular.
- Prisma.
- Pirámide.
- Cuerpo redondo.
- Esfera.
- Cilindro.
- Cono.

2 **AVERIGUA** y escribe en qué cuerpo geométrico piensa Li.

- Es un poliedro regular de 20 caras.
- Una base es un pentágono y tiene 15 aristas.
- Tiene caras iguales y son menos de 6.
- Una base es un círculo.
- En su desarrollo plano hay un cuadrado y 4 triángulos.

3 **AVERIGUA** cuáles de estos desarrollos corresponden a un cubo. Dibuja tú otros que sean posibles.

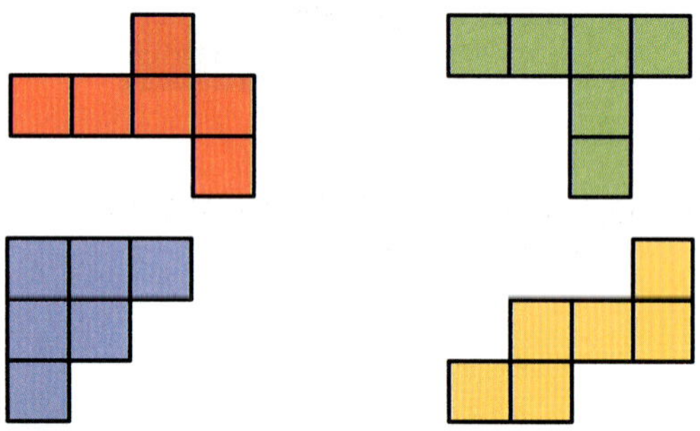

4 **DIBUJA** un desarrollo para cada cuerpo.

- Un tetraedro.
- Un prisma triangular.
- Una pirámide hexagonal.

5 **CALCULA** el área de cada cuerpo.

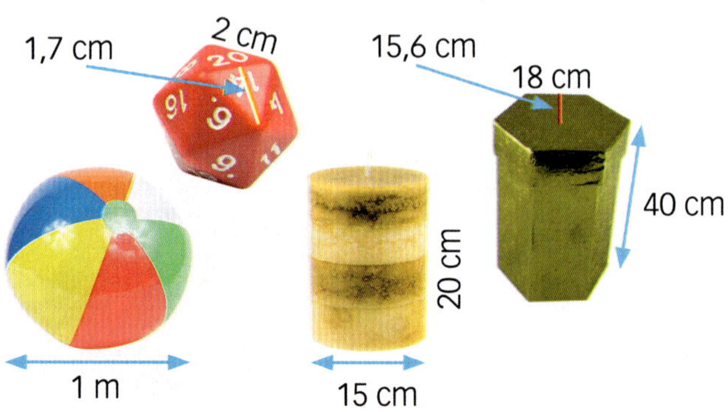

6 **ADIVINA** la palabra secreta y luego inventa las medidas que faltan para que al ordenar los volúmenes de menor a mayor aparezca esa palabra.

U Un cubo de arista 10 cm.

O Una esfera de diámetro 20 cm.

C Un cono de área de la base 80 cm^2 y altura …

R Una pirámide de base cuadrada con lado … y altura 20 cm.

P Un ortoedro cuya base es un cuadrado de lado 20 cm y su altura es …

E Un cilindro de área de la base 80 cm^2 y altura …

7 **OBSERVA** y resuelve.

- ¿Qué área tiene la corteza de la media naranja si el grosor de la parte blanca es 3 mm?
- ¿Qué cantidad de zumo se obtiene con ella si el 20 % del volumen de la pulpa es fibra que no se aprovecha?
- ¿Cuántas naranjas habrá que exprimir para conseguir 1 litro de zumo?

8 **LEE** y contesta.

Una empresa aceitera tiene un depósito esférico de 10 m de radio lleno hasta la mitad.

Si vertemos ese aceite en otro depósito cilíndrico de radio 10 m, ¿llegará a 15 m de altura? ¿Será más la altura que alcanza o menos?

9 **OBSERVA** y resuelve.

La lata contiene 8 rodajas de piña de 2 cm de grosor cada una.

- ¿Qué área de metal tiene la lata?
- ¿Qué volumen tiene cada rodaja si el diámetro del agujero que se le hace es 5 cm?
- ¿Qué volumen de líquido hay en la lata envolviendo las rodajas?

Aplica lo que has aprendido

10 **OBSERVA** y contesta.

En Nueva York puedes encontrar la escultura *Red Cube*, del escultor estadounidense-japonés Isamu Noguchi.

Es un cubo con sus caras pintadas de rojo que tiene una perforación cilíndrica que lo atraviesa y no está pintada.

- La arista del cubo mide 4,2 m. ¿Qué área total tendrán las caras del cubo que no tienen agujero?
- El diámetro del agujero es 1,4 m. ¿Qué volumen tiene la perforación de la escultura? ¿Cuál es el volumen de la escultura?
- Se quiere repintar la escultura y con cada kilo de pintura se pueden pintar 2 m^2. ¿Cuánta pintura será necesaria?

11 **OBSERVA** y contesta.

En una empresa de helados están pensando en lanzar nuevos productos.
Este es Nillapop, el helado más vendido.
Es un cono de galleta relleno de vainilla al que se añade por fuera más vainilla, formándose así otro cono mayor.

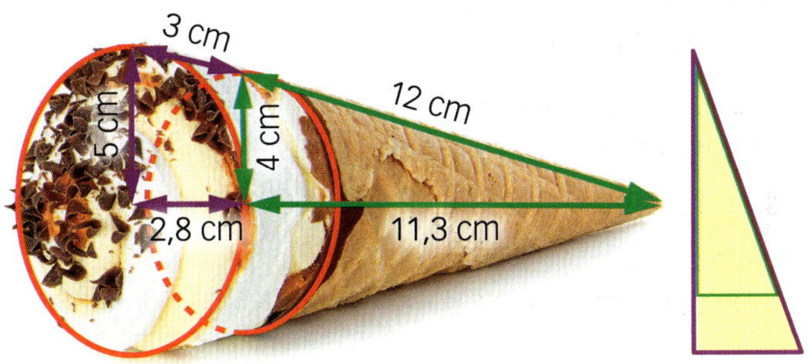

Las dimensiones puedes verlas en la fotografía.

- ¿Cuánto miden el radio, la altura y la generatriz del cono de galleta? ¿Y de todo el helado?
- ¿Qué superficie de galleta se utiliza en cada helado?
- ¿Cuánta vainilla hay en el interior del cono de galleta? ¿Cuánta tiene un helado en total? ¿Cuánta hay fuera del cono de galleta?
- Con 1.000 litros de vainilla, ¿cuántos Nillapop podrán prepararse?
- El nuevo helado, Vainy, reducirá un 5 % todas las dimensiones de Nillapop. ¿Cuántos Vainy se podrán preparar con 1.000 litros de vainilla? Si el precio actual del helado es de 3 € y se mantiene, ¿qué beneficio obtendrá la empresa con este cambio?

Valora tu aprendizaje

12 **REFLEXIONA** sobre lo que has aprendido en esta unidad y contesta en tu cuaderno.

- ¿Cuáles son tus puntos fuertes en Matemáticas? ¡Seguro que tienes muchos!
- ¿Cómo resuelves los conflictos que a veces hay en el trabajo en equipo?

Enfréntate al DESAFÍO

TRES PARA OCHO

Quieres cortar un queso de forma cilíndrica con 3 cortes en 8 partes iguales. Todas las partes deben tener el mismo volumen y la misma área de corteza.

> Halla cuál será el área de corteza y el volumen de cada parte si el diámetro del queso es 20 cm y su altura 12 cm.

SITUACIÓN DE APRENDIZAJE

Cada gota cuenta

Los embalses son los lugares donde se almacena el agua para que después llegue a nuestras casas. Cada año el volumen de agua que contienen baja con respecto a los años anteriores. Es labor de todos cuidar el medio ambiente para no quedarnos sin agua.

¿Pasa algún río por tu municipio o cerca de él? ¿Se bebe el agua de ese río o se recoge de otro lugar?

1 **Observa los datos que aparecen en la primera doble página de la unidad y contesta.**

- ¿Cuál es la capacidad total de los embalses de la cuenca del Duero?
- ¿Qué volumen de agua contenían en septiembre de 2022? ¿Y de 2021?
- ¿Cuáles son las tres cuencas de España con mayor capacidad para tener agua embalsada?
- ¿Cuál es la cuenca de España con menor capacidad para tener agua embalsada? ¿Cuántos metros cúbicos de capacidad tiene?
- En toda España, ¿cuántos hectómetros cúbicos de agua embalsada había más en septiembre de 2021 que de 2022? ¿Cuántos metros cúbicos son?

2 **Analiza todos los datos, calcula y responde.**

- ¿Qué embalses tenían más agua en 2022 que en 2021? ¿Por qué crees que fue así?
- ¿Qué cuencas tenían sus embalses en septiembre de 2022 llenos por debajo de la mitad de su capacidad?
- ¿Cuál es el consumo medio diario de agua de una persona en España? ¿Y en un año? ¿Cuántos metros cúbicos son?
- Si toda esa agua que gasta de media una persona en un año, la echásemos a una piscina, ¿qué ancho, largo y alto podría tener la piscina para que cupiera toda el agua?
- ¿Qué altura, ancho y largo podría tener una piscina que contuviera toda el agua de los embalses del Cantábrico Oriental en septiembre de 2022?

3 **Piensa en las personas que sois en casa y contesta.**

- ¿Cuántas personas sois en casa? Con el consumo medio indicado en la página inicial, ¿cuánta agua utilizáis al día? ¿Y en un mes?
- Consulta el recibo del agua de tu casa y determina si estáis por encima de la media o por debajo.
- Compara tus datos con otros estudiantes que vivan en casas con el mismo número de personas. ¿Qué medidas podéis tomar para reducir el consumo de agua?

Actividades

1 **AVERIGUA** el número y di cómo se lee.

- El número anterior a 38.700.000.
- MCMXLII.
- El mayor número entero negativo.
- La suma de dos tercios y cuatro quintos.
- La aproximación a las centésimas de 2,891.
- El m.c.m. de 18 y 40.

2 **CALCULA** y averigua si son iguales o no. Escribe el signo adecuado, = o ≠.

- $\frac{9}{4} - \frac{4}{9}$ ◯ $1 + \frac{1}{18} + \frac{3}{4}$
- $\frac{12}{9} \times \frac{2}{3}$ ◯ $2 - \frac{7}{9}$
- $\frac{7}{10} + \frac{2}{5}$ ◯ $9{,}87 - 8{,}9$
- $67{,}5 : 5$ ◯ $\frac{9}{2} : \frac{1}{3}$

3 **COMPLETA** los huecos.

- 6 dam^2 y ■ cm^2 = 600,39 m^2 = ■ dm^2 y 19 cm^2
- 20 kl y 2 dal = ■ hl y 190 ℓ = 19.900 ℓ y ■ dl
- ■ m^3 y 5 dm^3 = 7 kl y ■ ℓ = 72 hl y 500 cl

4 **CALCULA** el área de cada zona de color.

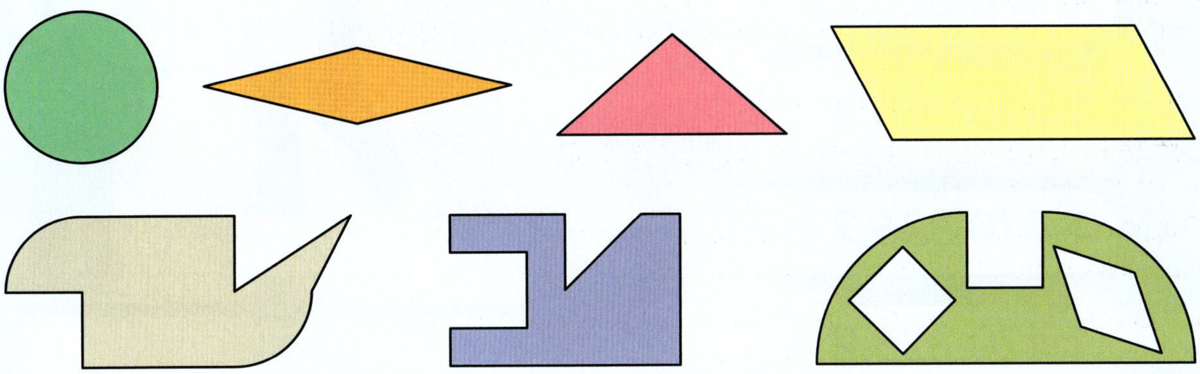

Problemas

5 En una lámina de metal de 5 m × 2 m se cortan con láser 25 cuadrados de 40 cm de lado. ¿Qué área de metal queda en la plancha? ¿Qué porcentaje del área total se ha cortado?

6 En la fábrica prepararon 24 pedidos el mes pasado. Todos costaban lo mismo. En total fueron 19.200 €. Este mes han lanzado una oferta y se han recibido 12 pedidos más, que tendrán un descuento de 100 € cada uno en su precio. ¿Cuánto se recaudará este mes?

7 Han llegado 5.100 kg de acero en planchas de 30 kg y de 7,5 kg. Eran 200 planchas y de unas había el cuádruple que de otras. ¿Cuánto pesaba el grupo de planchas de 7,5 kg menos que el grupo de planchas de 30 kg?

¿Hay becas suficientes?

Presupuesto (en miles de euros) destinado a becas

CURSO	
2020 - 2021	1.984.326,2
2019 - 2020	1.470.326,2
2018 - 2019	1.470.326,2
2017 - 2018	1.470.326,2
2016 - 2017	1.420.326,2

Evolución del número de beneficiarios de becas

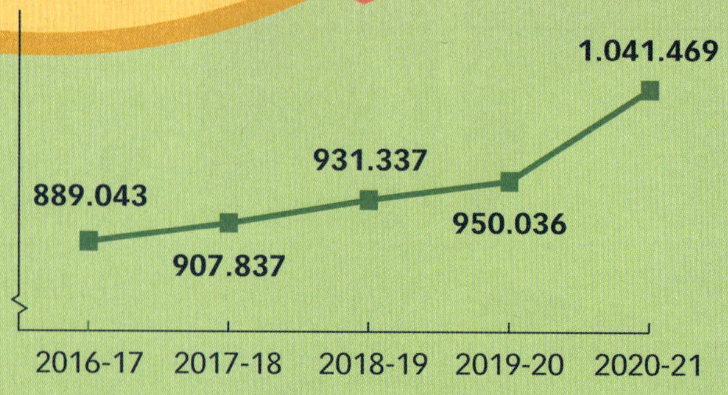

Comparte tus preguntas

- Inventa una pregunta que incluya la palabra *media*.
- Plantea una pregunta de forma que para resolverla haya que calcular un porcentaje.

12

Haz memoria

- Mario tiene en cuatro pruebas 6, 5, 6 y 7 puntos. ¿Cuál su nota media?
- En una caja tenemos 5 canicas rojas y 3 verdes. Si sacamos una al azar, ¿qué resultados pueden darse? ¿Cuál es más fácil que ocurra?

Distribución del número de beneficiarios y del presupuesto destinado a becas por nivel de enseñanza en el curso 2019-2020

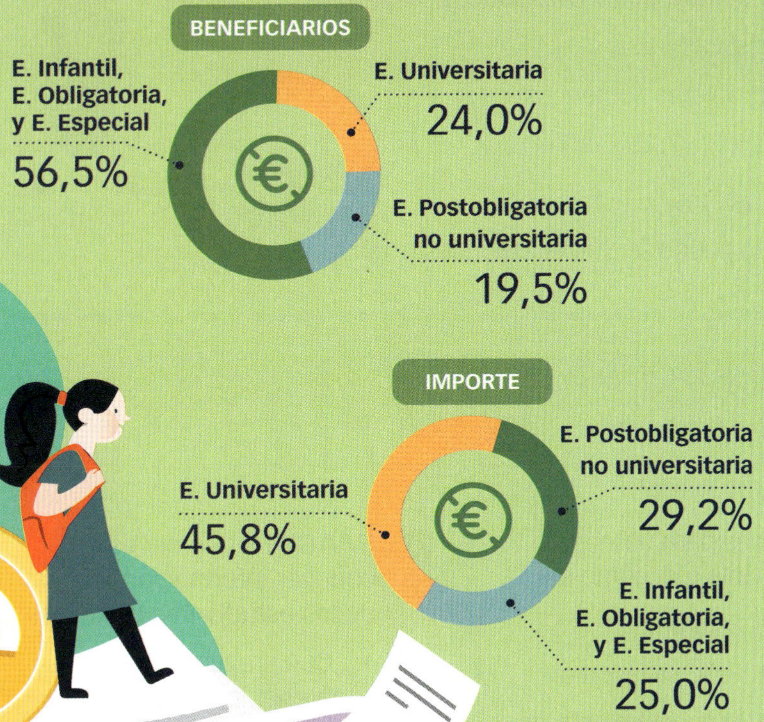

Resuelve mentalmente

- Si en el curso 2019-20 se hubieran dado 455 becas más, ¿cuántas habrían sido?
- ¿Y si se hubieran dado 21 becas menos?

TU PLAN DE TRABAJO

Aprenderás

- Las variables estadísticas.
- Las frecuencias absolutas y relativas
- La media y la moda
- La mediana y el rango
- La probabilidad

Pasarás a la acción

- LABORATORIO DE PROBLEMAS
- TALLER DE PROGRAMACIÓN

Pondrás a prueba lo aprendido

- COMPRUEBA TU PROGRESO
- SITUACIÓN DE APRENDIZAJE
- REPASA LO QUE SABES

Variable estadística

Descubre

Imagina que preguntas a todos los estudiantes de tu clase sobre su deporte preferido y su edad.

- ¿Puedes decir cuatro posibles respuestas de cuál será el deporte preferido? ¿Y dos respuestas de cuál será su edad?
- ¿Qué diferencia hay entre los dos tipos de respuesta?

Aprende

- **La estadística se encarga de recoger datos y extraer información de ellos. El deporte preferido, la edad… son variables estadísticas.**
- Hay dos tipos de variables estadísticas:
  - **Variables cuantitativas:** tienen valores numéricos.

    Ejemplo La edad puede ser 6, 7, 12, 25… años.
  - **Variables cualitativas:** tienen valores no numéricos.

    Ejemplo El deporte preferido puede ser fútbol, baloncesto, tenis…

Practica

1 **EXPLICA** qué pregunta harías para obtener información sobre cada variable y di cómo es.

- Peso.
- Lugar de nacimiento.
- Fruta preferida.
- Color del pelo.
- Estatura.
- Película favorita.
- Número de calzado.
- Talla de pantalón.

2 **ANALIZA** de qué tipo son estas variables estadísticas y pon ejemplos de sus valores.

- Número de hermanos y hermanas.
- Asignatura preferida.
- Número de líneas de autobuses de una ciudad.
- Capacidad de un depósito.
- Color de ojos.
- Población de una localidad.
- Piezas de fruta comidas cada día.

3 **IMAGINA** que necesitas conocer información acerca de los estudiantes de tu clase.

- ¿Qué preguntas harías para obtener información de una variable cualitativa? Escribe tres ejemplos.
- ¿Y para obtener información de una variable cuantitativa? Escribe tres ejemplos.

4 **OBSERVA** qué se pide en esta encuesta y escribe de qué tipo es cada variable estadística.

Nombre:
Año de nacimiento:
Profesión:
Años de experiencia:
Lugar de trabajo:

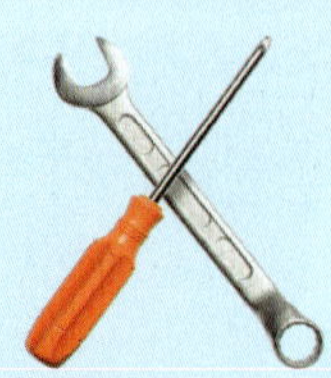

Frecuencias absolutas y frecuencias relativas

Descubre

Hoy en clase se ha preguntado a los estudiantes cuál es su mascota preferida y se han anotado los resultados.

- ¿Cuántos estudiantes prefieren el perro? ¿Y el gato?
- ¿A cuántos estudiantes se les ha preguntado en total?
- ¿Qué fracción de los estudiantes prefieren la tortuga?

Aprende

La **frecuencia absoluta** de un dato es el número de veces que aparece.

La **frecuencia relativa** es el cociente entre el número de veces que aparece y el número total de datos.

Ejemplo En la tabla se han recogido los datos de la encuesta anterior. A esta tabla se le llama **tabla de frecuencias**.

- El perro lo prefieren 12 personas. La frecuencia absoluta de perro es 12.
- El número de personas que han contestado a la encuesta es $12 + 8 + 6 + 4 = 30$.

  La frecuencia relativa de perro es $\frac{12}{30}$.

	Perro	Gato	Conejo	Tortuga
Frecuencia absoluta	12	8	6	4
Frecuencia relativa	$\frac{12}{30}$	$\frac{8}{30}$	$\frac{6}{30}$	$\frac{4}{30}$

Practica

1 **EXPLICA** cómo construirías la tabla de frecuencias, hazla en tu cuaderno y contesta.

Los puntos de 10 amigas en un juego han sido:

11 12 10 11 11 12 11 10 11 12

- ¿Cuánto suman las frecuencias absolutas? ¿Con qué coincide?
- ¿Cuánto suman las frecuencias relativas?

Con las MANOS

TIRAD un dado 20 veces y anotad los resultados. Después, construid las tablas de frecuencias y comparadlas entre sí.

- ¿En qué se parecen?
- ¿En qué se diferencian?
- ¿Cuánto suman las frecuencias de cada tipo?

Cálculo MENTAL

Calcula cuánto le falta a cada número para llegar a 700 y después a 900.

146 327 418 272 641 263 574 415 312 527 239 126

¿Cómo lo calculas?

Media y moda

Descubre

Con las MANOS

Haz 8 bolitas de papel y colócalas en 4 montones de manera que no tengan todos el mismo número de bolitas.

- ¿Qué harías para que en todos los montones haya el mismo número de bolitas?
- ¿Cuántas bolitas habría en cada montón? ¿Podrías haberlo sabido sin mover las bolitas?

Aprende

- La **media** de un grupo de datos numéricos se obtiene al dividir la suma de los productos de cada dato por su frecuencia absoluta entre el número total de datos.
- La **moda** es el dato o los datos que más se repiten, es decir, con mayor frecuencia absoluta.

Ejemplo En la tabla aparecen los pesos de los bebés nacidos hoy en un hospital.

Peso en kg	2,5	3	3,2	4,1
Frecuencia absoluta	4	5	9	2

- Para calcular la media de los datos:

  1.º Multiplica cada dato por su frecuencia absoluta y suma los productos.

  $2{,}5 \times 4 + 3 \times 5 + 3{,}2 \times 9 + 4{,}1 \times 2 = 10 + 15 + 28{,}8 + 8{,}4 = 62{,}2$

  2.º Divide la suma entre el número total de datos.

  $62{,}2 : 20 = 3{,}1$ → El peso medio es 3,1 kg.

- Para calcular la moda busca el dato o datos con mayor frecuencia absoluta.

  El peso que más se repite es 3,2 kg. → La moda de los pesos es 3,2 kg.

Practica

1 **CALCULA** la media y la moda de cada grupo de datos.

- 8, 10, 18, 14, 10, 18
- 15, 12, 17, 12, 17, 15, 17
- 10, 6, 8, 10, 8, 6, 10, 14
- 9, 13, 12, 7, 5, 18, 8, 14, 6, 3

› La media, ¿coincide siempre con algún dato? ¿Y la moda?

2 **PIENSA** y escribe.

- Cuatro números cuya media sea 5.
- Seis números cuya moda sea 3.

3 **INTERPRETA** y resuelve.

Las cantidades de lluvia, en litros por metro cuadrado, recogidas en Sabinar las dos últimas semanas fueron:

8	7	9	50	1	7	8
9	8	0	11	6	8	8

- Construye la tabla de frecuencias.
- ¿Cuál fue la media de lluvia recogida? ¿Y la moda?
- ¿Y si se quitan el dato mayor y el menor?

› Suma 2 a cada dato y calcula la media. ¿Qué observas? ¿Qué ocurre con la moda?

4 **PIENSA** y contesta.

- Lorenzo hizo 5 controles de Matemáticas y su nota media fue 7. Las notas de los cuatro primeros controles fueron 6, 8, 5 y 7. ¿Cuál fue la nota del quinto control?
- En los cuatro primeros controles de Lengua, Sonia sacó una media de 8. Si hace otro control, ¿podría sacar un 9 de media? ¿Cuál es la nota media máxima?

MatemáticaMENTE

La media de un grupo de cuatro números es 6 y la de otro grupo, con seis números, es 8.

- ¿Cuánto suman los números de cada grupo?
- ¿Cuál es la media de los 10 números?

Conecta con la realidad

5 **ANALIZA** y resuelve.

Un grupo de 6 personas van a comer a un sitio en el que tienen tres menús para elegir. Dos de ellas toman el menú Energy, tres toman el menú Healthy y una el menú Tasty.

- Si deciden pagar todas lo mismo, ¿cuánto tendrá que pagar cada una? ¿Qué valor has calculado para saberlo?
- ¿Cuál es el menú elegido por la mayor parte del grupo? ¿Cuántas personas lo han elegido? ¿Cómo se llama a ese dato?
- Si a cada menú se le añaden 3 € de la bebida, ¿cuánto aumenta la media? ¿Cuál es la nueva moda?
- Si cada menú costara 2 € menos, ¿cómo cambiaría la media? ¿La moda seguiría siendo la misma?

6 **INTERPRETA** y resuelve.

Jaime tiene una *app* en su móvil que le da información sobre las llamadas de los últimos cinco días.

- ¿Cuántas llamadas de 2 minutos ha hecho? ¿Y de 5 minutos?
- ¿Cuánto tiempo ha empleado en las llamadas de 3 minutos? ¿Y en las de 4?
- ¿Cuántas llamadas de media hace cada día?
- ¿Cuál es el tiempo medio de cada llamada?
- ¿Cuál es la duración más común?

Cálculo MENTAL

Calcular el 50 % o multiplicar por 0,5

50 % de 280
0,5 × 280 → 280 : 2 = 140

50 % de 120	0,5 × 460	50 % de 6.000
0,5 × 200	50 % de 660	0,5 × 8.400
50 % de 240	0,5 × 860	50 % de 1.600

Escribe 24 y 170 como el 50 % de un número.

Mediana

Descubre

Observa las edades de los asistentes al curso de robótica.

- ¿Cuántas chicas tienen más edad que Ana? ¿Y menos?
- ¿Cuántos chicos tienen más de 11 años? ¿Y menos?

Aprende

La **mediana** de un conjunto de datos numéricos ordenados es el dato que ocupa el lugar central. Si hay un número par de datos, su valor es la media de los dos datos centrales.

Ejemplo

Para calcular la mediana de las edades de las chicas del curso de robótica:

1.º Ordena todos los datos de menor a mayor.

2.º Elige el dato que ocupa el lugar central.

9 10 12

→ Mediana: 10

Para calcular la mediana de las edades de los chicos:

1.º Ordena todos los datos de menor a mayor.

2.º Calcula la media de los dos datos centrales.

9 11 11 12

→ Mediana: $\frac{11+11}{2} = \frac{22}{2} = 11$

Practica

1 **EXPLICA** cómo hallas la mediana de todas las edades de los asistentes al curso y hállala.

2 **CALCULA** la mediana.

- 4, 8, 6
- 9, 10, 6, 7
- 11, 7, 9, 8, 5, 8
- 5, 4, 5, 7, 9, 11
- 7, 3, 4, 2, 3, 4, 9
- 5, 8, 6, 12, 10, 5, 10, 11

3 **PIENSA** y escribe. Después, contesta.

- Tres números cuya mediana es 8.
- Cuatro números cuya mediana es 6.
- ¿Se puede calcular la mediana en las variables cualitativas? ¿Por qué?

4 **ANALIZA** y averigua los datos que faltan.

La mediana de un conjunto de 7 datos es igual a 8. Tres de los datos son 5, 9 y 10. ¿Cuáles pueden ser los datos que faltan? Escribe dos soluciones.

5 **INTERPRETA** y resuelve.

En un concesionario de coches hay 8 coches con estos precios: uno de 12.500 €, tres de 14.000 € y el resto de 15.500 €. ¿Cuál es la mediana de los precios? ¿Cuál es la media?

6 **PIENSA** y contesta.

El salario medio en España fue en 2020 de 25.166 € y la mediana de los salarios fue 20.920 €.

- La mitad de los salarios, ¿era menor que 25.166 € o que 20.920 €?
- Si todas las personas ese año tuvieran el mismo salario, ¿cuánto habría ganado cada una?

Rango

Descubre

- ¿Cuántos grados subió ayer el termómetro desde la temperatura mínima a la máxima?
- ¿Cuánto ha subido hoy?
- ¿Qué día hubo más diferencia entre las temperaturas?

	Máxima	Mínima
Ayer	+9 °C	−3 °C
Hoy	−2 °C	−7 °C

Aprende

El **rango** de un conjunto de datos es la diferencia entre el dato mayor y el menor.

Ejemplo Los tiempos (en minutos) que ha tardado en llegar el autobús esta mañana a una parada han sido 12, 15, 12, 13, 10, 16, 11.

Tiempo máximo: 16. Tiempo mínimo: 10. → Rango: 16 − 10 = 6.

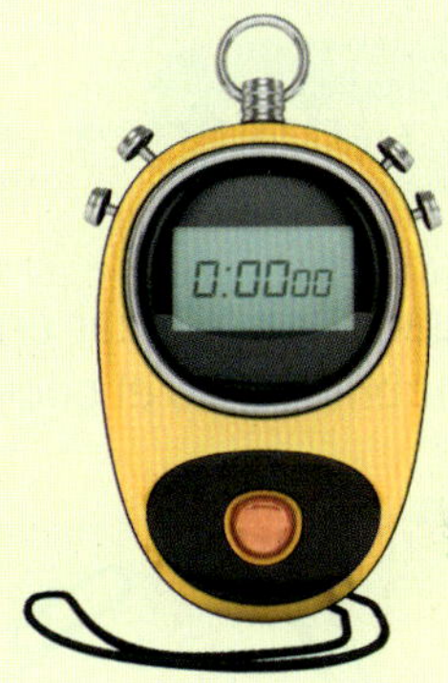

Practica

1 **AVERIGUA** el rango de cada grupo de datos.

- 3, 6, 0, 8, 5
- 20, 60, 20, 30, 40, 10, 20, 90
- Los números pares entre 11 y 33.
- Los múltiplos de 5 entre 18 y 41.

2 **PIENSA** y escribe un conjunto de datos.

- Con la misma moda y rango.
- Con la misma media y rango.
- Con la misma mediana y rango.

➤ ¿Se puede calcular el rango en las variables cualitativas? ¿Por qué?

3 **LEE** y resuelve.

En la tabla aparecen los minutos de conexión a internet de una persona cada día de la semana.

L	M	X	J	V	S	D
85	79	108	80	105	90	76

- ¿Cuál es la media de tiempo por día?
- ¿Cuál es la moda?¿Y la mediana?
- ¿Cuál es el rango?
- Si el tiempo fuera 15 minutos más cada día, ¿qué respuestas de las anteriores cambiarían? ¿Cuál sería su valor?

Cálculo MENTAL

Calcular el 25 % o multiplicar por 0,25

25 % de 240
0,25 × 240 → 240 : 4 = 60

25 % de 120	0,25 × 280	25 % de 4.000
0,25 × 200	25 % de 360	0,25 × 8.400
25 % de 320	0,25 × 480	25 % de 1.600

Escribe 15 y 120 como el 25 % de un número.

Probabilidad

Descubre

- Si coges sin mirar una bola, ¿qué color es más difícil de sacar? ¿Qué color es imposible de sacar?
- ¿Qué es más fácil sacar: rojo o verde? ¿Por qué?
- ¿Qué fracción de las bolas es de color rojo? ¿Y de color verde?

Aprende

Hay situaciones de azar en las que no podemos saber qué va a ocurrir.
La **probabilidad** es el cociente entre el número de casos favorables y el número de casos posibles.

Ejemplo

¿Cuál es la probabilidad de coger sin mirar un clip rojo?

Casos favorables: 4 clips rojos. Casos posibles: 10 clips en total.

Probabilidad de coger clip rojo → $\frac{\text{Casos favorables}}{\text{Casos posibles}} = \frac{4}{10}$

Practica

1. **CALCULA** la probabilidad de sacar cada color de clip en la situación del Aprende y contesta.

   ¿Cuánto suman todas las probabilidades?

2. **DETERMINA** las frases correctas si coges sin mirar una de las pinturas de la imagen.
   - La probabilidad de elegir un tono verde es menor que la de elegir un tono morado.
   - La probabilidad de no coger un tono verde es $\frac{18}{22}$.
   - La probabilidad de coger un tono azul es $\frac{3}{22}$.

3. **PIENSA** y contesta.

   En una caja hay fichas blancas y negras.
   La probabilidad de coger una ficha blanca es $\frac{5}{12}$.
   - ¿Cuántas fichas blancas hay en la caja?
   - ¿Cuántas fichas hay en total en la caja?
   - ¿Cuál es la probabilidad de coger una negra?

4. **ANALIZA** y resuelve.

   En una caja hay bolas rojas, verdes y azules.
   En total hay 8 bolas. La probabilidad de sacar una bola verde es el doble que la de sacar una bola azul.
   La probabilidad de sacar una bola roja es la mayor.
   ¿Cuántas bolas hay de cada color?

Con las MANOS

CONTAD el número de triángulos y cuadriláteros que hay en el material, metedlos en una bolsa y calculad:

- La probabilidad de coger un triángulo.
- La probabilidad de coger un cuadrilátero.
- La probabilidad de coger un triángulo rectángulo.
- La probabilidad de coger un polígono.
- La probabilidad de no coger un polígono.

Conecta con la realidad

5 **ANALIZA** y resuelve.

A una obra de teatro han asistido 65 niños, 74 niñas, 40 chicos jóvenes, 29 chicas jóvenes, 54 mujeres adultas y 42 hombres adultos.
Se va a elegir a un espectador al azar para que participe en una escena.

- ¿Cuál es la probabilidad de que sea un niño?
  ¿Y de que no lo sea?
- ¿Cuál es la probabilidad de que sea una persona adulta?
- ¿Y de que no sea una niña ni un hombre adulto?

6 **PIENSA** y contesta.

En los juegos de ordenador se usan a menudo números aleatorios, elegidos al azar entre un grupo. Hay un programa que escoge un número del 1 al 100 y mueve al personaje ese número de casillas.

- ¿Cuál es la probabilidad de que el número de casillas sea par?
- ¿Y de que sea mayor que 70 e impar?
- ¿Y de que no sea un número primo mayor que 10 y menor que 20?
- El personaje solo se salva de un meteorito si el número es mayor que 75. ¿Te parece justo? Inventa una condición para que lo sea.

7 **INTERPRETA** el gráfico y resuelve.

En el gráfico se ha representado el número de participantes por grupo de altura en un torneo de frontenis.

- ¿Cuántos participantes en total hay en el torneo?
- Laura mide 155 cm. Si elegimos al azar un participante que mida menos de 170 cm, ¿qué probabilidad hay de que sea ella la persona elegida?
- Si se elige un participante al azar para una entrevista en la radio sobre el torneo, halla la probabilidad de que:
  - Mida de 150 a 160 cm.
  - Mida 180 cm o más.
  - En su grupo haya más de 12 personas.
  - En su grupo estén las personas más altas.

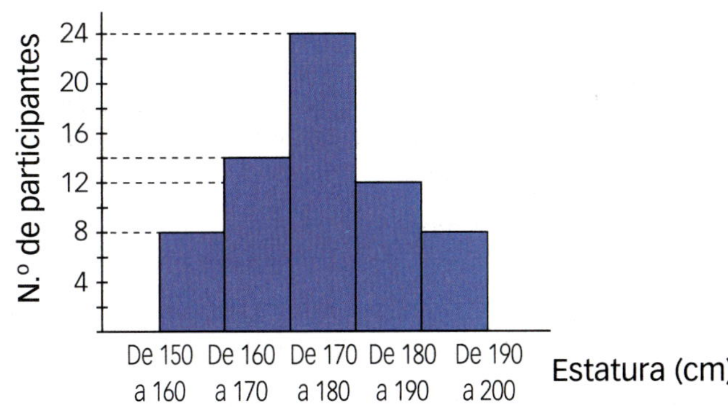

MatemáticaMENTE

En una clase hay 18 personas inscritas en actividades extraescolares.

La probabilidad de elegir una persona que haga ajedrez es $\frac{12}{18}$ y la probabilidad de elegir una persona que haga judo es $\frac{9}{18}$.

- ¿Es eso posible? ¿Por qué?
- ¿En qué casos las probabilidades de una situación pueden sumar más de 1?

Inventar problemas a partir de preguntas y operaciones

1 **ELIGE** una pregunta y un bloque de operaciones y escribe un problema cuya pregunta se resuelva con esas operaciones. Después, escribe su solución.

PREGUNTAS

- ¿Cuántas personas hay en cada grupo?
- ¿Cuánto cuestan los dos?
- ¿Cuánto pesa el contenido?
- ¿Cuánto dinero tengo?
- ¿A qué hora llegó?
- ¿Cuánto dinero me quedó?

OPERACIONES

$40 + 25 + 45 + 10 = 120$
$120 : 60 = 2$
$9 + 2 = 11$

$44 + 26 = 70$
$70 \times 0{,}21 = 14{,}70$
$70 + 14{,}70 = 84{,}70$

$1{,}750 + 0{,}450 + 0{,}850 = 3{,}050$
$3{,}050 \times 1.000 = 3.050$
$3.050 - 755 = 2.295$

$123 - 2 \times 14 = 95$
$95 + 1 = 96$
$96 : 3 = 32$
$96 - 32 = 64$

$50 + 3 \times 20 + 4 \times 10 = 150$
$150 : 100 = 1{,}5$
$1{,}5 + 3 \times 2 + 1 = 8{,}5$

$132 + 214 + 431 = 777$
$777 - 123 = 654$
$654 : 3 = 218$

Variables y bloques

Misión *Navegar por el espacio*

El programa que controla la flota Atalanta ha sido infectada por un virus. Las naves se mueven aleatoriamente según el resultado al lanzar un dado. La nave termina de moverse cuando entra en la casilla de un asteroide y aterriza en él. Si llega al borde de la zona ya no avanza, se queda en esa casilla.

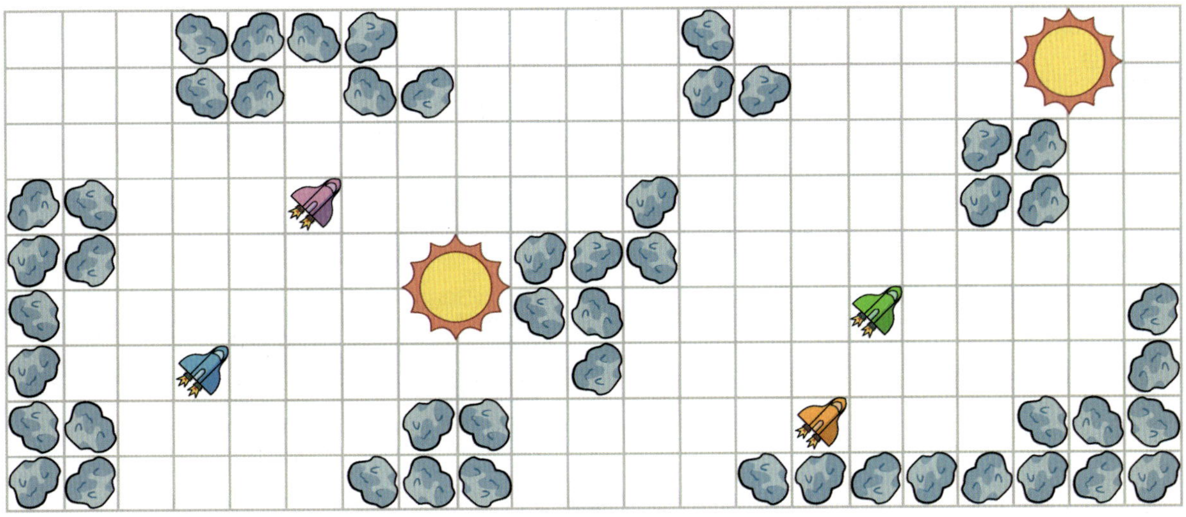

Instrucciones para mover las naves:

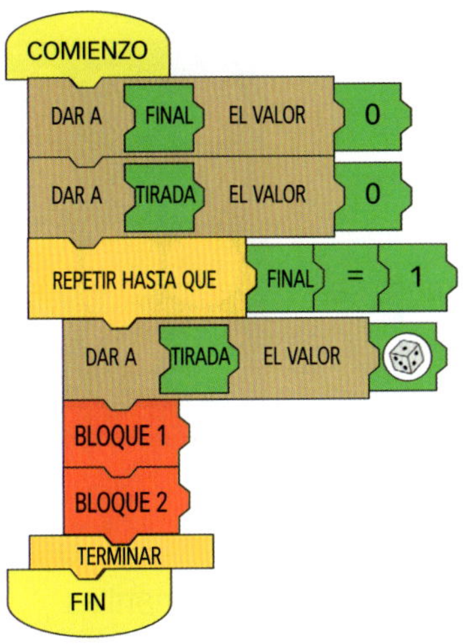

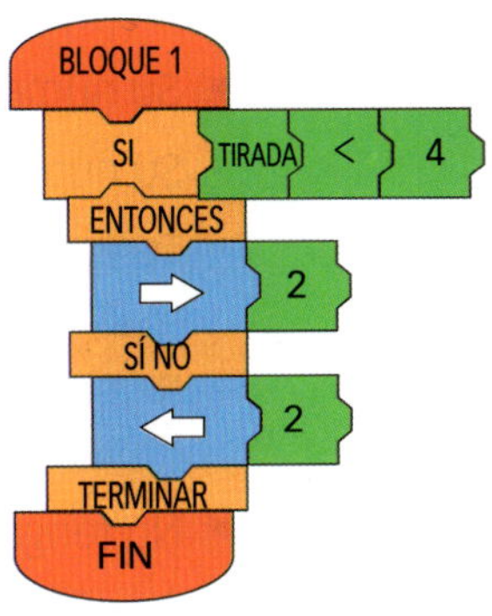

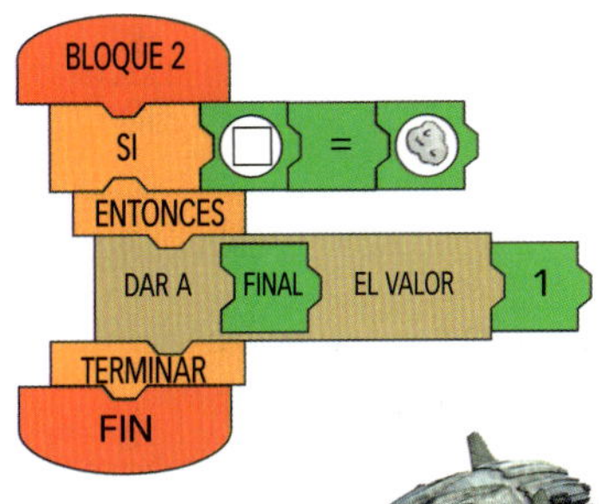

1 **ELIGE** una nave y simula con un compañero los movimientos que hará tirando un dado. Compara los resultados con los obtenidos por otras personas con esa nave. ¿Ocurrirá igual en todos los casos?

2 **REESCRIBE** el código del bloque 1 para que la nave se mueva también hacia arriba y hacia abajo o en las direcciones que quieras.

3 **PROGRAMA** un juego similar a este en el que intervenga el azar y en el que uses dos bloques de instrucciones.

Comprueba tu progreso

1 **ANALIZA** de qué tipo son estas variables.

- Peso de una bicicleta.
- Marca de deportivas.
- Lugar de residencia.
- Altura de un edificio.
- Libro favorito.
- Cantidad de agua bebida al día.

› Inventa dos variables de cada tipo.

2 **ORGANIZA** los datos y construye la tabla de frecuencias.

- Los resultados obtenidos al lanzar un dado:
  1 1 3 2 6 9 3 2 5 5 2 4 5 4 3 1 6 3
- Las calificaciones obtenidas en el examen:
  5 6 8 4 8 9 3 5 7 7 6 4 5 4 3 6 7 3 5 6

3 **COMPLETA** las tablas de frecuencias.

Datos	Rojo	Azul	Verde	Naranja
F. absoluta	6	5		
F. relativa			$\frac{9}{30}$	$\frac{10}{30}$

Datos	1	2	3	4	5	6
F. absoluta	5		7		9	
F. relativa		$\frac{8}{40}$		$\frac{6}{40}$		

4 **CALCULA** la media, la moda y la mediana de cada grupo.

- 12 10 12 8 10 8 12 8
- 5 6 12 5 7 8 6 5 6 10
- 10 15 13 15 10 13 15 15

5 **INTERPRETA** los datos de la tabla y calcula la media, la mediana, la moda y el rango.

Datos	2	4	5	7	9	10
F. absoluta	1	2	1	2	2	1

› ¿Qué datos cambiarías para que la mediana fuera 7? ¿Hay más de una solución? Escribe las posibles respuestas.

6 **PIENSA** y contesta.

- ¿Puede ser la media de un grupo de números un número mayor o menor que todos los datos?
- En un grupo impar de datos, ¿es la mediana siempre uno de esos datos?
- ¿Puede tener un grupo de cinco números dos modas? ¿Y tres modas?

7 **ANALIZA** y calcula la media, la mediana y la moda de la duración de las películas vistas hoy en una plataforma de internet.

25 películas de 90 min
15 películas de 120 min
10 películas de 160 min

8 **LEE** y calcula.

En el billar se usan 15 bolas numeradas del 1 al 15 y una bola blanca. Se elige una al azar de la caja. Halla la probabilidad de que:

- Su número acabe en 0.
- Su número tenga la cifra 1.
- Tenga un número menor o igual que 9.
- Sea blanca o su número sea múltiplo de 3.
- No tenga un número par.

9 **INTERPRETA** y resuelve.

En una floristería hacen ramos con 12 flores. Cada ramo tiene flores rojas, azules y amarillas. La probabilidad de coger una flor roja es mayor que la de coger una azul y menor que la de coger una amarilla. ¿Cuántas flores de cada color puede tener un ramo? Escribe tres posibles respuestas.

10 **IMAGINA** un dado que cumpla estas condiciones y contesta.

En sus caras tiene números del 1 al 3.
La probabilidad de que salga un 3 es la mayor.

- ¿Cuál es la probabilidad de que salga 1? ¿Y 2?
- Inventa un juego que sea justo usando ese dado que has construido.

Aplica lo que has aprendido

11 **ANALIZA** los datos y resuelve.

Una empresa de control de calidad se dedica a estudiar los productos en distintas fábricas para que cumplan unas ciertas condiciones y poder venderlos luego en las tiendas.

- Al envasar manzanas se analiza el rango de sus diámetros. Si en un lote el rango es mayor que 2 cm, se vuelven a reclasificar. Averigua si hay que reclasificar estos lotes de manzanas a partir de sus diámetros en centímetros.

  LOTE 1: 6 6 7 9 8 8 5 **LOTE 2:** 7 6 8 6 7 7 8 **LOTE 3:** 8 5 6 8 7 5 9

- Se quiere preparar bandejas con 4 manzanas cuyo peso medio esté comprendido entre 125 y 130 g. Fíjate en los pesos de cada lote y elige 4 manzanas en cada uno que cumplan esta condición.

  LOTE 1: 120 126 125 145 135 130 **LOTE 3:** 137 128 134 129 142 129 131

  LOTE 2: 135 110 125 145 140 132

  › ¿Cuál es la media del peso de las manzanas que has elegido en cada lote? ¿Y la mediana?

12 **PIENSA** y resuelve.

Manuel está preparando una oposición de 50 temas. Antes del examen, una persona extrae dos bolas de una bolsa que tiene 50 bolas numeradas del 1 al 50. Manuel tiene que elegir uno de los dos temas y exponerlo. Manuel se ha estudiado solo 20 temas.

- Completa este diagrama de árbol con las posibilidades que tiene de haberse estudiado los dos, uno o ninguno de los temas que han salido.
- De todas las posibilidades que existen, ¿con cuáles podría aprobar?
- ¿Qué probabilidad hay de que se haya estudiado el tema de la primera bola?
- Si no ha estudiado el de la primera bola, ¿qué probabilidad hay de que haya estudiado el de la segunda? ¿Y de que tampoco se lo haya estudiado?

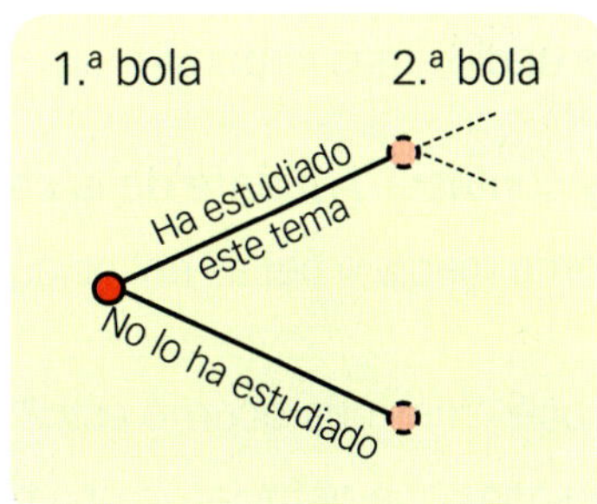

Valora tu aprendizaje

13 **REFLEXIONA** sobre lo aprendido en esta unidad y contesta en tu cuaderno.

- ¿Te sientes contento de tu evolución en este curso? ¿Por qué?
- ¿Has disfrutado trabajando en equipo? ¿Qué te ha gustado más?

Enfréntate al DESAFÍO

ENCUENTRA LOS CINCO

PIENSA y averigua qué números son.

La media y la mediana de cinco números es 8.

El número menor es 5 y el mayor es el doble que él.
Solo hay un número de dos cifras.

SITUACIÓN DE APRENDIZAJE

Educación para todos

Todos los seres humanos tenemos derecho a la educación. Cuando hay personas que no pueden acceder a ella por sus circunstancias económicas, se les proporcionan becas. Un país es mejor cuanto mayor es el nivel educativo de sus habitantes.

¿Crees que es importante proporcionar becas a las personas que las necesitan?

1 Observa los datos que aparecen en la primera doble página de la unidad y contesta.

- ¿Qué cantidad de dinero se dedicó a becas en el curso 2018-2019? ¿Y en 2019-2020?
- La cantidad de dinero dedicada a becas, ¿cómo ha variado a lo largo de los años?
- ¿Cuántos beneficiarios de beca hubo en el curso 2016-2017? ¿Y al año siguiente?
- El número de personas con beca, ¿fue creciendo o disminuyendo? ¿Cómo lo has sabido?
- ¿En qué nivel educativo hubo más beneficiarios en el curso 2019-2020? ¿A qué nivel educativo se dedicó más importe?

2 Analiza los datos, calcula y contesta. Ayúdate de la calculadora si es necesario.

- ¿Qué dinero se dedicó como media a becas en los cursos 2017-2018 a 2021-2022? ¿Cuál fue la mediana?
- ¿Cuál fue la moda? ¿Por qué crees que ocurrió esto?
- ¿Cuál fue la media de personas que obtuvieron una beca esos años? ¿Cuál fue el valor medio de las becas en el curso 2020-2021?
- Si eligiéramos al azar a un beneficiario de beca en el curso 2019-2020, ¿qué probabilidad habría de que fuera de educación universitaria? ¿Y de los otros niveles?
- ¿En qué etapa educativa hubo más beneficiarios en el curso 2109-2020? ¿Cuántos fueron?
- ¿A que etapa se dedicó más dinero en ese curso? ¿Cuánto fue? La etapa con más beneficiarios, ¿fue la que más dinero recibió? ¿Por qué crees que ocurrió así?

3 Piensa en tu experiencia y contesta.

- ¿Cuántas personas sois en casa? ¿Cuánto gastáis en educación? ¿Cuánto gastáis de media por persona?
- Vuestro gasto medio, ¿es mayor o menor que el valor medio de las becas en el curso 2020-2021?
- ¿Cómo crees que debería repartirse el dinero destinado a becas?

Actividades

1 **COMPLETA** la descomposición de cada número.

- 124.035.700 • 532.109.050 • 917.280.610
- 3,1 • 9,03 • 25,609

2 **ORDENA** cada grupo de menor a mayor.

- 124.035.700 124.350.070 124.053.007 124.530.070
- -1 -3 $+5$ $+2$ 0 • -12 -7 -9 0 $+2$
- 4,809 4,089 4,890 4,980 4,908 • $\frac{1}{2}$ $\frac{2}{3}$ $\frac{3}{4}$ $\frac{5}{6}$ • $2\frac{1}{5}$ $3\frac{1}{5}$ $2\frac{2}{7}$ $4\frac{2}{7}$

3 **EXPRESA** en la unidad que se indica.

En metros • 5,4 km 3,2 hm 9 dm • 8,1 dam 8 cm 15 mm

En litros • 7,5 hl 0,6 dal 3 cl • 1,9 kl 32 dl 360 ml

En gramos • 5,2 kg 0,3 hg 9.200 mg • 4,5 dag 73 dg 580 cg

En metros cuadrados • 7 km^2 2,4 dam^2 800 cm^2 • 3,01 hm^2 8,3 dm^2 50.000 mm^2

4 **HALLA** el área de cada figura plana.

- Un cuadrado de 5,4 cm de lado.
- Un triángulo de 6 cm de base y 2 cm de altura.
- Un círculo de diámetro 2 dm.
- Un pentágono regular de lado 1 m y apotema 0,67 m.

5 **CALCULA** el área y el volumen de cada cuerpo geométrico.

- Un cubo de 15 cm de arista.
- Un cilindro de 5 cm de radio y 10 cm de altura.
- Un ortoedro de dimensiones 4 m, 5 m y 2,6 m.
- Una esfera de diámetro 6 dm.

Problemas

6 En un terreno rectangular de 120 m de largo y 70 m de ancho se van a plantar árboles de distintas especies, y todos ocupan la misma superficie. En total se van a plantar 150 árboles. Un quinto son chopos, un 20 % son pinos y el resto acacias. ¿Qué área tendrá cada tipo de árbol? ¿Cuántos árboles de cada tipo se van a plantar?

7 Para regar ese terreno hay un depósito en el exterior que mide 30 m de largo, 15 m de ancho y 4 m de profundidad. Ahora está lleno por la mitad. ¿Cuántos litros hay para regar?

8 Este año, para abonar el terreno se han utilizado 45 g de abono por metro cuadrado. ¿Cuánto abono se ha usado? Si el abono viene en sacos de 50 kg, ¿cuántos se utilizaron? ¿Sobró algo?

9 Una tonelada de abono cuesta 500 €. Si cada año se abona el terreno, ¿para cuántos años tienen abono con un camión de 4,5 t? ¿Cuánto costará abonar el terreno cada año?

Fin de trimestre

El rincón de los PASATIEMPOS

EL GATO Y LA TORTUGA

- ¿Cuánto mide la altura de la mesa?

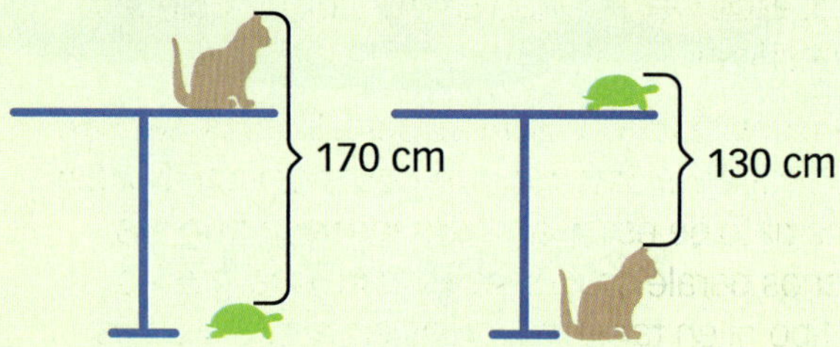

DETECTIVE RECTANGULAR

- ¿Cuál es el área del rectángulo de color naranja?

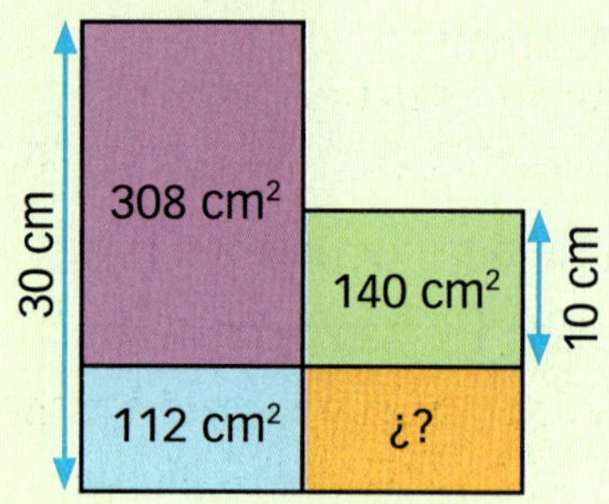

El rincón de la LECTURA

FLORENCE NIGHTINGALE (1820-1910)

Nightingale nació en Italia en una familia acomodada. De joven se dio cuenta de la importancia de las matemáticas y, venciendo la oposición inicial de su familia, las estudió.

Siempre sintió vocación por la enfermería y se dedicó a ella, intentando mejorar las condiciones sanitarias de hospitales y pacientes. Para ello utilizó la estadística, recopilando muchos datos y siendo pionera en su representación gráfica para visualizarlos y entenderlos mejor.

Gracias a los estudios de Florence, se tomaron medidas que mejoraron la salud de muchas personas, salvando muchas vidas como enfermera y estadística.

- Haz tres preguntas de distinto tipo a tus compañeros y compañeras, anota y recuenta los datos y represéntalos en el tipo de gráfico que creas más adecuado.
- ¿Puedes extraer alguna conclusión de tu estudio estadístico?

El rincón de los JUEGOS

EL JUEGO DE LAS ÁREAS

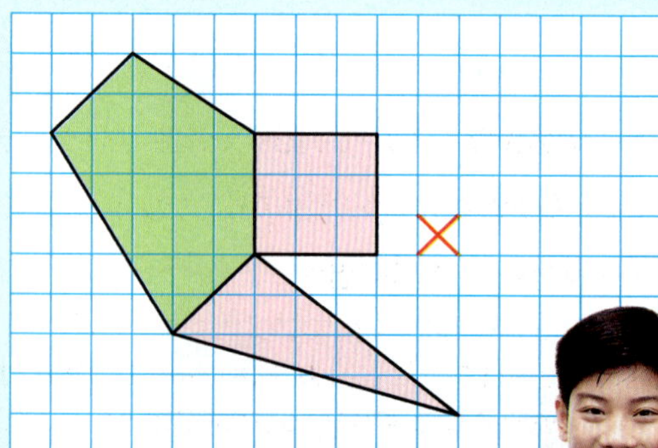

Material: tablero cuadriculado con una cruz en una casilla, un dado y lápices de dos colores.

Número de participantes: 2

Reglas del juego:

- Cada participante tira el dado. Si sale 1 o 2, pasa turno; si sale otro número, dibuja sobre el tablero un polígono del número de lados que indique el dado.
- El polígono tendrá sus vértices en la cuadrícula y un lado en común con alguno de los ya trazados, y no podrá pisarlos ni tocar la cruz.

Puntuación: la partida se detiene cuando se toca la cruz o ningún participante puede dibujar nada. Obtiene 1 punto en cada partida quien consiga la mayor área con las figuras que ha dibujado y gana quien obtenga antes 5 puntos.

El rincón de los PASATIEMPOS

¿HIJA O HIJO?

La probabilidad de que un bebé sea niña o niño es la misma, un medio.

- En una familia con 4 hijos, ¿lo más probable es que haya 2 de un sexo y 2 de otro?
- Si son 5 hijos, ¿cuál es la distribución de sexos más probable? ¿Y si son 6 hijos?

MUCHO NIVEL

- Se vierten 1.100 litros de agua en este recipiente. ¿Hasta dónde llegará el nivel?

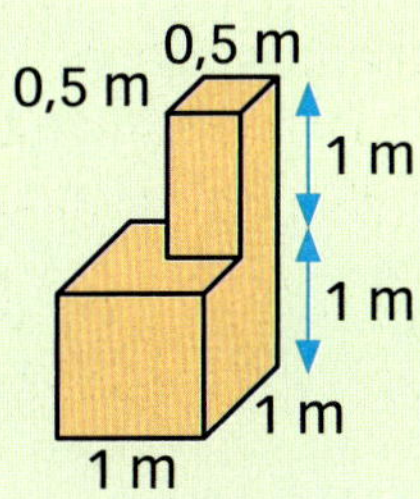

El rincón de la LECTURA

PRISMAS NO, PRISMATOIDES

Existen muchos cuerpos geométricos diferentes y todos ellos han llamado la atención de quienes los investigan.

Ya conoces los prismas. Pues bien, los prismas son un tipo especial de otros cuerpos, los prismatoides. Un prismatoide es un poliedro formado por dos polígonos paralelos, no necesariamente iguales ni en tipo ni en tamaño, unidos entre sí por caras laterales que son cuadriláteros o triángulos.

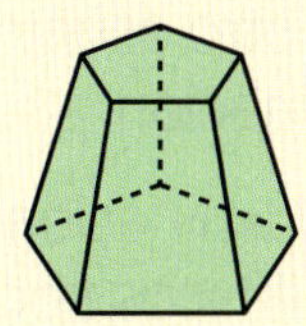

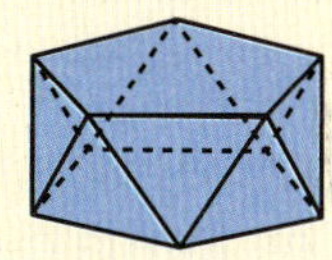

- ¿Cuántas caras laterales tiene cada prismatoide de arriba? ¿Qué polígonos son?
- Dibuja un prismatoide que tenga dos cuadriláteros unidos por otros polígonos.
- Busca información y haz un pequeño trabajo sobre los escutoides, unos cuerpos geométricos descubiertos hace poco por un grupo de científicos españoles.

El rincón de los JUEGOS

EL JUEGO DE CARA Y CRUZ

Material: hoja cuadriculada, lápices de colores y tres dados.

Número de participantes: 2

Reglas del juego:

- Se prepara un tablero con 18 filas y una columna que será la meta. Por turnos, los participantes van eligiendo y escribiendo en su color un número del 1 al 18, hasta tener nueve cada uno.
- Se van lanzando sucesivas tiradas de los 3 dados y se halla su suma. Se colorea una casilla en la fila de ese resultado para marcar el avance hacia la meta.

Puntuación: gana 1 punto el participante que llegue a la meta primero.

Ganador: la persona que reúna antes 3 puntos.

13 ACCIÓN POR EL CLIMA

Nuestro reto

Acabar con la contaminación

La actividad humana tiene consecuencias sobre el medioambiente.

Además del calentamiento global, otro asunto que es muy preocupante es la contaminación.

En el aire que respiramos, esa contaminación se manifiesta en forma de agentes químicos nocivos que pueden dañar nuestra salud. En los últimos años algunos países están haciendo un esfuerzo para mejorar la calidad del aire.

¿Es importante conseguir un aire limpio? ¿Qué se puede hacer para ello?

Objetivo del reto

Buscar datos para realizar una tabla con varias variables y tomar conciencia de la contaminación del aire en distintos países.

EN EQUIPOS, leed las preguntas e intercambiad vuestras ideas. Pensad de forma individual y luego ponedlas en común.

- ¿Piensas que en tu localidad hay una buena calidad del aire? ¿Por qué opinas eso? ¿De qué crees que depende?
- ¿De dónde proviene esa contaminación del aire? ¿Qué se puede hacer para disminuirla al máximo? ¿Qué crees que significa «pensar en verde»?

Por un aire más limpio

ANALIZAD los datos de contaminación del aire de algunos países de Europa.

1. Elige cinco países de la lista para estudiar la variación de los principales contaminantes en su aire en los últimos años. Tus compañeros de equipo elegirán cinco países también.

AUSTRIA · BÉLGICA · BULGARIA · CROACIA · CHIPRE · CHEQUIA · DINAMARCA · ESTONIA · FINLANDIA · FRANCIA · ALEMANIA · GRECIA · HUNGRÍA · IRLANDA · ITALIA · LETONIA · LITUANIA · LUXEMBURGO · MALTA · PAÍSES BAJOS · POLONIA · PORTUGAL · RUMANIA · ESLOVAQUIA · ESLOVENIA · ESPAÑA · SUECIA

2. Busca en esta dirección de internet, para esos países, la variación en porcentaje, de 2005 a 2020, de los cinco principales contaminantes del aire y completa la tabla.

https://www.eea.europa.eu/ims/emissions-of-the-main-air

Registro de los datos

PAÍS	NH_3	NMVCOs	NO_x	$PM_{2.5}$	SO_x
1					
2					
3					
4					
5					

NH_3 → Amoniaco
NMVOCs → Componentes volátiles
NO_x → Óxidos de nitrógeno
$PM_{2.5}$ → Partículas menores de 2,5 micras
SO_x → Óxidos de azufre

- ¿En qué porcentaje varió el amoniaco en el primer país? ¿Fue positivo o negativo para la calidad del aire?
- ¿En qué país evolucionó mejor la cantidad de componentes volátiles? ¿En cuál mejoró menos la cantidad de óxidos de nitrógeno?
- ¿Cuál fue la media de la variación porcentual en el amoniaco? ¿Cuántos países tuvieron una variación menor que esa media?
- ¿Cuál fue la mediana de la variación en las partículas menores de 2,5 micras? ¿Cuántos países tuvieron una variación mayor que esa mediana?
- ¿Cuál fue el rango de la variación en los óxidos de azufre? ¿Y en el amoniaco?
- ¿Crees que los resultados anteriores dependen de los países que has elegido o serán similares en toda Europa?

TRABAJAD los datos de todo el equipo.

1. Une tus datos con los del resto del equipo y elabora una tabla en la que aparezcan las variaciones de todos los países que habéis elegido.
2. Ordena los países por orden alfabético.

Organización de los datos

PAÍS	NH_3	NMVOCs	NO_x	$PM_{2.5}$	SO_x
1					
2					
3					
4					
...					

- Dibuja un gráfico de barras para cada contaminante en el que representes la variación que ha habido en los cinco primeros países de la tabla anterior. Usa los datos de todo el equipo.

Fíjate bien en los valores de los datos para elegir correctamente la escala del eje horizontal. Puede que tengas que variarla en cada contaminante.

ANALIZAD los datos y los gráficos del equipo y contestad.

Interpretación de la información

- ¿Qué país tuvo una mayor variación en la cantidad de amoniaco? ¿Coincide con el país que tuvo la mayor variación en tus datos?
- ¿En qué país varió menos la cantidad de óxidos de azufre? ¿Coincide con tus datos?
- ¿Cuál es la media de variación en las partículas menores de 2,5 micras en los datos del equipo? ¿Es mayor o menor que la media de los países de tus datos?
- ¿Cuál es la mediana de la variación en los óxidos de nitrógeno? ¿Es la misma que en tus datos?
- Los gráficos que habéis obtenido con los datos del equipo, ¿qué os indican para cada contaminante? ¿Tenéis todos los mismos gráficos?
- En general, ¿crees que ha mejorado la calidad del aire en los países que habéis elegido?

RESPONDED a estas preguntas en el cuaderno. Después, comentadlas en grupo.

¿Es importante mejorar la calidad del aire que respiramos? ¿Qué sustancias nocivas que hay que eliminar has conocido?

¿Qué actividades humanas crees que pueden producir esas sustancias contaminantes del aire? ¿Dispones de alguna información al respecto?

¿Qué medidas puedes tomar a nivel personal para reducir esa contaminación? ¿Qué medidas pueden tomar los países para que el aire esté más limpio?

Elaboración de las conclusiones

REALIZA una tabla con varias variables agrupando todos los países elegidos por la clase y, después, haz una lista de acciones personales para contribuir a esa mejora.

- Recopila todos los datos de la clase. Hay que considerar los países que hayan elegido todas las personas.
- Calcula la media y la mediana de todos esos datos de clase. Usa la calculadora si lo necesitas. ¿Son diferentes a los de tu equipo?
- Revisa a menudo tu lista de medidas por si necesitas añadir alguna o se te ocurre alguna nueva.

Nosotros colaboramos

Usar el transporte público.
Consumir responsablemente.
...

Tu aportación

¿Cómo lo hemos hecho?

- ¿Tuvisteis dificultades al buscar los datos en internet? ¿Y al calcular la media y la mediana? ¿Se te ocurre otra forma de hacerlo?
- ¿Fue sencillo agrupar los datos del equipo? ¿Y hacer los gráficos? ¿Elegisteis todos los miembros del equipo las mismas escalas?
- ¿Te parece que usar una tabla con múltiples variables y el cálculo de medidas estadísticas es una buena forma de analizar los datos?
- ¿Crees que este reto te ha servido para tomar conciencia de la evolución de los contaminantes del aire y la importancia de reducirlos?

Ruta de aprendizaje
para construir un mundo mejor

Seguro que muchas veces has imaginado cómo te gustaría que fuese nuestro mundo. **¿Hay muchas cosas que querrías mejorar?** Para hacerlo, lo primero que necesitas es comprender la realidad que te rodea. Observar y analizar el mundo en el que vivimos, utilizando las herramientas que ofrecen las matemáticas, te ayudará a tomar tus propias decisiones.

Prepárate para seguir esta ruta en cada unidad:

1. **Analizarás** situaciones cotidianas, a partir de las cuales realizarás preguntas, resolverás problemas mentalmente y recordarás lo que ya sabes.

2. **Aprenderás** a pensar de forma matemática y a realizar cálculos con rapidez. También desarrollarás tu capacidad de razonamiento y adquirirás estrategias para resolver situaciones problemáticas.

3. **Pasarás a la acción** en el STEAM lab, donde pondrás en juego tus habilidades: organizarás la información, interpretarás datos, aprenderás a programar y resolverás distintos tipos de problemas.

4. **Comprobarás tu progreso** aplicando los conocimientos que has adquirido a una SITUACIÓN DE APRENDIZAJE. Si has logrado tus objetivos, ¡enhorabuena! Si aún no ha sido posible, no debes desanimarte. ¡Seguro que pronto lo consigues!

Al final de cada trimestre realizarás un **proyecto de trabajo en equipo**, de carácter interdisciplinar, relacionado con los **Objetivos de Desarrollo Sostenible**. Porque todos debemos colaborar para construir un mundo mejor.

¿Qué vas a hacer? ¿Qué vas a aprender?

CÁLCULO MENTAL	STEAM lab	SITUACIÓN DE APRENDIZAJE
– Complementarios de números de 1 cifra – Sumar por compensación – Restar por compensación	**LABORATORIO DE PROBLEMAS.** Determinar si un problema se puede resolver **TRATAMIENTO DE LA INFORMACIÓN.** Interpretar gráficos de barras bidireccionales	En el mundo somos muchas personas
– Complementarios de 1 cifra – Sumar descomponiendo términos – Restar descomponiendo sustraendo	**LABORATORIO DE PROBLEMAS.** Ordenar datos de un problema **TRATAMIENTO DE LA INFORMACIÓN.** Interpretar diagramas de dispersión	Leo, leo... ¿Qué lees?
– Comp. de números de 1 cifra – Sumar 1.001, 2.001, 3.001... – Restar 1.001, 2.001, 3.001...	**LABORATORIO DE PROBLEMAS.** Extraer datos de la resolución **TRATAMIENTO DE LA INFORMACIÓN.** Interpretar coordenadas cartesianas	Vamos a buscarnos
– Complementarios de decenas – Sumar 999, 1.999, 2.999... – Restar 999, 1.999, 2.999...	**LABORATORIO DE PROBLEMAS.** Cambiar datos en un problema **TRATAMIENTO DE LA INFORMACIÓN.** Representar en coordenadas cartesianas	Macedonia de simetrías
Nuestro reto: PREVENIR ENFERMEDADES. *Realizaremos una encuesta sobre acciones saludables.*		
– Comp. de números de 2 cifras – Multiplicar decenas, centenas... – Dividir entre decenas, centenas...	**LABORATORIO DE PROBLEMAS.** Completar enunciados utilizando los datos adecuados **TRATAMIENTO DE LA INFORMACIÓN.** Interpretar gráficos de sectores	Las fracciones en el hogar
– Comp. de números de 2 cifras – Calcular el doble – Calcular la mitad	**LABORATORIO DE PROBLEMAS.** Determinar preguntas con palabras diferentes **TRATAMIENTO DE LA INFORMACIÓN.** Representar gráficos de sectores	Conociendo el mundo
– Comp. de números de 2 cifras – Calcular el doble – Calcular el doble	**LABORATORIO DE PROBLEMAS.** Relacionar enunciado y preguntas **TALLER DE PROGRAMACIÓN.** Bloques	El agua que consumes
– Comp. de números de 3 cifras – Calcular la mitad – Calcular la mitad	**LABORATORIO DE PROBLEMAS.** Determinar si un problema está bien resuelto **TALLER DE PROGRAMACIÓN.** Profundizar en los bloques	A hombros de la tecnología
Nuestro reto: PROMOVER LA CONVIVENCIA. *Haremos un estudio estadístico sobre la convivencia en clase.*		
– Comp. de números de 3 cifras – Multiplicar por 5 – Dividir entre 5	**LABORATORIO DE PROBLEMAS.** Estimar la solución **TALLER DE PROGRAMACIÓN.** Bloques anidados	Corriendo tras la pelota
– Comp. de números de hasta 3 cifras – Multiplicar por 4 – Dividir entre 4	**LABORATORIO DE PROBLEMAS.** Ordenar las operaciones que resuelven un problema **TALLER DE PROGRAMACIÓN.** Variables	Ciudades saturadas
– Comp. de números de 3 cifras – Calcular el 10 % – Calcular el 20 %	**LABORATORIO DE PROBLEMAS.** Inventar problemas a partir de una situación **TALLER DE PROGRAMACIÓN.** Profundizar en variables	Cada gota cuenta
– Comp. de números de 3 cifras – Calcular el 50 % – Calcular el 25 %	**LABORATORIO DE PROBLEMAS.** Inventar problemas **TALLER DE PROGRAMACIÓN.** Variables y bloques	Educación para todos
Nuestro reto: LUCHAR CONTRA EL CAMBIO CLIMÁTICO. *Analizaremos la contaminación en el aire.*		

¿Dónde vive más gente?

Comparte tus preguntas

- Plantea una pregunta, con los datos de esta doble página, cuya respuesta sea un número entre 200 millones y 300 millones.
- Utiliza los datos de esta página y plantea una pregunta que se responda usando la palabra *millones*.
- Elige unos datos y plantea una pregunta que se resuelva calculando una suma.

Haz memoria

- Descompón cada número y escribe cómo se lee.

  650.345 7.980.040 34.008.600
  900.900 5.076.120 20.300.010

- Escribe cinco números de ocho cifras cuya cifra 7 tenga diferente valor en unidades y di cuál es.
- Ordena de menor a mayor esos cinco números.

Los 20 países más poblados del mundo y sus habitantes

China	1.451.830.484
India	1.410.978.315
Estados Unidos	335.391.400
Indonesia	280.138.534
Pakistán	230.916.772
Nigeria	218.241.655
Brasil	215.986.138
Bangladesh	168.436.307
Federación de Rusia	146.074.112
México	132.030.327
Japón	125.619.570
Etiopía	121.708.546
Filipinas	112.939.043
Egipto	106.839.216
Vietnam	99.333.950
Congo	96.103.625
Irán	86.465.050
Turquía	86.415.572
Alemania	84.385.808
Tailandia	70.192.812

Resuelve mentalmente

- Si en España hubiera 20.000 habitantes menos, ¿cuántos habitantes habría?
- ¿Cuántos habitantes habría en Turquía si hubiera 300.000 habitantes más?

1

TU PLAN DE TRABAJO

Aprenderás

- Los números de hasta nueve cifras
- Las operaciones combinadas
- Las potencias
- Las potencias de base 10
- La raíz cuadrada
- Los números romanos

Pasarás a la acción

- LABORATORIO DE PROBLEMAS
- TRATAMIENTO DE LA INFORMACIÓN

Pondrás a prueba lo aprendido

- COMPRUEBA TU PROGRESO
- SITUACIÓN DE APRENDIZAJE
- REPASA LO QUE SABES

Números de hasta nueve cifras

Descubre

- ¿Cuál es el mayor número de 8 cifras que puedes formar?
- Si a ese número le sumas una unidad, ¿qué número obtienes? ¿Cuántas cifras tiene?

Aprende

En el **sistema de numeración decimal**, cada cifra de un número se corresponde con un orden. Estos son los nueve órdenes que determinan el valor en unidades de un número de nueve cifras.

Centenas de millón	Decenas de millón	Unidades de millón	Centenas de millar	Decenas de millar	Unidades de millar	Centenas	Decenas	Unidades
C. de millón	D. de millón	U. de millón	CM	DM	UM	C	D	U
100.000.000 U	10.000.000 U	1.000.000 U	100.000 U	10.000 U	1.000 U	100 U	10 U	1 U

10 D. de millón · 10 U. de millón · 10 CM · 10 DM · 10 UM · 10 C · 10 D · 10 U

Cada orden es 10 veces mayor que el orden inmediatamente inferior.

1 C. de millón = 10 D. de millón = 100 U. de millón = … = 100.000.000 U

Ejemplo La descomposición y la lectura del número 802.150.063 son:

- 802.150.063 = 8 C. de millón + 2 U. de millón + 1 CM + 5 DM + 6 D + 3 U =
  = 800.000.000 + 2.000.000 + 100.000 + 50.000 + 60 + 3
- 802.150.063 se lee «ochocientos dos millones ciento cincuenta mil sesenta y tres».

Practica

1. **DI** en cada caso el número anterior y el posterior.
   - 99.000.000
   - 399.999.999
   - 201.000.000
   - 415.000.999

2. **COMPLETA** en tu cuaderno las siguientes equivalencias.
   - 10 CM = … DM = … UM = … C = … D = … U
   - 100 C. de millón = … U. de millón = … UM = … C

3. **INDICA** el valor de las cifras 7 en estos números.
   - 101.720.562
   - 782.170.456
   - 957.007.323

4. **ESCRIBE** la descomposición y la lectura de estos números.
   - 89.504.320
   - 502.003.477
   - 604.123.335
   - 99.478.905
   - 981.500.450
   - 990.156.007

MatemáticaMENTE

Un billón es un millón de millones.
¿Cómo escribirías ese número?
¿Cuál es su número anterior? ¿Y el posterior?

5 **COMPLETA** en tu cuaderno la siguiente serie.

888.856.788 —+1 C→ ◯ —+2 UM→ ◯ —+3 DM→ ◯

› Inventa una serie con números de nueve cifras y pide a alguien que escriba dos términos más.

6 **COMPARA** las siguientes parejas de números.

- 540.980.355 ◯ 540.890.350
- 284.001.456 ◯ 28.400.456
- 101.001.125 ◯ 101.011.125

7 **ORDENA** de menor a mayor.

564.345.321 | 564.355.126 | 56.435.512 | 563.345.153 | 56.542.126

8 **APROXIMA** cada número a todos los órdenes menores que el suyo.

Hazlo ASÍ

Mira la cifra del orden al que vas a aproximar y compara la cifra siguiente con 5.

Aproxima 127.035.562.

A las centenas de millón: $2 < 5 \rightarrow$ 100.000.000

A las decenas de millón: $7 > 5 \rightarrow$ 130.000.000

A las unidades de millar: $5 = 5 \rightarrow$ 127.036.000

- 254.036.241
- 668.365.358
- 980.002.354

Conecta con la realidad

9 **OBSERVA** el número de personas que pasaron por algunas estaciones de tren en el año 2022 y resuelve.

Estación	Número de personas
Atocha (España)	108.171.456
Hamburgo (Alemania)	95.200.540
Roma Termini (Italia)	181.654.235
Paris-Nord (Francia)	201.123.876

- Ordena las estaciones de menor a mayor número de personas.
- Aproxima cada número al mayor de sus órdenes y ordena las estaciones de menor a mayor. ¿Qué observas?
- ¿A qué orden te parece más adecuado aproximar en este caso?

10 **LEE** y escribe todos los códigos posibles que puedes elegir.

Para programar la alarma de tu casa debes elegir un código numérico de 9 cifras. Quieres que tenga las siguientes características.

- Aparecen las cifras del 1 al 6 y se utilizan todas al menos una vez.
- La cifra menor se sitúa en el orden mayor, y la cifra mayor se sitúa en el orden menor.
- La cifra 2 se repite 3 veces y corresponde a todos los órdenes de los millares.
- En las decenas de millón y en las decenas se sitúa la cifra 3.

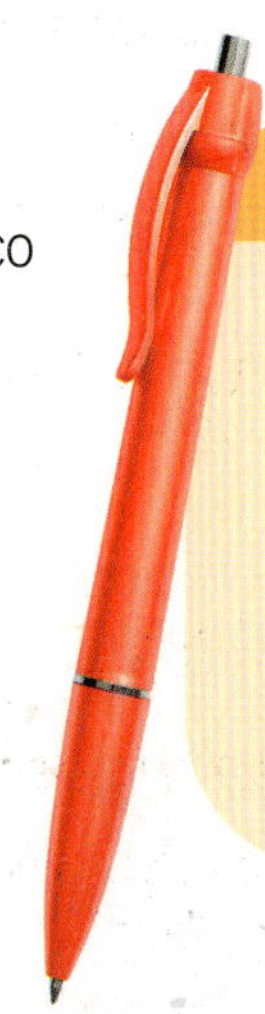

Cálculo MENTAL

Para cada número, calcula cuánto le falta para llegar a 10 y, después, para llegar:

- A 60: 7 5 1 4 6 8 9 2 3
- A 90: 5 1 7 4 2 6 3 9 8

¿Cómo lo calculas?

Operaciones combinadas

Descubre

En un juego de preguntas y respuestas, cada pregunta acertada suma 3 puntos y cada fallada resta 2 puntos. Has acertado las cuatro primeras preguntas y las dos últimas, y has fallado otras cuatro.

- ¿Cuántas preguntas has acertado? ¿Y cuántos puntos has ganado?
- ¿Cuántos puntos has perdido?
- ¿Cuántos puntos tienes en total? ¿Puedes escribir todos los cálculos con una única expresión?

Aprende

Para resolver **operaciones combinadas** es necesario calcular en este orden.

1.º Las operaciones que haya entre paréntesis.

2.º Las multiplicaciones y las divisiones en el orden en el que aparecen.

3.º Las sumas y las restas en el orden en el que aparecen.

Ejemplo

$4 \times 2 + (9 - 4) : 5 - 1 =$

$= 4 \times 2 + 5 : 5 - 1 =$

$= 8 + 1 - 1 =$

$= 9 - 1 = 8$

Practica

1 **INDICA** en cada caso el orden en el que debes resolver las operaciones.

- $14 + 2 - 11$
- $4 + (3 - 2) \times 7$
- $15 - 5 \times 3$
- $16 : 4 - (9 - 6)$

2 **CALCULA** en tu cuaderno.

- $9 - (20 : 4)$
- $20 : 10 \times 5 : 5$
- $40 - 8 - (1 + 3)$
- $4 \times 6 : 8 - 3$
- $25 : 5 - 2 \times 2$
- $2 \times 4 : 2 + 9 - 3$
- $(52 + 14) : 6 - 5 \times 2$
- $(7 \times 5 + 1) : (18 : 3) + 9$
- $42 : 2 : 7 + (15 - 4) \times 2 - 1 + 5$
- $(18 + 3) - (7 + 5) : 12 + (12 - 9) \times 8$

3 **CORRIGE** las siguientes operaciones.

- $16 - 6 \times 2 + 1 = 10 \times 2 + 1 = 20 + 1 = 21$
- $(24 + 5) \times 2 - 2 + 1 = 29 \times 2 - 2 + 1 =$
  $= 29 \times 0 + 1 = 1$

4 **ESCRIBE** los paréntesis que faltan.

- $1 + 5 - 3 - 8 - 6 = 1$
- $7 - 4 + 3 + 2 \times 6 = 12$
- $10 - 2 \times 5 + 2 = 42$
- $9 - 8 - 4 : 2 + 2 + 1 \times 2 = 7$

Con las MANOS

CORTAD, por parejas, trozos de cartulina rojos, azules y verdes. En total debe haber 50 trozos, siendo los rojos menos de 25. Después, repartidlos y contestad utilizando operaciones combinadas.

- ¿Cuántos trocitos verdes y azules hay en total? ¿Existen varias formas de calcularlo? ¿Cuáles?
- ¿Cuántos trocitos verdes y azules hay más que rojos? ¿De qué formas puedes hallarlo?

5 **LEE** y calcula.

- [6 − (5 − 3)] : 4
- 40 : [2 × (2 + 8)]
- 10 − [(25 + 7) − (4 + 3)] : 5

6 **OBSERVA** el ejemplo y escribe con una única operación combinada estas descomposiciones numéricas.

2 D. de millón + 5 UM + 4 C =
= 2 × 10.000.000 + 5 × 1.000 + 4 × 100

- 3 C. de millón + 2 D. de millón + 7 CM + 5 UM + 8 U
- 5 C. de millón + 8 U. de millón + 7 DM + 5 C + 2 D + 3 U

MatemáticaMENTE

Resuelve estas operaciones combinadas subrayando la operación que hay que realizar primero. Después, piensa y contesta.

8 : 4 × 2   8 : 4 : 2   8 × 4 × 2

- ¿Qué resultados obtendrás si las resuelves realizando primero la segunda operación? Subraya en este caso la operación que has realizado en primer lugar.
- ¿Son correctos los resultados que has obtenido de esta forma? ¿En qué operación han coincidido los resultados? ¿Por qué crees que es así?

Conecta con la realidad

7 **LEE** y resuelve en forma de operación combinada.

Los 21 estudiantes de la clase de 6.º van a ir de excursión. La AMPA aportará una ayuda de 45 € y cada estudiante pagará 6 € por el autobús y 3 € por la comida.

- ¿Cuánto cuesta la excursión en total?
- Finalmente, tres estudiantes no podrán ir a la excursión. El precio que hay que pagar por alquilar el autobús es fijo. ¿Cuánto cuesta en este caso la excursión en total? ¿Cuánto pagará ahora cada persona por la comida y el viaje en autobús?

8 **OBSERVA** los puntos que se obtienen al rescatar marcianos de colores en un videojuego y contesta.

- Lola ha obtenido 320 puntos. Ha rescatado 2 marcianos azules. ¿Qué otro marciano ha rescatado?
- Teo ha obtenido 375 puntos. Ha rescatado un marciano amarillo y otros cuatro del mismo color. ¿De qué color son?
- Al terminar el juego, Lola ha rescatado 5 marcianos más de color amarillo, y Teo, 2 rojos más. ¿Cuántos marcianos más ha rescatado Lola que Teo en total? ¿Cuál es la diferencia entre sus puntuaciones finales?

9 **PIENSA** y describe las siguientes operaciones combinadas, indicando qué se calcula en cada paso.

Sara y Jordi han abierto sus huchas y han anotado los billetes y las monedas que tienen de cada tipo.

	50 €	20 €	10 €	5 €	2 €	1 €
Sara	2	5	5	10	35	41
Jordi	3	2	4	12	32	40

- (2 + 3) × 50
- (35 + 41) − (32 + 40)
- 32 × 2 + 40 × 1
- 2 × 50 + 5 × 20 + 5 × 10 + 10 × 5
- (35 − 32) × 2 + (41 − 40)

Potencias

Descubre

Con las MANOS

- Coge un folio y córtalo por la mitad. ¿Cuántos trozos has obtenido?
- Vuelve a cortar cada trozo por la mitad. ¿Cuántos trozos tienes ahora? Expresa el número de trozos con una multiplicación.
- Si sigues cortando cada trozo por la mitad, ¿cuántos trozos obtendrás? Exprésalo mediante multiplicaciones. ¿Y si lo repites varias veces más?

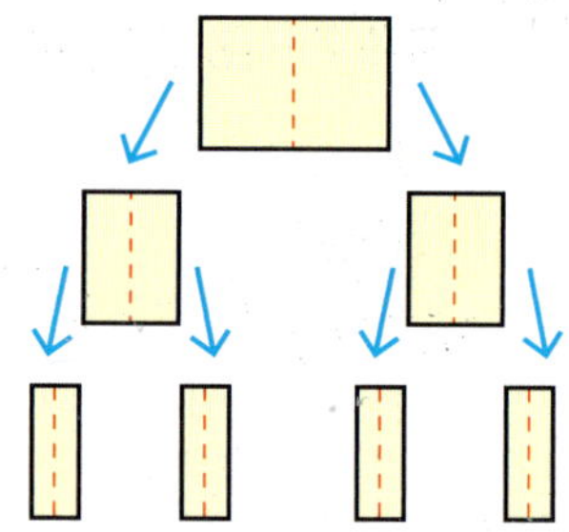

Aprende

Una **potencia** es un producto de factores iguales.

$$2 \times 2 \times 2 \times 2 \times 2 = 2^5$$

(5 ← Exponente; 2 ← Base)

- El factor que se repite se llama **base**.
- El número de veces que se repite es el **exponente**.

El **valor** de la potencia es el resultado del producto.

Ejemplo $2^5 = 2 \times 2 \times 2 \times 2 \times 2 = 32$ ← El valor es 32.

La base es 2. Como se repite 5 veces, el exponente es 5.

VOCABULARIO MATEMÁTICO

5^2 → Cinco al cuadrado. Cinco elevado a dos.

5^3 → Cinco al cubo. Cinco elevado a tres.

5^4 → Cinco a la cuarta. Cinco elevado a cuatro.

5^5 → Cinco a la quinta. Cinco elevado a cinco.

Practica

1 **EXPRESA** como potencia cuando se pueda.

- $3 \times 3 \times 3$
- $8 \times 8 \times 8 \times 8 \times 0$
- $7 \times 7 \times 7 \times 6 \times 7$
- $9 \times 9 \times 9 \times 9$

2 **INDICA** en cada caso la base y el exponente de cada potencia. Después, di cómo se leen.

- 3^2 • 9^5 • 7^4 • 6^8 • 15^9 • 26^3 • 37^6

3 **ESCRIBE** como potencia y multiplicación.

- Dos al cubo.
- Tres elevado a 12.
- Cinco al cuadrado.
- Nueve elevado a 8.
- Catorce a la quinta.
- Veinte elevado a 10.

4 **COMPLETA** esta serie de potencias en tu cuaderno e indica el valor de cada una.

3 —×3→ [Potencia] —×3→ [Potencia] —×3→ [Potencia] —×3→ [Potencia]

MatemáticaMENTE

Piensa y averigua el valor de estas potencias. Justifica tu respuesta y pon ejemplos en cada caso.

- Con base 1.
- Con base 0.
- De exponente 1.

5 **CALCULA** el valor de las seis primeras potencias de 5, piensa y contesta.

- ¿En qué cifra terminan los valores calculados?
- ¿En qué dos cifras acaban los valores a partir de 5^2?
- ¿En qué tres cifras finalizan los valores a partir de 5^3? ¿Cuántas posibilidades hay?
- ¿Puedes saber sin operar las cifras finales del valor de 5^7? ¿Y de 5^8? ¿Y de 5^{99} y 5^{100}?

6 **COMPARA** en tu cuaderno estas parejas de potencias sin calcular su valor.

Misma base

7^4 ○ 7^6

2^9 ○ 2^{12}

Mismo exponente

8^6 ○ 5^6

6^{10} ○ 3^{10}

Distintas bases y exponentes

3^7 ○ 4^8 $\quad$ 6^1 ○ 1^6

MatemáticaMENTE

Piensa y calcula.

- $3^4 \times 3^2 = 81 \times 9 = \ldots$
  $3^{4+2} = 3^6 = \ldots$
  ¿Qué observas? ¿Cuál será el valor de $2^5 \times 2^4$?
- $3^4 : 3^2 = \ldots : \ldots = \ldots$
  $3^{4-2} = 3^2 = \ldots$
  ¿Qué observas? ¿Cuál será el valor de $2^5 : 2^4$?

Conecta con la realidad

7 **PIENSA** y contesta en tu cuaderno.

Bruno se ha propuesto que en su entorno se reduzca el consumo de plástico. Para ello, iniciará una cadena de mensajes enviando este a tres de sus amigas y amigos.

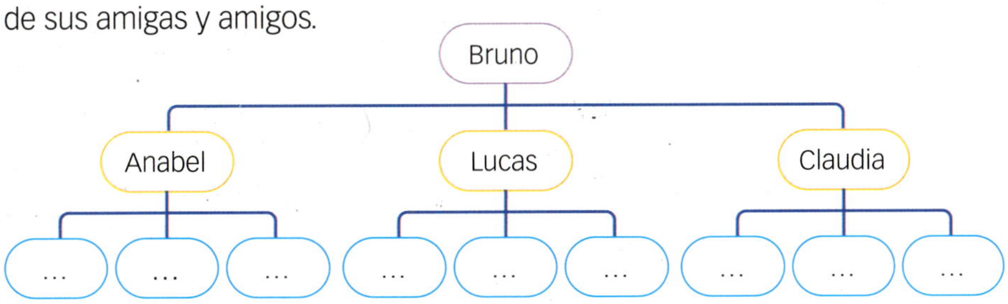

Cuando vayas a la compra no utilices bolsas de plástico. Envía este mensaje a tres personas que conozcas.

- ¿A cuántas personas manda el mensaje Bruno?
- ¿Cuántas personas reciben el mensaje después del 2.º envío? ¿Y tras el 3.º? Escríbelo como una potencia.
- ¿Cuántas personas recibirán el mensaje después del 5.º envío? ¿Y tras el 10.º?

8 **LEE** y resuelve con potencias.

Un brócoli se compone del tallo, las cabezas florales, las ramas, los racimos y las inflorescencias, que son las bolitas de color verde oscuro situadas en los extremos.

Este tallo de brócoli tiene 6 cabezas florales. De cada cabeza floral salen 6 ramas. De cada rama brotan 6 racimos. ¿Cuántas inflorescencias tiene como mínimo este tallo del brócoli?

Cálculo MENTAL

Sumar números convirtiendo el primero en una decena

Sumar y restar el mismo número

$57 + 34 = \mathbf{60} + 31 = 91$ (+3 al 57, −3 al 34)

39 + 14	74 + 81
25 + 17	53 + 74
46 + 95	91 + 66
68 + 34	82 + 45

Potencias de base 10

Descubre

- ¿Puedes escribir el número 100 como un producto de dos factores en el que uno de ellos sea 10? ¿Y este producto en forma de potencia?
- Con esta potencia, ¿cómo puedes expresar 300?
- ¿Cómo escribirías 10.000 multiplicando 10 varias veces? ¿Y en forma de potencia? ¿Cómo expresarías 60.000 a partir de ella?

Aprende

Una **potencia de base 10** es igual a la unidad seguida de tantos ceros como indique el exponente.

Ejemplos

$10^1 = 10$ $10^2 = 100$ $10^3 = 1.000$ $10^4 = 10.000$ $10^5 = 100.000$ $10^6 = 1.000.000$

Estas potencias se utilizan para escribir la **expresión polinómica** de un número.

Ejemplo $35.268 = 30.000 + 5.000 + 200 + 60 + 8 =$
$= 3 \times 10.000 + 5 \times 1.000 + 2 \times 100 + 6 \times 10 + 8 =$
$= 3 \times 10^4 + 5 \times 10^3 + 2 \times 10^2 + 6 \times 10 + 8$

Practica

1. **INDICA** el valor de estas potencias.
   - 10^4 • 10^7 • 10^{10} • 10^{12} • 10^6 • 10^9

2. **ESCRIBE** cada número como potencia de base 10.
   - 1.000 • 100 • 1.000.000
   - 100.000 • 10.000 • 100.000.000

3. **ESCRIBE** la expresión polinómica.
   - 1.205 • 25.600 • 45.009.087
   - 3.458 • 870.255 • 158.780.306

MatemáticaMENTE

Ordena de mayor a menor sin realizar operaciones.

87×10^4 19×10^5 19×10^7 35×10^4

4. **ESCRIBE** en tu cuaderno el número correspondiente a cada expresión polinómica.
   - $7 \times 10^9 + 5 \times 10^6 + 2 \times 10^4 + 5 \times 10^3 + 8$
   - $6 \times 10^7 + 4 \times 10^6 + 8 \times 10^4 + 2 \times 10^2$
   - $5 \times 10^9 + 5 \times 10^8 + 2 \times 10^5 + 8 \times 10^3 + 4$

5. **LEE** y contesta con expresiones polinómicas.

   Estas son las estadísticas sobre el número de visitas en el último mes que ha tenido una página de internet.
   - 100.000.000 de personas la visitaron 5 veces.
   - 1.000.000 de personas la visitaron 7 veces.
   - 100.000 personas la visitaron 3 veces.
   - 258 personas la visitaron 1 vez.

   - ¿Cuántas personas diferentes han visitado la página?
   - ¿Cuántas visitas ha tenido este mes?

Raíz cuadrada

Descubre

Con las MANOS

Dibuja en un papel cuadriculado, un cuadrado que esté formado por 4 cuadritos.

- ¿Cuántos cuadritos tiene el lado del cuadrado? ¿Puedes expresar el número de cuadritos que tiene el cuadrado con una potencia?

Dibuja ahora un cuadrado que esté formado por 9 cuadritos en total.

- ¿Cuántos cuadritos forman su lado? ¿Con qué potencia se puede calcular el total de cuadritos que forman el cuadrado?
- ¿Puedes dibujar un cuadrado formado por 14 cuadritos? ¿Entre qué dos cuadrados estaría? ¿Su lado tiene un número exacto de cuadritos?

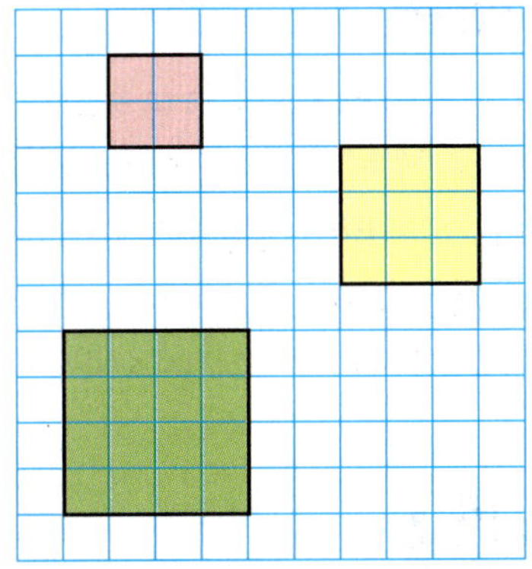

Aprende

La **raíz cuadrada** de un número es otro número, que, elevado al cuadrado, es igual al primero.

Ejemplos $\sqrt{4} = 2$ porque $2^2 = 4$ $\sqrt{9} = 3$ porque $3^2 = 9$

En ocasiones, la raíz cuadrada de un número no es exacta. En este caso, puedes calcularlo por tanteo entre qué dos números se encuentra.

Ejemplo $\sqrt{14}$ → No hay ningún número natural que elevado al cuadrado sea 14.

$2^2 = 4$ $4 < 14$ → No llega.
$3^2 = 9$ $9 < 14$ → No llega.
$4^2 = 16$ $16 > 14$ → Se pasa.

→ $\sqrt{14}$ está entre 3 y 4.

Practica

1. **CALCULA** y explica cómo lo has hecho.
   - $\sqrt{4} =$
   - $\sqrt{36} =$
   - $\sqrt{16} =$
   - $\sqrt{49} =$
   - $\sqrt{25} =$
   - $\sqrt{64} =$

2. **AVERIGUA** entre qué dos números consecutivos están estas raíces cuadradas.
   - $\sqrt{5}$
   - $\sqrt{28}$
   - $\sqrt{67}$
   - $\sqrt{92}$
   - $\sqrt{12}$
   - $\sqrt{40}$
   - $\sqrt{101}$
   - $\sqrt{120}$

3. **AVERIGUA** la medida del lado de una sala cuadrada que tiene una superficie de 81 m^2.

4. **PIENSA** y contesta.
   - ¿Qué número tiene como raíz cuadrada 0? ¿Y 1?
   - ¿Cuál es el mayor número cuya raíz cuadrada está comprendida entre 7 y 8?
   - ¿Qué números tienen su raíz entre 10 y 11?

MatemáticaMENTE

La raíz cuadrada de la raíz cuadrada de un número es 2. ¿Cuál es ese número?

Números romanos

Descubre

- ¿Qué representa la letra I en esta colección de libros? ¿Y II? ¿Y III? ¿Cuánto crees que vale la letra I?
- ¿Qué letra representa el 5 en los libros? ¿Y el 10?
- ¿Qué número representa las letras XII? ¿Qué número crees que será XVI? ¿Por qué? ¿Y XX?

Aprende

En la Antigüedad, los romanos escribían los números combinando estas 7 letras mediante unas reglas.

I	V	X	L	C	D	M
1	5	10	50	100	500	1.000

- **Regla de la suma.** Una letra escrita a la derecha de otra de igual o mayor valor le suma a esta su valor.

  Ejemplos VI → 5 + 1 = 6
  CV → 100 + 5 = 105

- **Regla de la resta.** Las letras I, X y C escritas a la izquierda de cada una de las dos letras de mayor valor que le siguen le restan a esta su valor.

  Ejemplos IV → 5 − 1 = 4
  XC → 100 − 10 = 90

- **Regla de la repetición.** Las letras I, X, C y M se pueden repetir hasta tres veces. Las letras V, L y D no se pueden repetir.

  Ejemplos III → 1 + 1 + 1 = 3
  XXX → 10 + 10 + 10 = 30

- **Regla de la multiplicación.** Una raya encima de una letra o grupo de letras multiplica su valor por mil. Se utiliza para escribir números mayores que 3.999.

  Ejemplos $\overline{\text{IX}}$ → 9 × 1.000 = 9.000
  $\overline{\text{VI}}$ → 6 × 1.000 = 6.000

Para escribir un número como lo hacían los romanos, primero descompón el número y después escribe cada sumando con números romanos.

Ejemplo 5.364 → 5.000 + 300 + 60 + 4 → $\overline{\text{V}}$ + CCC + LX + IV → $\overline{\text{V}}$CCCLXIV

Practica

1 **INDICA** qué números representan.

- Regla de la suma:

  XIII CX CL MD CCLXX MDXXX

- Regla de la resta:

  IV IX XL XC CD CM

- Regla de la multiplicación:

  $\overline{\text{XII}}$ $\overline{\text{LVI}}$ $\overline{\text{CDI}}$ $\overline{\text{XXXII}}$ $\overline{\text{CLXX}}$ $\overline{\text{M}}$

2 **ESCRIBE** el valor de cada número.

- CXXVI
- DCCXVII
- MDCIV
- $\overline{\text{VIII}}$C
- $\overline{\text{IV}}$CCCXXXI
- $\overline{\text{XIX}}$DXXVII
- MMMDCCCXXXVIII
- CDXCII
- MMCDXLIV
- $\overline{\text{XXIII}}$CMXC

3 **INVENTA** una serie escrita en números romanos y pide a alguien de clase que la continúe escribiendo 5 términos más.

- Sus números son mayores que 80 y solo tiene números pares.
- Sus números van de 15 en 15.
- La última cifra de todos sus números es 0.

4 **ESCRIBE** en números romanos.

- 324
- 893
- 999
- 2.365
- 3.578
- 5.098

Con las MANOS

REALIZAD una baraja en la que haya 4 copias de cada una de estas cartas. Una persona, a la vista de todos, anotará un número. Después, a escondidas lo representará como número romano, eliminará una carta y depositará las otras sobre la mesa. Los demás deberán averiguar qué carta falta. Tras varias rondas, ganará quien haya obtenido más soluciones.

También podéis complicar el juego eliminando varias cartas del número romano inicial.

Conecta con la realidad

5 **LEE**, observa en qué año nacieron estas escritoras y contesta.

Para averiguar a qué siglo pertenece un año determinado hay que sumar 1 unidad al número formado por los millares y las centenas. El siglo resultante debe escribirse en números romanos.

- ¿Qué escritoras nacieron en el mismo siglo? ¿En cuál?
- Virginia Woolf y Gloria Fuertes nacieron en siglos distintos, pero fueron coetáneas. ¿Qué crees que significa esta palabra? ¿Cuántos años de diferencia hubo entre sus nacimientos?

Emilia Pardo Bazán → 1851
Virginia Woolf → 1882
Jean Austen → 1775
Rosalía de Castro → 1837
Sor Juana Inés de la Cruz → 1648
Gloria Fuertes → 1917
Clara Jara de Soto → 1750

6 **OBSERVA** y responde.

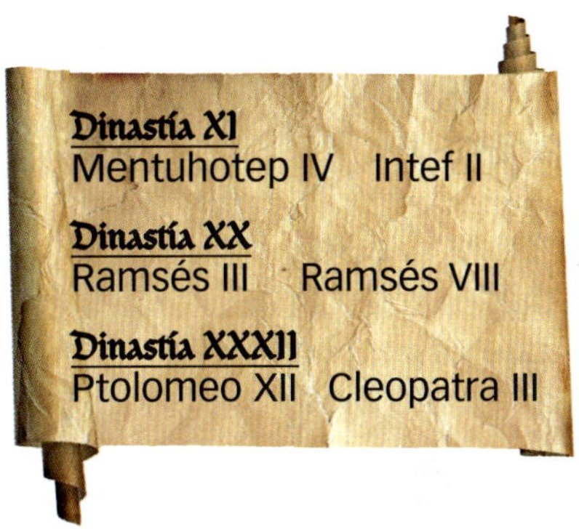

A lo largo de la historia, el antiguo Egipto estuvo gobernado por numerosos hombres y mujeres, que se organizaban en dinastías.

- La Dinastía XX comenzó con el reinado de Ramsés III y terminó con el de Ramsés XI. ¿Cuántos gobernantes llamados Ramsés hubo en esta dinastía?
- En la Dinastía XXXII hubo cuatro gobernantes más llamadas Cleopatra, además de Cleopatra III. ¿Cuál fue la última Cleopatra de esta dinastía?
- ¿Puedes saber quién reinó antes en la dinastía XI: Mentuhotep IV o Intef II? ¿Y Ramsés VIII o Cleopatra V?

Cálculo MENTAL

Restar números convirtiendo el sustraendo en una decena

Sumar el mismo número

$$86 - 38 = 88 - \mathbf{40} = 48$$

(+2 al minuendo y +2 al sustraendo)

72 − 14	54 − 29
63 − 35	68 − 47
94 − 76	41 − 22
87 − 18	89 − 38

Determinar si un problema se puede resolver

1 **DETERMINA** si es posible resolver estos problemas. Justifica en cada caso tu respuesta.

- En el polideportivo caben 750 personas. Si había 184 asientos vacíos, ¿cuántas personas asistieron al partido?
- He visto varios vídeos. Uno de ellos duraba 12 minutos y otro 7 minutos. ¿Cuánto tiempo he estado viendo vídeos?
- Un edificio está compuesto por 12 pisos de viviendas más la planta baja, que tiene una altura superior a la de las viviendas. Si cada vivienda mide 4 m de altura, ¿cuál es la altura del edificio?
- Con una botella de refresco de 2 ℓ, ¿cuántos vasos pequeños de refresco puedo llenar?
- El paquete de mantequilla que he visto en la tienda pesa 250 g. He pesado el que tengo en la nevera y me quedan 160 g. ¿Cuánta mantequilla he utilizado?
- Un autobús circula a una velocidad de 90 km/h. ¿Cuánto tardará en llegar a su destino?
- En una frutería hay 84 kg de pimientos rojos y verdes. De pimientos rojos hay 36 kg y se han estropeado 8 kg de los verdes. ¿Cuántos pimientos verdes quedan?

- De las 12 bicicletas que había para alquilar, 8 estaban rotas y 5 las habían alquilado ya. ¿Cuántas bicicletas quedaban para alquilar?
- Tomás, Arturo y Ricardo han juntado su dinero y tienen 122 €. Arturo ha puesto la mitad que Ricardo, y Ricardo, el doble que Arturo. ¿Cuánto dinero ha puesto Tomás?
- Mi madre tiene que hacer un viaje de 300 km y quiere saber qué es más económico, si ir en tren o en su coche. El billete de tren le cuesta 20 € y su coche gasta 6 ℓ de gasolina cada 100 km. ¿Qué resulta más barato: viajar en tren o en su coche?
- Carla saca a pasear todos los días a su perro Coqui. Cuando hace buen tiempo lo suele llevar por un camino que tiene una longitud de 1 km y medio. Cuando el tiempo es malo pasean por un camino más corto, de 400 m, pero dando dos vueltas. Y cuando no llevan prisa van hasta el pinar, que está a 800 m de su casa, y vuelven por un atajo de 550 m. ¿Qué días recorren más distancia?

Interpretar gráficos de barras bidireccionales

1 **OBSERVA** el gráfico y contesta.

Alumnas y alumnos de mi colegio por cursos

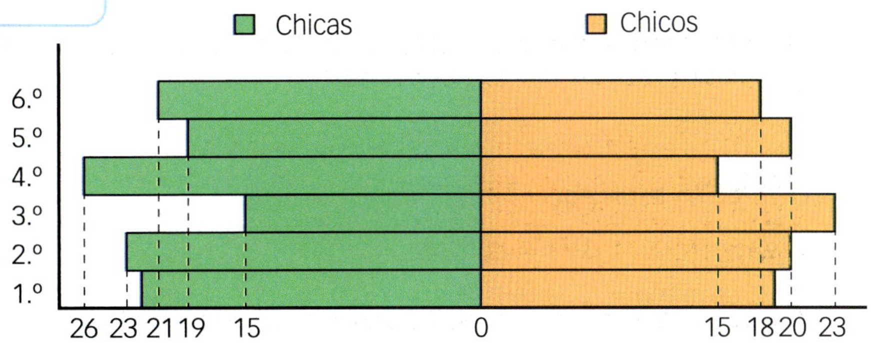

- ¿Cuántos chicos hay en 4.º de Primaria? ¿Y en 1.º de Primaria?
- ¿Cuántas chicas hay en 2.º de Primaria? ¿Y en 3.º de Primaria?
- ¿En qué curso hay más chicas? ¿Y más chicos?
- En 3.º de Primaria, ¿hay más chicos o chicas?
- ¿Crees que el número de estudiantes en todos los cursos es similar?

2 **OBSERVA** los datos del gráfico y, sin hacer operaciones, di si son verdaderos o falsos estos enunciados.

Habitantes en España por edades

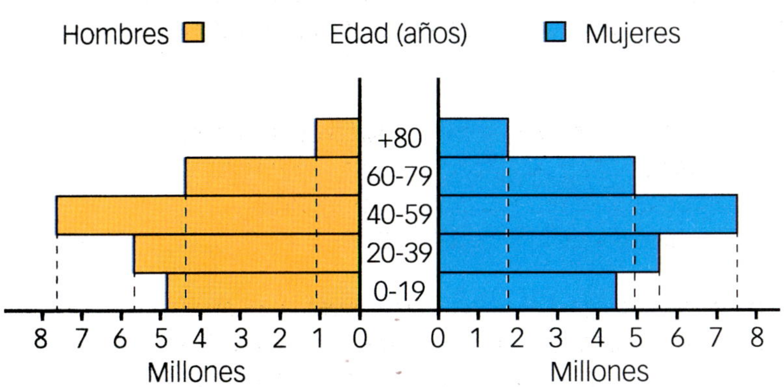

VERDADERO O FALSO

- El mayor número de habitantes en España tiene entre 20 y 39 años.
- Entre 0 y 19 años hay menos hombres que mujeres.
- A partir de los 60 años hay más mujeres que hombres.

- Estos números corresponden al número de hombres o mujeres de cada una de las edades del gráfico. Asigna a cada barra el número correspondiente y completa la tabla.

1.035.731	4.475.034	5.535.251
1.780.985	4.744.620	5.639.792
4.358.180	4.938.851	7.451.508
		7.473.535

	Mujeres	Hombres
0-19		
20-39		
40-59		
60-79		
+80		

Comprueba tu progreso

1 **DESCOMPÓN** cada número e indica cómo se lee.

- 34.890.002
- 899.000.361
- 63.080.200
- 503.489.000
- 234.890.002
- 950.201.350

2 **INDICA** el valor en unidades de las cifras 5 en cada número.

- 5.250.263
- 355.070.149
- 52.569.378
- 598.365.123

3 **COMPLETA** estas equivalencias.

- … D. de millón = 700 CM = … UM = … D = … U
- … C. de millón = … U. de millón = 1.800.000 UM

4 **APROXIMA** cada número al orden indicado.

Su orden mayor	D. de millón	UM
148.265.214	226.600.358	789.365.560
96.235.125	68.900.475	625.213.233
887.540.325	725.652.000	360.145.874

5 **PIENSA** y escribe tres números en cada caso.

- De nueve cifras cuya aproximación a las decenas de millón sea 180.000.000 y que tengan distinta cifra de las decenas de millón y las centenas.
- De nueve cifras cuya aproximación a las centenas de millón sea 900.000.000, en el que todas las cifras sean distintas y la suma de las cifras de las centenas de millar y las decenas sea 9.

6 **CALCULA** cada operación combinada y sigue en orden los resultados a través del laberinto numérico para que el ratón llegue al queso.

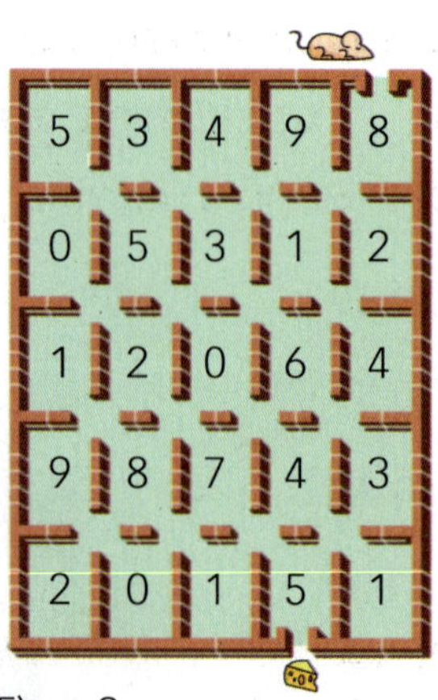

1. $4 \times 2 - 5 : 5 + 1$
2. $9 \times (5 - 3) : 2$
3. $[7 + 2 - (4 + 3)] : 2$
4. $3 \times (2 + 3) - 27 : 3$
5. $12 - (8 - 4) - 4 \times 2$
6. $7 \times 2 \times 2 - (12 + 9)$
7. $15 : 3 : 5 \times 8 - 4$
8. $3 + 9 \times 2 - 4 - (1 + 5) \times 2$

7 **EXPRESA** cuando se pueda como potencia.

- $4 \times 4 \times 4$
- $6 \times 6 \times 6 \times 6$
- 9×9
- $3 \times 3 \times 2 \times 3 \times 2$
- $5 \times 5 \times 5 \times 0$
- $7 \times 7 \times 7 \times 7 \times 7 \times 1$

8 **ESCRIBE** en forma de potencia y calcula su valor.

- Dos al cubo.
- Tres elevado a 5.
- Nueve al cuadrado.
- Cuatro elevado a 4.
- Diez a la quinta.
- Diez elevado a 10.

9 **LEE**, escribe en forma de potencia y resuelve.

Para hacer un mosaico de papel con piezas iguales, Álex corta una cartulina en 4 trozos iguales, y después, cada trozo en otros 4. Cada trozo de los que tiene lo vuelve a cortar en otros 4. Si dispone de 4 cartulinas en total, ¿cuántas piezas para el mosaico obtendrá?

10 **ESCRIBE** la expresión polinómica de cada número.

- 4.367
- 26.094
- 9.050.039
- 85.360.052
- 908.150
- 334.800.050

11 **CALCULA** las siguientes raíces cuadradas.

- $\sqrt{4}$
- $\sqrt{9}$
- $\sqrt{16}$
- $\sqrt{36}$
- $\sqrt{81}$
- $\sqrt{100}$

12 **PIENSA** y averigua estas raíces cuadradas exactas.

- $\sqrt{400}$
- $\sqrt{900}$
- $\sqrt{144}$
- $\sqrt{169}$
- $\sqrt{441}$

13 **INDICA** entre qué dos números naturales se encuentran estas raíces cuadradas.

- $\sqrt{19}$
- $\sqrt{24}$
- $\sqrt{38}$
- $\sqrt{85}$
- $\sqrt{130}$

14 **ESCRIBE** el valor o expresa en números romanos.

- CCCLXIV
- 985
- DCCCLVII
- 2.409
- MMDXLIV
- 12.580
- $\overline{XII}$CCCLX
- 34.258

Aplica lo que has aprendido

15 **FÍJATE** en los puntos que vale cada tipo de carta, lee y calcula en forma de operación combinada.

Esther y Manu están intercambiando cartas de su juego de mesa:

- Esther tiene 15 cartas de piedra, 9 de trigo, 4 de madera y 10 de arcilla.
- Manu tiene 7 cartas de piedra, 11 de trigo, 6 de madera y 5 de arcilla.

Esther le da a Manu 3 cartas de piedra y 2 de trigo. Y Manu le da a Esther 5 de madera y 3 de arcilla. ¿Quién entrega más puntos? ¿Cuántos puntos tiene al final cada persona?

16 **OBSERVA** los datos de los planetas del sistema solar, lee y contesta.

Planeta	Distancia media aproximada al Sol (km)	Diámetro (km)	Masa (kg)
Mercurio	5.791×10^4	4.879	3.302×10^{20}
Venus	1.082×10^5	12.104	4.869×10^{21}
Tierra	15×10^7	12.742	59.736×10^{20}
Marte	228×10^6	6.794	64.185×10^{19}
Júpiter	7.783×10^5	142.984	19×10^{26}
Saturno	143×10^7	120.536	5.688×10^{23}
Urano	287×10^7	51.118	8.686×10^{22}
Neptuno	45×10^8	49.572	1.024×10^{23}

En astronomía, la medición de las distancias espaciales se realiza de forma aproximada. Es imposible obtener los valores de manera exacta, sobre todo cuanto más lejanos son los objetos que se quieren medir.

- Sin realizar operaciones, ¿podrías indicar qué planeta está más cerca del Sol: Marte o Saturno?
- Expresa con un número la distancia aproximada entre cada planeta y el Sol.
- Indica una posible distancia exacta de cada planeta al Sol teniendo en cuenta las distancias aproximadas.
- ¿Qué planetas están a una distancia del Sol mayor que 100.000.000 km?
- Ordena Saturno, Urano y Neptuno de menor a mayor masa.
- Neptuno fue descubierto en 1846, y Urano, en 1781. El resto de los planetas se consideran conocidos desde la Antigüedad. ¿En qué siglos se descubrieron estos dos planetas?

Valora tu aprendizaje

17 **REFLEXIONA** sobre lo que has aprendido en esta unidad y contesta en tu cuaderno.

- ¿Contribuyes a que las demás personas se sientan bien en clase? ¿Cómo lo haces?
- ¿Escuchas otras opiniones al realizar trabajos en equipo? ¿Aprendes con ellas?

Enfréntate al DESAFÍO

TODAS PARA EL 100

ESCRIBE el número 100 usando las cifras del 1 al 9 una sola vez y únicamente con los signos +, −, × y los paréntesis adecuados.

SITUACIÓN DE APRENDIZAJE

En el mundo somos muchas personas

A diario, el número de personas que vivimos sobre la Tierra crece. Somos muchos millones repartidos por todos los países del mundo.

¿Sabes cuántas personas viven en tu Comunidad Autónoma? ¿Y en España? ¿Hay muchos países en los que vivan más personas que en España?

1 **Observa los datos de la primera doble página de la unidad y contesta.**

- ¿Cuántas personas viven en Bangladesh? ¿Y en Brasil?
- ¿Cuáles son los tres países más poblados del mundo?
- ¿Cuántas personas viven, aproximadamente, en Europa?
- ¿Cuál es el país europeo donde viven más personas? ¿Cuántos habitantes tiene aproximadamente?
- ¿Qué continente tiene mayor población?
- Indica el país más poblado de cada continente, excepto Oceanía.
- ¿Tiene sentido dar datos exactos de las poblaciones de los continentes o de los países? ¿O mejor dar aproximaciones? ¿Por qué?

2 **Analiza en qué regiones viven más personas.**

- De los 20 países más poblados, ¿en cuántos países viven más de 1.000.000.000 de personas? ¿Y más de 100.000.000?
- ¿Cuántos habitantes tiene aproximadamente España? ¿Y el país más poblado del mundo? ¿Cuál es la diferencia de habitantes entre estos países, más o menos?
- ¿Cuál es, más o menos, la diferencia en habitantes entre Egipto y España?
- ¿Por qué hay tantas diferencias en las poblaciones de los países?

3 **Averigua el número de habitantes de tu Comunidad Autónoma y tu localidad, y contesta.**

- ¿Cuántos habitantes tiene tu Comunidad Autónoma? ¿Cuántos habitantes tiene la localidad en la que vives?
- ¿La Comunidad en la que vives es la que mayor población tiene de España? ¿Existen localidades con más habitantes que la tuya?
- Escribe tres localidades o Comunidades Autónomas españolas con mayor número de habitantes que tu localidad.

Repasa lo que sabes 1

Actividades

1 **ESCRIBE** con letras o con números.

- 3.007.150
- 5.541.302
- 2.120.609
- 9.355.060
- 4.224.001
- 7.450.658
- Nueve millones cuatrocientos treinta y dos mil quinientos.
- Ocho millones siete mil siete.
- Cinco millones quinientos mil cuatrocientos cincuenta y tres.

2 **DESCOMPÓN** los siguientes números en tu cuaderno.

- 8.203.540
- 4.772.005
- 6.005.452
- 1.228.306
- 3.000.278
- 9.045.455

3 **ESCRIBE** nueve términos más de cada serie numérica.

- 1.000.000, 1.100.000, 1.200.000, ...
- 1.000.000, 1.000.050, 1.000.100, ...
- 1.000.000, 1.000.100, 1.000.200, ...
- 1.000.000, 1.150.000, 1.300.000, ...

4 **REALIZA** las siguientes operaciones combinadas.

- $2 \times (12 - 8) - 5$
- $2 \times 4 + 6 \times 3 - 6$
- $20 : 5 \times 4 - 12$
- $(15 - 4) \times 3 + 45$
- $12 : 3 - 3 + 1$
- $(3 + 6 + 7) : (8 - 4) - 2$

5 **EXPRESA** con cifras o como número romano.

- XCIV
- CDXIX
- MMMDXXVI
- 89
- 776
- 90.040
- CLXXVIII
- MDCCIX
- $\overline{\text{XXIV}}$CCCI
- 352
- 5.480
- 36.192

Problemas

6 En una biblioteca tienen novelas, obras de teatro, libros de poemas y cuentos infantiles. El viernes se prestaron 291 libros en total, siendo 124 novelas, 25 obras de teatro y 10 libros de poemas. ¿Cuántos cuentos infantiles se prestaron?

7 El sábado se prestaron 126 novelas, 31 obras de teatro, 38 libros de poemas y 138 cuentos infantiles. ¿Cuál de estos dos días se prestaron más libros? ¿Cuántos más?

8 El viernes, 31 personas se llevaron 2 libros, 48 personas cogieron 3, y el resto, solo uno. ¿Cuántas personas se llevaron un único libro?

9 La biblioteca dispone de 325 novelas. Al comenzar el sábado, en las estanterías había 72 novelas. ¿Cuántas novelas se prestaron antes del viernes si el viernes no se devolvió ninguna?

¿Cuántos libros se editan?

Número de títulos editados por tema en España en 2019

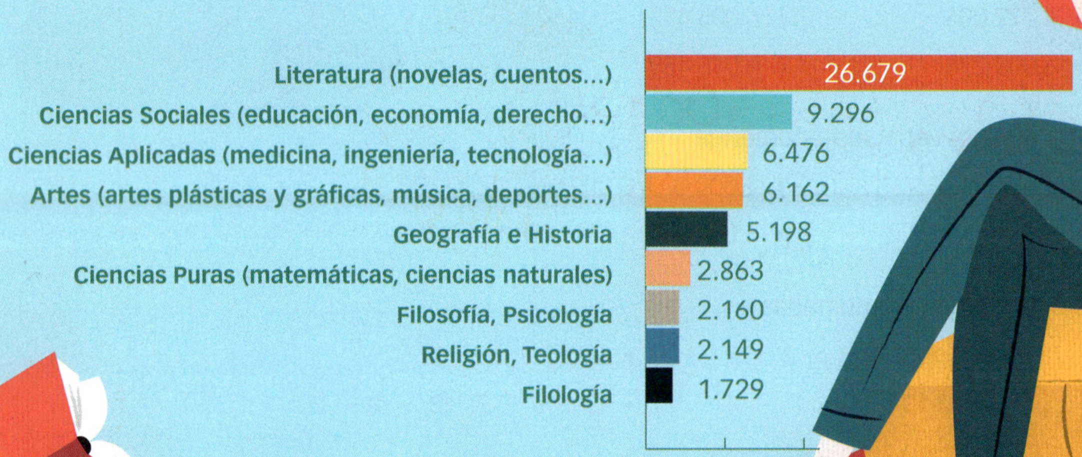

Número de títulos editados en lenguas oficiales y lenguas propias en España en 2019

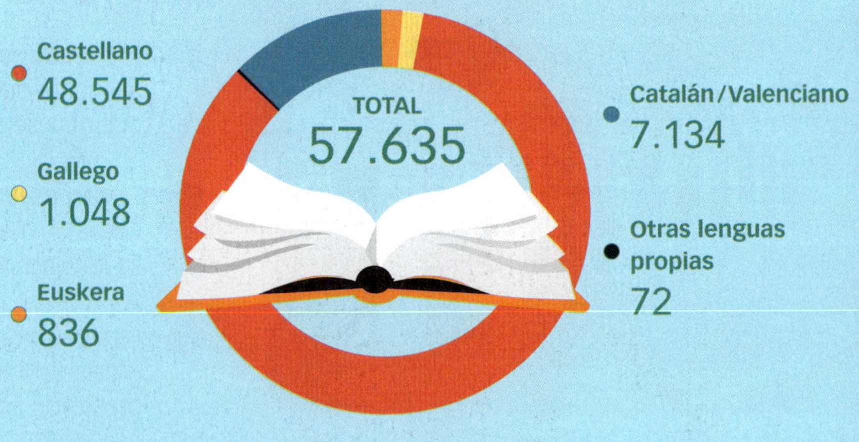

Comparte tus preguntas

- Inventa una pregunta de forma que para resolverla haya que hacer la multiplicación 11.224 × 5.
- Plantea una pregunta cuya respuesta incluya el número 3.191.000.

2

Haz memoria

- Escribe tres divisiones exactas cuyo dividendo sea 36.
- Escribe tres divisiones exactas cuyo divisor sea 5.
- Si multiplicas dos números, ¿qué ocurre al dividir el resultado entre cada uno de ellos?

Número de títulos según la cantidad de páginas en 2019

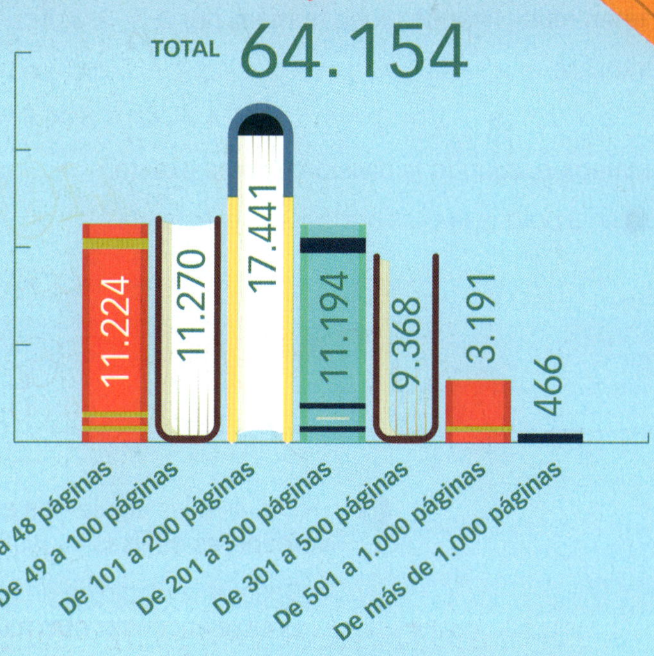

TU PLAN DE TRABAJO

Aprenderás

- Los múltiplos y los divisores de un número
- Los criterios de divisibilidad
- El cálculo de todos los divisores de un número
- Los números primos y compuestos
- El m. c. m. y el m. c. d.
- Los problemas de m.c.m y m.c.d.

Pasarás a la acción

- LABORATORIO DE PROBLEMAS
- TRATAMIENTO DE LA INFORMACIÓN

Pondrás a prueba lo aprendido

- COMPRUEBA TU PROGRESO
- SITUACIÓN DE APRENDIZAJE
- REPASA LO QUE SABES

Resuelve mentalmente

- Si en 2019 se hubieran editado en gallego 12 libros más, ¿cuántos se habrían editado?
- Si se hubieran editado en gallego 40 libros menos, ¿cuántos se habrían editado?

Múltiplos de un número

Descubre

Con las MANOS

Cada estudiante debe tener 3 lápices unidos por una goma.

- Un estudiante coloca sus 3 lápices sobre una mesa. ¿Cuántos lápices hay? ¿Cómo se puede expresar el total de lápices que hay con una multiplicación?
- Otro estudiante coloca sus lápices en la mesa. ¿Cuántos lápices hay ahora? ¿Cómo puedes escribirlo con una multiplicación?
- ¿Cuántos lápices habrá en la mesa cuando hayan puesto sus lápices 7 estudiantes? ¿Cómo puedes calcularlo con una multiplicación?

Aprende

- Los **múltiplos** de un número se obtienen multiplicando dicho número por 0, 1, 2, 3, 4…

  Ejemplo Los múltiplos de 3 se obtienen así:

  $3 \times 0 = 0$ $3 \times 1 = 3$ $3 \times 2 = 6$ $3 \times 3 = 9$ $3 \times 4 = 12$ $3 \times 5 = 15$...

- Un número, *a*, es **múltiplo** de otro número, *b*, cuando la división *a* : *b* es exacta.

  Ejemplo 15 : 3 = 5 → 15 es múltiplo de 3 porque la división 15 : 3 es exacta.

Practica

1 **CALCULA** en cada caso.

- Los 5 primeros múltiplos de 8.
- Los 7 primeros múltiplos de 11.
- Los 9 primeros múltiplos de 15.

2 **PIENSA** y contesta, justificando tus respuestas.

- ¿Es 12 múltiplo de 6?
- ¿Es 112 múltiplo de 14?
- ¿Es 25 múltiplo de 7?

3 **AVERIGUA** los números que cumplen estas características.

- Los múltiplos de 5 que son menores que 48.
- Los múltiplos de 9 mayores que 30 y menores que 100.
- Los múltiplos de 3 que son impares y están comprendidos entre 31 y 44.

4 **INDICA** si las siguientes afirmaciones son verdaderas o falsas y justifica tu respuesta.

- Dado un múltiplo de un número, siempre es posible encontrar otro múltiplo mayor que él.
- El producto de dos números es múltiplo de cada factor.

MatemáticaMENTE

¿Qué valores puede tener la cifra oculta para que el número sea múltiplo de 2 y de 3 a la vez?

37▢

5 **LEE** y contesta.

Los Juegos Olímpicos se celebran cada 4 años. Los primeros Juegos modernos fueron en 1896. ¿Hubo Juegos en 1920? ¿Cuándo se celebrarán los próximos?

Divisores de un número

Descubre

Dispones de 60 botones de colores para hacer pulseras.

- ¿Puedes hacer pulseras de 6 botones sin que sobren ni falten botones? ¿Y de 10 botones?
- ¿Puedes confeccionar pulseras de 60 botones sin que sobren ni falten botones? ¿Y de 1 botón?

Aprende

Un número, *b*, es **divisor** de otro número, *a*, cuando la división *a* : *b* es exacta.

Si *b* es divisor de *a*, entonces *a* es múltiplo de *b*.

Ejemplo 15 : 3 = 5 → 3 es divisor de 15 porque 15 : 3 es una división exacta.

15 : 3 = 5
15 : 5 = 3
3 × 5 = 15
} 3 y 5 son divisores de 15. 15 es múltiplo de 3 y de 5.

Practica

1. **HAZ** la división y contesta.
   - ¿Es 7 divisor de 28?
   - ¿Es 6 divisor de 125?
   - ¿Es 64 divisor de 4?
   - ¿Es 9 divisor de 162?

2. **ENCUENTRA** tres divisores de cada número.
   - 45
   - 80
   - 144
   - 250

3. **OBSERVA** cada división y completa.

56 : 7 = 8	27 : 3 = 9	104 : 13 = 8
56 es ... de 8. 8 es ... de 56.	27 es ... de 3. 9 es ... de 27.	104 es ... de 13. 8 es ... de 104.

4. **BUSCA** los siguientes números.
   - Los divisores de 12 menores que 6.
   - Los divisores de 8 mayores que 2.

5. **INDICA** si estas afirmaciones son ciertas y justifica tu respuesta.
   - Existen números que no tienen divisores.
   - Todos los números tienen más de un divisor.

6. **PIENSA** y responde cada pregunta.
   - ¿Es el número 1 divisor de cualquier otro número? ¿Y de sí mismo?
   - ¿Cuál es el mayor divisor de un número?
   - Dado un número, ¿puede ser divisor suyo otro número mayor que él?

MatemáticaMENTE

Encuentra dos divisores de 36 cuyo producto sea 36 y uno de ellos sea múltiplo del otro.

7. **LEE** y contesta.

   En un cine, una entrada cuesta 8 € en un día normal y 4 € en el día del espectador.
   - ¿Es posible que el día del espectador hayan recaudado 3.304 €? ¿Y 2.952 € en un día normal?
   - ¿Cuántas entradas han vendido cada día?
   - ¿Es el número de entradas vendidas divisor del dinero recaudado cada día?

Criterios de divisibilidad

Descubre

Con las MANOS

- Haz 2 bolitas de papel y repártelas en 2 montones de tal manera que haya el mismo número de bolitas en cada montón y no te sobre ninguna bolita. ¿Lo puedes hacer? ¿Es 2 divisor de 2?
- ¿Qué ocurre si tienes 3 bolitas? ¿Es 2 divisor de 3? ¿Y si son 4 bolitas? ¿Y con 5? ¿Qué característica comparten los números que tienen a 2 como divisor?
- Reparte ahora bolitas en 5 montones iguales. ¿Puedes repartir 5 bolitas? ¿Y si son 10? ¿Y 12? ¿Qué característica comparten los números que tienen a 5 como divisor?

Aprende

Los **criterios de divisibilidad** sirven para comprobar fácilmente si un número es divisor de otro. Los más utilizados son:

- Un número es **divisible por 2** si es par.

  Ejemplos 50 es divisible por 2 porque es par. 71 no lo es porque es impar.

- Un número es **divisible por 3** si la suma de sus cifras es múltiplo de 3.

  Ejemplos 15 es divisible por 3 porque $1 + 5 = 6$, y la división $6 : 3$ es exacta.
  26 no es divisible por 3 porque $2 + 6 = 8$, y la división $8 : 3$ no es exacta.

- Un número es **divisible por 9** si la suma de sus cifras es múltiplo de 9.

  Ejemplos 99 es divisible por 9 porque $9 + 9 = 18$, y la división $18 : 9$ es exacta.
  47 no es divisible por 9 porque $4 + 7 = 11$, y la división $11 : 9$ no es exacta.

- Un número es **divisible por 5** si su última cifra es 0 o 5.

  Ejemplos 85 es divisible por 5. 54 no lo es porque no termina en 0 ni en 5.

- Un número es **divisible por 10** si su última cifra es 0.

  Ejemplos 370 es divisible por 10. 407 no lo es porque no termina en 0.

8 es divisible por 2 porque 2 es un divisor de 8.

Practica

1. **CALCULA** cinco múltiplos de dos cifras en cada caso y comprueba su criterio de divisibilidad.
   - 2
   - 3
   - 5
   - 9
   - 10

2. **ESCRIBE** tres números de más de cuatro cifras en cada caso.
   - Divisibles por 5.
   - Divisibles por 3.
   - Divisibles por 2.
   - Divisibles por 9.
   - Divisibles por 10.
   - Divisibles por 2 y por 3.

3. **AVERIGUA** si estos números son divisibles por 2, 3, 5, 9 o 10 y responde.
   - ¿Qué números son divisibles por 2 y por 3 a la vez? ¿Son también divisibles por 6?
   - ¿Cuáles tienen como divisores a 2, 5 y 9 a la vez? ¿Y a 3, 9 y 10?

4 **AVERIGUA** tres números que cumplan las siguientes condiciones.

- Son divisibles por 5 y están comprendidos entre 121 y 148.
- Tienen 2 cifras y son divisibles por 3 pero no por 5.
- Tienen 3 cifras y son divisibles por 2 y 3 pero no por 5 ni 9.

Con las MANOS

TIRAD cuatro dados y, con tres de las cifras obtenidas, formad un número divisible por 3. Si no es posible, repetid la tirada. Ganará quien lo consiga antes.

MatemáticaMENTE

Escribe números de tres cifras múltiplos de 11. Suma por separado las cifras de las posiciones pares y las impares y resta ambos resultados. ¿Cuál es el criterio de divisibilidad por 11?

5 **CONTESTA** justificando tu respuesta.

- Si un número tiene como divisor a 2, ¿puede ser su última cifra 3?
- Si un número es divisible por 2 y por 5 a la vez, ¿se puede decir que es divisible por 10?
- Un número es múltiplo de 3. ¿Es 9 su divisor? Si es múltiplo de 9, ¿es divisible por 3?

Conecta con la realidad

6 **OBSERVA** el total de piezas magnéticas que tienes de cada tipo y responde.

Tipo de pieza	Total
Triangular	54
Cuadrada	72
Hexagonal	25

- ¿Es posible construir la figura A tantas veces como se pueda y que no sobre ninguna pieza hexagonal? ¿Entre qué número debe ser divisible el total de piezas cuadradas para que no sobre ninguna?

A

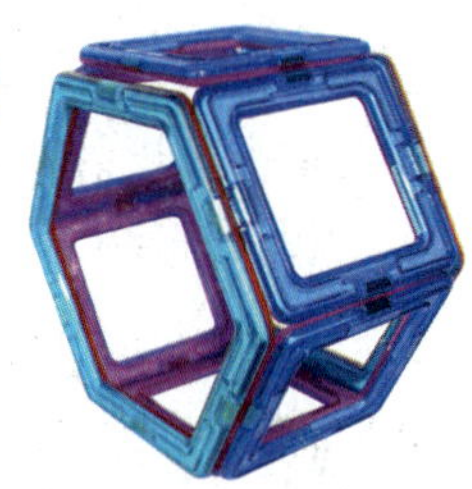

B

- Si construyes la figura B tantas veces como se pueda, ¿sobrarán piezas de algún tipo? ¿Cuántas piezas triangulares y cuadradas podrías tener para construir con ellas casitas sin que sobre ninguna?

7 **LEE** y resuelve.

En una tienda de especias tienen 1 kg y 250 g de hebras de azafrán. Para su venta, quieren empaquetarlo en cajitas de 1, 2, 3, 5, 9 o 10 g.

- Si las cajas fueran iguales, ¿qué tipos de caja pueden utilizar para que no sobre azafrán?
- Finalmente, deciden preparar 10 cajitas de 10 g, 20 de 9 g, la mitad del azafrán restante en cajitas de 3 g y la otra mitad en cajitas de 2 g. ¿Es esto posible? ¿Por qué?

Cálculo MENTAL

Para cada número, calcula cuánto le falta para llegar a 100 y, después, para llegar a 700.

5 8 1 7 9 4 6 3 2

¿Cómo calculas cuánto le falta para llega a 100? ¿Y para llegar a una centena dada?

Cálculo de todos los divisores de un número

Descubre

Con las MANOS

Recorta un rectángulo de papel que contenga en su interior 15 cuadritos iguales.

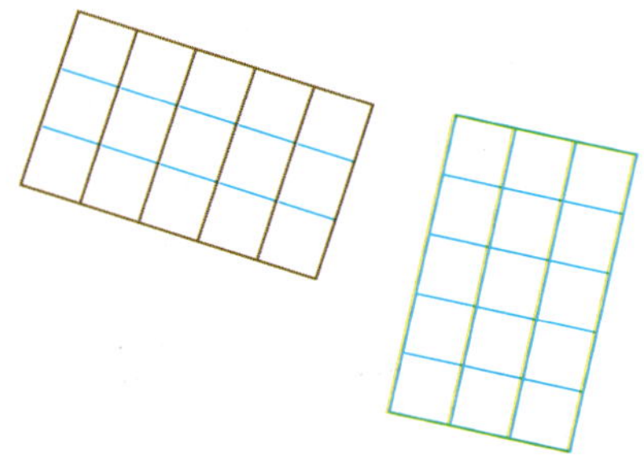

- ¿Es posible dividir el rectángulo en piezas de 2 cuadritos? ¿Cuántas piezas obtendrías? ¿Sobraría algún cuadrito?
- ¿Y de 3 cuadritos? ¿Cuántas piezas obtendrías? ¿Sobraría algún cuadrito?
- ¿De cuántas formas diferentes puedes dividir el rectángulo en piezas del mismo tamaño sin que sobre ningún cuadrito?

Aprende

Para calcular **todos los divisores** de un número, se puede seguir este procedimiento:

1.º Divide el número entre los sucesivos números naturales: 1, 2, 3, 4, 5...
De cada división exacta se obtienen dos divisores del número: el divisor y el cociente.

2.º Deja de dividir cuando el cociente sea menor o igual que el divisor.

Ejemplo Para calcular todos los divisores de 15:

15 : 1	15 : 2	15 : 3	15 : 4	
Cociente 15, resto 0	Cociente 7, resto 1	Cociente 5, resto 0	Cociente 3, resto 3	
15 > 1	7 > 2	5 > 3	3 < 4	Se termina de dividir.
División exacta	División entera	División exacta	División entera	
Divisores: 1 y 15.	No hay divisores.	Divisores: 3 y 5.	No hay divisores.	

Los divisores de 15 son 1, 3, 5 y 15.

Practica

1 **CALCULA** todos los divisores.

- 6 • 9 • 12 • 20 • 25 • 32

MatemáticaMENTE

Piensa y escribe.

- Un número cuyos únicos divisores sean 1, 2, 4 y 8. ¿Hay más de una posibilidad?
- Un número que tenga como divisores a 1, 2, 3 y 5, pero que no sean todos sus divisores. ¿Hay más de una posibilidad?

2 **CONTESTA** justificando tu respuesta.

- ¿Es posible escribir todos los múltiplos de un número? ¿Y todos sus divisores?
- ¿De qué números es divisor el 1?

3 **LEE** y responde.

A un campamento han ido 60 estudiantes. Formarán grupos con el mismo número de personas para dormir en las tiendas. ¿De cuántas formas pueden agruparse? ¿Cuántas tiendas utilizarán en cada caso?

Números primos y compuestos

Descubre — Con las MANOS

- Coge 6 chinchetas. ¿Puedes hacer grupos de 2 chinchetas sin que te sobre ninguna? ¿Y de 4 chinchetas? ¿Y de 1 chincheta?
- ¿De cuántas formas puedes separar en montones iguales 6 chinchetas sin que te sobre ninguna? ¿Y 7 chinchetas?

Aprende

Un número es **primo** cuando solo tiene como divisores a 1 y a él mismo.

Ejemplo El número 7 solo tiene como divisores 1 y 7. Así, 7 es un número primo.

Un número es **compuesto** cuando no es primo, es decir, tiene más de dos divisores.

Ejemplo El número 6 tiene como divisores 1, 2, 3 y 6. Por eso 6 es un número compuesto.

Practica

1 **CLASIFICA** en primos o compuestos.

9 17 5 21 13 18 40 29 32 63

- ¿Has calculado todos los divisores de cada número? ¿Hay alguna forma más rápida de clasificarlos?

2 **RECUERDA** los criterios de divisibilidad y contesta sin calcular todos los divisores.

- ¿Es el número 140 primo o compuesto? ¿Por qué?
- El número 717, ¿es primo o compuesto? ¿Por qué?

3 **AVERIGUA** dos números en cada caso.

- Primos de dos cifras que terminen en 7.
- Compuestos divisibles por 7 y por 3 a la vez.

MatemáticaMENTE

El número 2 es primo. ¿Existe algún otro número primo que sea par?

4 **LEE** y factoriza los siguientes números.

Hazlo ASÍ

Para factorizar un número divídelo sucesivamente entre los números primos, de forma que las divisiones sean exactas. El proceso termina cuando obtengas 1 en el cociente.

	12	2 ←	12 es divisible por 2.
12 : 2 →	6	2 ←	6 es divisible por 2.
6 : 2 →	3	3 ←	3 es divisible por 3.
3 : 3 →	1		

La factorización de 12 es:

$12 = 2 \times 2 \times 3 = 2^2 \times 3.$

- 8
- 15
- 16
- 24
- 30
- 45

5 **LEE** y contesta.

En los 6 vagones de un tren, los asientos se disponen en filas de 7 asientos. ¿Puede tener el tren un número de asientos que sea primo? ¿Por qué?

Mínimo común múltiplo

Descubre

Tenemos fichas rojas en grupos de 2 fichas y fichas azules en grupos de 3. Los grupos de fichas rojas los ponemos en una bolsa y los de azules en otra.

- Si echamos dos grupos de fichas rojas en su bolsa, ¿cuántas fichas tendremos? ¿Y si echamos un grupo de fichas azules?
- ¿Puedo tener el mismo número de fichas en cada bolsa? ¿Cuántos grupos de cada tipo tengo que poner en cada una?

Aprende

El **mínimo común múltiplo** de dos o más números es el menor de sus múltiplos comunes distinto de cero.

Ejemplo Múltiplos de 2 = 0, 2, 4, 6, 8, 10, 12, 14...
Múltiplos de 3 = 0, 3, 6, 9, 12, 15, 18... → m.c.m. (2 y 3) = 6

El mínimo común múltiplo de *a* y *b* se escribe m.c.m. (*a* y *b*).

Practica

1. **HALLA** el mínimo común múltiplo.
   - 2 y 5
   - 3 y 6
   - 4 y 6
   - 2, 3 y 5
   - 3, 6 y 7
   - 2, 3, 6 y 8

2. **ENCUENTRA** dos números en cada caso cuyo mínimo común múltiplo sea el indicado.
   - 4
   - 16
   - 24
   - 35

3. **PIENSA** y contesta, poniendo ejemplos.
   ¿Puede ser el m.c.m. de dos números menor que cada uno de ellos? ¿E igual a uno de ellos?

MatemáticaMENTE

Si un número es divisor de otro, ¿cuál es el mínimo común múltiplo de ambos?

4. **LEE** y resuelve.
   En el camino de un parque hay una farola cada 6 m, un banco cada 8 m y una fuente cada 48 m. Al inicio del camino están los tres elementos.
   - ¿Cada cuántos metros coincidirán una farola y una fuente?
   - ¿Y una farola, un banco y una fuente?

Cálculo MENTAL

Sumar descomponiendo los sumandos

Sumar por un lado las decenas y, por otro, las unidades

39 + 14 = 30 + 9 + 10 + 4 = 40 + 13 = 53

25 + 32 38 + 61 53 + 48 67 + 52 85 + 34 93 + 41 59 + 73 78 + 86

Máximo común divisor

Descubre

Con las MANOS

Corta una tira de papel de 6 cuadritos.

- ¿De cuántas maneras puedes descomponer la tira en rectángulos iguales con un número exacto de cuadritos?
- ¿Y si la tira tuviera 15 cuadritos?
- ¿Cuántos cuadritos tiene el mayor rectángulo que aparece en la descomposición de las dos tiras?

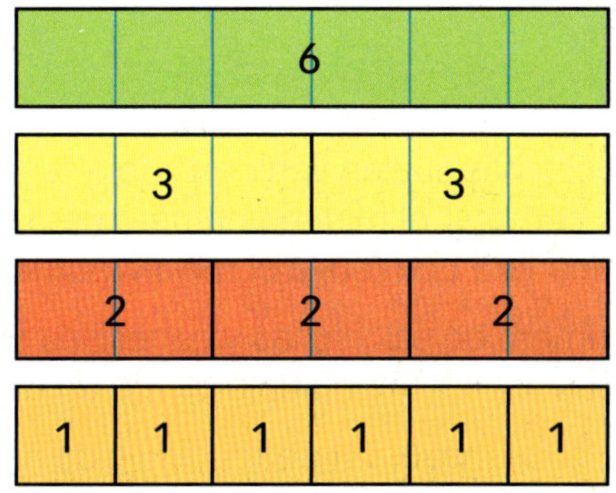

Aprende

El máximo común divisor de a y b se escribe m. c. d. (a y b).

El **máximo común divisor** de dos o más números es el mayor de sus divisores comunes.

Ejemplo Divisores de 6 = 1, 2, 3 y 6
Divisores de 15 = 1, 3, 5 y 15
→ m.c.d. (6 y 15) = 3

Practica

1. **CALCULA.**
   - m.c.d. (2 y 8)
   - m.c.d. (15 y 19)
   - m.c.d. (36 y 8)
   - m.c.d. (4 y 12)
   - m.c.d. (21 y 24)
   - m.c.d. (30 y 42)

2. **OBTÉN** el máximo común divisor de los siguientes grupos de números.
   - 9, 18 y 42
   - 8, 12 y 20
   - 5, 15, 20 y 35

   ➤ ¿Has calculado todos los divisores de cada número? ¿Hay formas más rápidaas de hallarlo?

Con las MANOS

TOMAD una baraja numérica del material del aula y quitad la carta con el 0. Extraed dos cartas al azar: la de menor valor representará el m. c. d. del valor de la otra carta y de un número desconocido. Quien lo averigüe primero ganará.

- ¿Hay siempre solución? ¿Cómo puedes averiguar en qué casos no la hay?

3. **JUSTIFICA** si estas afirmaciones son verdaderas o falsas. Pon algunos ejemplos para ayudarte.
   - Si el máximo común divisor de dos números es 1, entonces esos dos números son primos.
   - El máximo común divisor de dos números primos siempre es 1.

MatemáticaMENTE

Dos números son primos entre sí si su máximo común divisor es 1. Escribe varios ejemplos.

4. **LEE** y resuelve.

   Tienes un sobre con 24 semillas de orégano y otro sobre con 18 semillas de hinojo. Quieres plantar las semillas de cada tipo en macetas diferentes, pero con el mismo número de ellas en cada maceta.

   ¿Cuál es el número máximo de semillas que puedes poner en cada maceta? ¿Cuántas macetas de cada planta obtendrás?

Problemas de m. c. m. y m. c. d.

Descubre

Las salchichas suelen venir en paquetes de 5 y los panecillos en bolsas de 4. Quiero comprar el mínimo número de paquetes de salchichas y de panecillos de tal manera que tenga el mismo número de salchichas y de panecillos.

- El número de salchichas y panecillos que busco, ¿es mayor o menor que 5? ¿Y que 4? ¿Es un múltiplo de 5 o un divisor de 5? ¿Y de 4?
- ¿Busco el mayor número posible de salchichas y panecillos o el menor?

Aprende

Para resolver situaciones de divisibilidad, conviene reflexionar y hacerse preguntas como estas:

- ¿Los números que hay que obtener deben ser mayores o menores que los datos dados? Si son mayores, calculamos múltiplos. Si son menores, son divisores.
- ¿Se pide calcular el mayor o el menor número de varios posibles? Si hay que calcular el mayor valor, hallamos el m. c. d.; si es el menor, el m. c. m.

Ejemplo Eva tiene 10 refrescos y 15 zumos. Los coloca en bolsas con igual número de bebidas, todas del mismo tipo, de manera que haya el mayor número posible en cada bolsa y no sobren. ¿Cuántas bebidas debe poner en cada bolsa?

- El número de bebidas que hay que poner en cada bolsa debe ser menor que el número total de zumos y de refrescos. → Hay que calcular divisores.
- Quiere poner el mayor número posible de bebidas en cada bolsa. → Hay que calcular el m. c. d.

m. c. d. (10 y 15) = 5 → Debe poner 5 bebidas en cada bolsa.

Practica

1 **RESUELVE** estas situaciones.

- Paula está haciendo torres con piezas iguales de colores. Tiene 40 piezas amarillas y 25 piezas azules. Quiere hacer torres del mismo color y con el mismo número de piezas en cada una. Si prefiere que las torres sean lo más altas posible, ¿cuántas piezas debe tener cada torre?

- Un semáforo se pone rojo cada 36 s y otro semáforo cada 20 s. En este momento, los dos semáforos se han puesto en rojo a la vez. ¿Cuántos segundos pasarán como mínimo hasta que vuelvan a estar ambos en rojo?

2 **ESCRIBE** una pregunta para cada enunciado y resuélvelos usando el m. c. d. o el m. c. m.

- Jorge tiene 24 rosas y 20 claveles. Quiere hacer ramos lo más grandes posible, todos con igual número de flores y que sean del mismo tipo, sin que sobre ninguna.

- En un juego de ordenador, Lucía debe atrapar los globos azules, que valen 4 puntos, y Jorge los rojos, que valen 6. Los dos han obtenido la misma puntuación.

③ **LEE** y contesta.

Para combatir la gripe, Julio toma un jarabe cada 8 horas y una pastilla cada 12 horas. Acaba de tomarse las dos medicinas juntas.

- ¿Dentro de cuántas horas tomará por primera vez de nuevo las dos medicinas juntas?
- Hasta el momento en el que vuelva a coincidir, ¿cuántas veces se habrá tomado el jarabe? ¿Y la pastilla?
- Si en total debe tomar la medicación 7 días y comenzó tomándoselas a la vez, ¿cuántas veces coincidirá la toma de ambos medicamentos?

Con las MANOS

PREPARAD 20 tarjetas blancas y 2 tarjetas azules. En cada tarjeta blanca, escribid un número entre el 2 y el 21, sin repetir ninguno. En una tarjeta azul escribid m.c.m. y, en la otra, m.c.d. Elegid dos tarjetas blancas y una azul e inventad en equipo un problema que se resuelva con los datos de las tres tarjetas.

Podéis complicar algo más la situación sacando más de dos tarjetas blancas.

Conecta con la realidad

④ **OBSERVA** la frecuencia por cada tramo horario de estas tres líneas de tranvía y contesta.

LÍNEA	Lunes a viernes					
	00:00 - 06:00	06:00 - 08:00	08:00 - 10:00	10:00 - 16:00	16:00 - 22:00	22:00 - 00:00
L1	Sin servicio	18 min	12 min	18 min	12 min	18 min
L2	Sin servicio	12 min	9 min	12 min	9 min	12 min
L3	Sin servicio	6 min	4 min	8 min	4 min	8 min

- A las 18:00 h han coincidido dos tranvías en una estación: uno de la línea L2 y otro de la L3. ¿A qué hora volverán a coincidir los dos tranvías por primera vez en esa estación?
- A las 07:00 h han coincidido los tranvías de las tres líneas en una estación. ¿A qué hora volverán a coincidir por primera vez? ¿Cuántos tranvías de cada línea pararán antes de que vuelvan a coincidir?
- Por una avería, en el tramo horario de 10:00 h a 16:00 h, todos los tranvías de las líneas L1 y L2 han sufrido retrasos:

  L1 → 2 min de retraso

  L2 → 3 min de retraso

  Un tranvía de cada una de estas líneas ha parado a las 10:00 h en una estación. ¿A qué hora volverán a coincidir por primera vez en la estación los dos tranvías?

Cálculo MENTAL

Restar descomponiendo el sustraendo

49 = 40 + 9

76 − 49 = 76 − 40 − 9 = 36 − 9 = 27

34 − 21	87 − 34	55 − 38	75 − 47
58 − 15	96 − 22	64 − 49	81 − 56

Ordenar datos para que un problema se pueda resolver

1 **COLOCA** los datos de estos problemas en su lugar correcto para que tengan solución. Después, escribe en tu cuaderno los nuevos problemas y resuélvelos.

- Julieth salió de casa con 4,50 € en su monedero. Fue a ver a su amiga y cogió un billete de tren que le costó 26 €.

Las dos comieron juntas en un restaurante y la comida les costó 5 € en total, que pagaron a partes iguales entre ambas. Después, cogió el tren para volver a su casa, que también le costó 30 €.

En la estación, entró en una tienda y estuvo mirando algunas cosas que le llamaron la atención. Cuando llegó a casa vio que le quedaba un billete de 4,50 €.

¿Cuánto dinero se gastó en la tienda?

- Félix tiene cuatro hijas:
  - Carmen, que es la mayor, tiene 5 años.
  - Clara, que tiene 3 años menos que Carmen.
  - Azu, que es más pequeña que Clara y tiene 8 años menos que Carmen, pero que también es mayor que la hija menor, Inés, que tan solo tiene 16 años.

  ¿Cuántos años tiene Félix si su edad es la suma de los años que tienen sus hijas?

- El estadio en el que se va a celebrar la final del campeonato tiene 292 localidades. Hasta ayer se habían vendido 327 entradas, pero ayer, tras la emisión de los anuncios publicitarios en los medios de comunicación, en solo una tarde se vendieron 360 entradas más. Cuando ha comenzado el partido había 56 asientos ocupados y el resto de los espectadores llegó más tarde.

  ¿Cuántas personas llegaron con el partido comenzado?

- Laia tiene un rebaño de cabras. Para llevarlas a pastar ha decidido que hará cuatro grupos con ellas. El primer grupo, que estará formado por 14 cabras, lo llevará a los pastos del arroyo, donde la hierba es fresca pero no muy abundante.

  El segundo grupo, que tiene menos cabras que el tercero, está formado por 13 cabras, e irá a los pastos de la ladera del monte. El tercer grupo lo forman 12 cabras, y las llevará hasta el bosque. Y al último grupo, que tiene 11 cabras, y que será mayor que el primero, lo conducirá a la zona en la que siempre ha pastado, pero que este año tiene menos hierba porque no ha llovido demasiado.

  ¿Cuántas cabras tiene el rebaño?

TRATAMIENTO DE LA INFORMACIÓN

Interpretar diagramas de dispersión

1 **OBSERVA** el gráfico con las estaturas de un grupo de amigas y amigos según su edad y contesta.

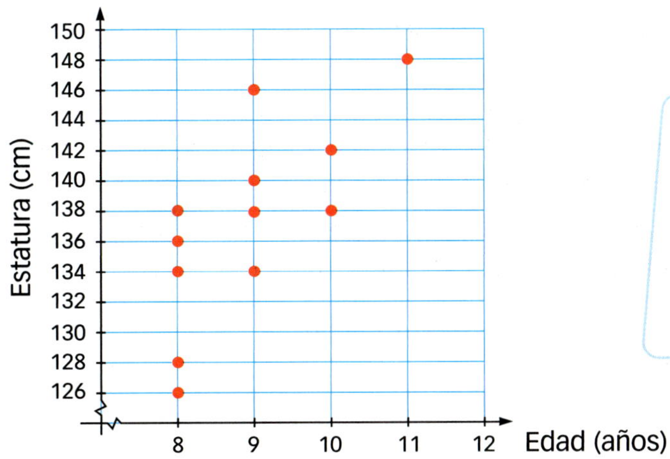

Hay 2 personas que tienen 10 años. Miden 138 cm y 142 cm, respectivamente.

- ¿Qué estatura tiene la persona más alta? ¿Qué edad tiene? ¿Y la mas baja?
- ¿Qué edades tienen las personas que miden exactamente 134 cm? ¿Cuántas personas son? ¿Y las que miden 138 cm?
- ¿Cuántas personas miden más de 138 cm? ¿De qué edades son? ¿Cuál es la estatura de cada una de ellas?
- ¿Cuántas personas tienen menos de 10 años? ¿Cuáles son su edad y su estatura?
- ¿A cuántas personas de cada edad se ha medido? ¿Cuál es la estatura que más se repite?
- ¿Es posible que una persona de 10 años mida menos que una persona de 9 años? ¿Por qué? ¿Cómo crees que está relacionada la edad con la estatura?

2 **LEE**, observa el diagrama de dispersión e indica si las siguientes afirmaciones son verdaderas o falsas.

Estos son los kilos de dos variedades de aceituna que han recogido durante 12 jornadas en la finca La Presilla.

VERDADERO O FALSO

- En la jornada en la que se recogieron 605 kg de picual, se recogieron 570 kg de arbequina.
- El mayor número de kilos recogidos de aceituna picual fue 610, y de arbequina, 620.
- En más de la mitad de las jornadas han recogido más de 580 kg de picual.

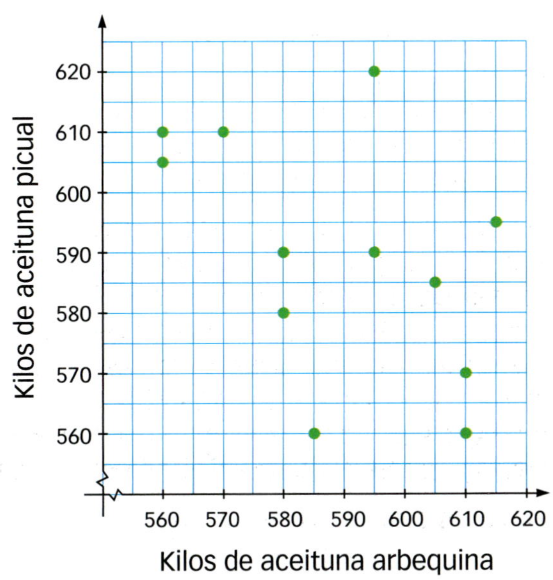

Comprueba tu progreso

1 **AVERIGUA** qué casilla azul es la salida si solo te puedes mover a través de casillas contiguas que contengan múltiplos de 7.

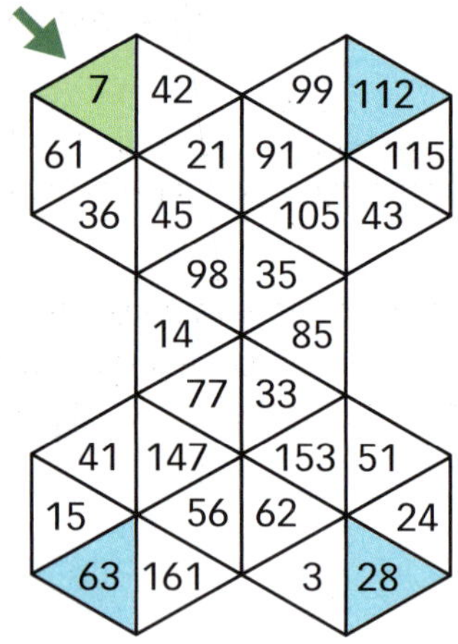

2 **ENCUENTRA** los siguientes números.

- Cinco múltiplos de 8 con más de dos cifras.
- Los divisores impares de 30.
- Los divisores de 34 que tengan dos cifras.

3 **AVERIGUA** si estos números son perfectos.

*Un número es **perfecto** cuando la suma de todos sus divisores, excepto él mismo, es ese número.*

14 **6** **32** **28** **40** **70**

4 **COPIA** en tu cuaderno y resuelve.

	(2)	3	~~4~~	5	~~6~~	7	8	9	10
11	12	13	14	15	16	17	18	19	20
21	22	23	24	25	26	27	28	29	30
31	32	33	34	35	36	37	38	39	40
41	42	43	44	45	46	47	48	49	50

- ¿El 2 es primo? Rodéalo y tacha sus múltiplos.
- ¿El 3 es primo? Rodéalo y tacha sus múltiplos.
- ¿El 5 es primo? Rodéalo y tacha sus múltiplos.
- Comprueba si los números que quedan por tachar son primos o compuestos. Tacha los compuestos y rodea los primos que hay.

5 **PIENSA** y contesta.

Un número de 75 cifras que comienza con 5 ochos y termina con 70 cincos, ¿es múltiplo de 2? ¿Y de 3? ¿Y de 5?

6 **PIENSA** y responde, poniendo ejemplos.

- ¿Puede un número ser divisible por 2, por 5 y por 3 a la vez?
- ¿Puede un número de tres cifras ser divisible por 5 y por 9 a la vez, pero no serlo por 3?

7 **CALCULA**.

m.c.m.: 12 y 5 — 9 y 24 — 5, 9 y 12

m.c.d.: 30 y 24 — 52 y 18 — 42, 21 y 14

8 **PIENSA** y responde.

- Encuentra dos parejas de números que tengan el mismo m. c. d. ¿Conoces alguna estrategia para hallarlas rápidamente?
- ¿Puedes encontrar dos parejas de números que tengan el mismo m. c. m.? ¿Cómo lo has hecho? ¿Qué estrategia has utilizado?

9 **LEE** y resuelve.

- Una novela tiene entre 200 y 250 páginas. Si las cuentas de 2 en 2, no sobra ninguna, y de 3 en 3, tampoco. ¿Cuántas páginas puede tener?
- Estos son los días que tardan en llegar al puerto tres barcos. Hoy han coincidido los tres en el puerto. ¿Cuántos días tienen que pasar como mínimo para que vuelvan a coincidir?

- Una guirnalda de luces tiene bombillas de tres colores: rojas, azules y amarillas. Las rojas se encienden cada 6 s y las azules cada 8 s. ¿Cada cuánto tiempo se pueden encender las amarillas si las bombillas de los tres colores se encienden a la vez cada 24 segundos?

- En una frutería van a envasar 42 manzanas, 36 peras y 48 ciruelas en bolsas con igual número de piezas. Cada bolsa debe ser de un único tipo de fruta y todas deben tener el mayor número posible. ¿Cuántas piezas de fruta pondrán en cada bolsa para que no sobre ninguna?

Aplica lo que has aprendido

10 **OBSERVA** este bordado a punto de cruz y contesta.

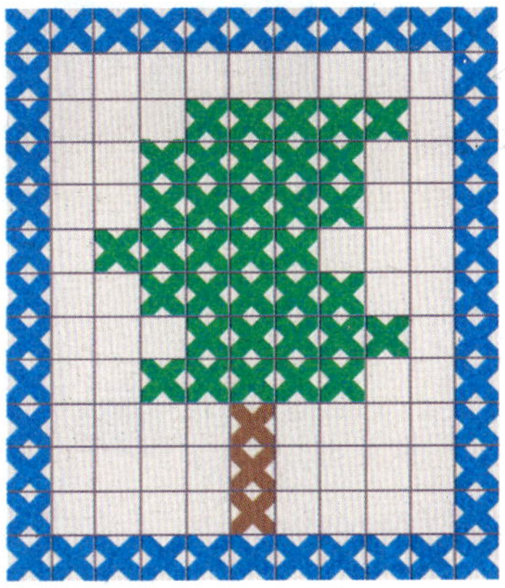

- ¿Tiene cada fila del árbol el mismo número de cruces verdes? ¿Es el total de cruces verdes múltiplo de ese número?
- ¿Se puede averiguar a partir del dibujo de qué número es múltiplo el total de cruces azules?
- Para hacer una cenefa hay que bordar varias veces este dibujo. Si decides bordarlo 8 veces, ¿de qué números es múltiplo el total de cruces verdes? ¿Y de cruces azules?
- Tienes una tela para bordar formada por 80 cuadritos de largo y 32 cuadritos de ancho. Quieres rellenarla entera bordando un dibujo cuadrado varias veces. ¿Qué dimensiones puede tener el dibujo que quieres bordar? ¿Cuál será el mayor?

11 **LEE** y resuelve.

Para hacer un sándwich de jamón y queso suelo utilizar 2 rebanadas de pan, una loncha de jamón y una loncha de queso.

Sobre de jamón: 8 lonchas

Sobre de queso: 6 lonchas

Paquete de pan: 18 rebanadas

- ¿Para cuántos sándwiches tengo con un paquete de pan? ¿Y con un sobre de jamón? ¿Y con un sobre de queso?
- ¿Cuántas lonchas de jamón y de queso tengo que comprar como mínimo para tener el mismo número de lonchas de jamón y de queso? ¿Cuántos sobres serán de cada producto?
- ¿Cuántos paquetes de pan, sobres de jamón y sobres de queso tengo que comprar como mínimo para poder hacer sándwiches sin que me sobre ni me falte de nada?

Valora tu aprendizaje

12 **REFLEXIONA** sobre lo que has aprendido en esta unidad y contesta en tu cuaderno.

- Si tienes dificultades con alguna actividad, ¿tratas de hacerla de otra manera?
- ¿Eres capaz de pedir ayuda a los demás si es necesario?

Enfréntate al DESAFÍO

TRES VECINOS

ESCRIBE grupos de tres números consecutivos y calcula su suma. ¿Qué observas? ¿Qué tienen en común los resultados? ¿Cómo puedes saber que siempre será así?

Leo, leo... ¿Qué lees?

Los libros nos transportan con la mente a otros lugares y nos hacen vivir aventuras inimaginables. Nos acompañan a lo largo de nuestra vida y con ellos vamos aprendiendo y creciendo.

¿Cuántos libros lees al año? ¿Los lees en varios idiomas? ¿Son libros traducidos?

1 **Observa los datos que aparecen en la primera doble página de la unidad y contesta.**

- ¿Cuántos títulos se editaron en 2019 en España?
- ¿Cuántos títulos se editaron de Artes?
- ¿Cuántos títulos se editaron en euskera? ¿Y en gallego?
- De los títulos editados, ¿cuál fue el número de páginas más común? ¿Y el menos común?

2 **Analiza los datos y contesta.**

- ¿Por qué crees que el tema más habitual fue Literatura?
- ¿Por qué no coincide el total de títulos editados por tema con el total de títulos según su cantidad de páginas?
- Fíjate en el número de títulos editados en lenguas oficiales y lenguas propias. ¿Cuántos son en total? ¿Es distinto al número total de títulos editados según su cantidad de páginas? ¿Por qué crees que es así?
- ¿Cuántos títulos se editaron en España en lenguas extranjeras?

3 **Observa el número de títulos según el número de páginas que se imprimieron en 2019 y contesta.**

- Un folleto tiene de 5 a 48 páginas. ¿Cuántas páginas de folletos se imprimieron como mínimo en 2019? ¿Y cómo máximo? ¿De qué número es múltiplo cada uno?
- Estima el número de páginas que se imprimieron en títulos de 101 a 200 páginas. ¿Cómo has estimado?
- ¿Cuántas páginas se imprimieron de títulos de más de 1.000 páginas? ¿En qué te basas para tu estimación?

4 **Fíjate en tu libro favorito y contesta.**

- ¿En qué lengua está? ¿Cuántas páginas tiene?
- Los libros se suelen imprimir en pliegos de 8 páginas. ¿Cuántos pliegos se han usado para tu libro? ¿Quedó alguna página en blanco?
- Investiga el número de páginas de otros libros de tu casa.¿Es divisible por 8? ¿Y por 4?

Actividades

1 **ESCRIBE** cómo se leen los siguientes números.

- 12.362.580
- 506.364.252
- 458.003.530
- 250.100.690
- 775.050.500
- 26.300.471
- 389.695.100
- 975.060.050
- 800.000.743
- 990.990.009

2 **ORDENA** cada grupo de números como se indica.

De mayor a menor

21.052.360 21.005.236 21.053.365 210.523.600 21.520.360 210.522.600

De menor a mayor

175.000.620 17.600.999 17.599.888 174.999.556 174.998.999 175.000.700

3 **PIENSA** y escribe en tu cuaderno el número anterior y el posterior a cada uno.

- 100.000.000
- 989.360.000
- 874.521.099
- 99.000.999
- 680.154.199
- 365.300.010

4 **EXPRESA** cada producto en forma de potencia y calcula su valor.

- $2 \times 2 \times 2 \times 2 \times 2$
- $4 \times 4 \times 4 \times 4 \times 4 \times 4$
- $3 \times 3 \times 3$
- $6 \times 6 \times 6 \times 6$

5 **ESCRIBE** la expresión polinómica de los siguientes números.

- 1.000.520
- 45.258.406
- 250.240.850
- 844.000.009
- 36.365.003
- 50.020.395
- 408.007.060
- 981.607.200

Problemas

6 En un concierto hay tres áreas: pista, gradas y zona VIP. El aforo es de 5.630 personas. La mitad de ellas se ubican en la pista y 450 en la zona VIP. ¿Cuántas personas caben en las gradas?

7 El precio de una entrada en la pista es de 62 € y, en la grada de 75 €. Si la sala puede recaudar como máximo 392.405 €, ¿cuánto cuesta una entrada en la zona VIP?

8 Un grupo de 12 amigas quiere comprar las entradas para asistir a un concierto de rock. Han encontrado una oferta en la que se descuenta 5 € por entrada. Si en total les cuestan 840 €, ¿de qué zona han sacado las entradas?

9 El grupo musical que actúa en la sala cobrará la cuarta parte de la recaudación obtenida. Si quedan sin vender 15 entradas en las gradas y 28 en la zona VIP, ¿cuánto cobrará el grupo?

¿Dónde está ese lugar?

Comparte tus preguntas

- Inventa una pregunta que incluya la expresión *por encima de*.
- Plantea una pregunta de forma que para resolverla haya que hacer una comparación de números.

3

Haz memoria

- Representa en la recta numérica.

  1,7   2,9   3,2   4,8

- Dibuja unos ejes de coordenadas y representa estos puntos:

  $A(2, 3)$ $B(3, 4)$ $C(2, 5)$ $D(0, 4)$ $E(5, 0)$

Coordenadas geográficas

Pekín (China)
Latitud: 39° norte
Longitud: 116° este

Nueva York (Estados Unidos)
Latitud: 40° norte
Longitud: 74° oeste

Buenos Aires (Argentina)
Latitud: 34° sur
Longitud: 58° oeste

Sídney (Australia)
Latitud: 33° sur
Longitud: 151° este

Resuelve mentalmente

- Si Pekín estuviera 17 grados más al norte, ¿cuál sería su latitud?
- Si Buenos Aires estuviera 12 grados menos al oeste, ¿cuál sería su longitud?

TU PLAN DE TRABAJO

Aprenderás

- Los números enteros
- La recta numérica y la comparación de números enteros
- La suma y la resta de números enteros
- Los problemas con números enteros

Pasarás a la acción

- LABORATORIO DE PROBLEMAS
- TRATAMIENTO DE LA INFORMACIÓN

Pondrás a prueba lo aprendido

- COMPRUEBA TU PROGRESO
- SITUACIÓN DE APRENDIZAJE
- REPASA LO QUE SABES

Números enteros

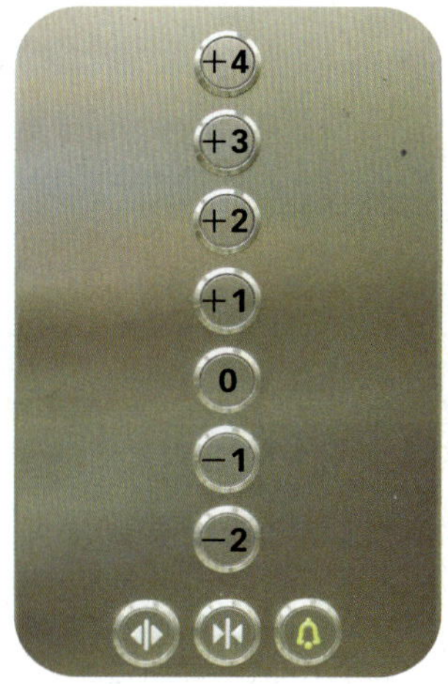

Descubre

Observa el panel del ascensor de un edificio y contesta.

- ¿En qué número tienes que apretar si quieres ir a la segunda planta? ¿Y si vas a la tercera?
- ¿A qué lugar llegas si pulsas el 0? ¿Y el −1? ¿Y el −2?
- ¿Qué diferencias hay entre la planta +1 y −1?

Aprende

Los números ...−3, −2, −1, 0, +1, +2, +3, +4... son **números enteros**. Se clasifican del siguiente modo:

- Los números enteros positivos son +1, +2, +3, +4, +5...
- Los números enteros negativos son −1, −2, −3, −4, −5...
- El número 0 es un número entero, pero no es positivo ni negativo.

Ejemplo La segunda planta de un edificio se representa con el número +2, la planta baja se suele representar con el 0 y la segunda planta del sótano con −2.

Practica

1 **INDICA** cuáles de los siguientes números son enteros, justificando tu respuesta.

2 **CLASIFICA** los números enteros de cada grupo.

- −3, +4, +7, −10, −5, 0, −2, +9, −12
- 8, −6, 12, 15, −25, −7, 7, −14, 0, 1

3 **COPIA** este esquema en tu cuaderno y dibuja.

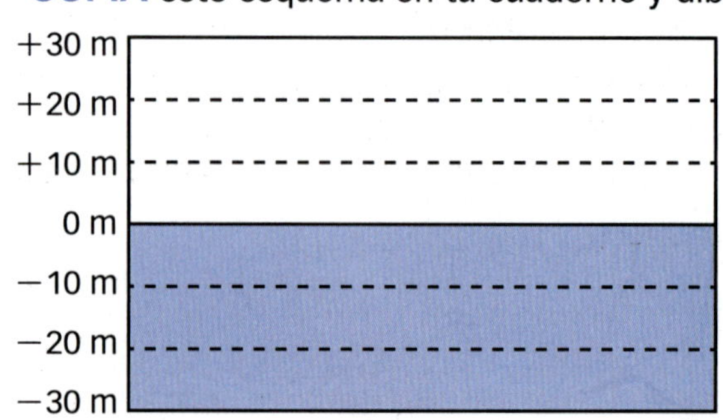

- Un pájaro a 20 m sobre el nivel del mar.
- Un pez a 20 m de profundidad.
- Una avioneta a 30 m de altitud.
- Un submarinista a 10 m de profundidad.
- Un barco navegando.

4 **OBSERVA** e indica qué temperatura marca cada termómetro.

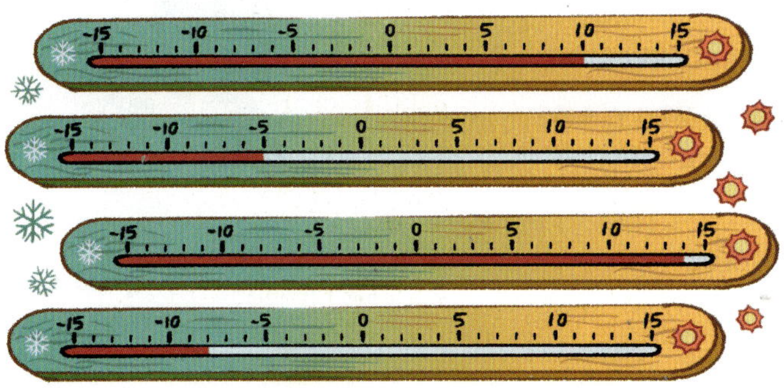

5 **ESCRIBE** un número entero que asocies a cada situación.

- La consulta médica está en el segundo piso.
- Debes 300 euros.
- El nivel del mar.
- La temperatura mínima fue de 5 grados bajo cero.
- Una tortuga está nadando entre 250 m y 200 m de profundidad.
- El avión se mantuvo entre 700 m y 800 m de altitud.

Conecta con la realidad

6 **OBSERVA** las placas de los ascensores de estos cuatro hoteles y contesta.

- Los hoteles Conforta y Relaxio tienen el mismo número de plantas de habitaciones, pero en Conforta hay menos plantas de aparcamiento. ¿Cuántas plantas de habitaciones y de aparcamiento tiene cada uno?
- La placa con 7 plantas de habitaciones corresponde al hotel Tranquilum. ¿Cuántas plantas de aparcamiento tiene este hotel?
- Si en el hotel Casa Calmada hubiera una planta más de aparcamiento, ¿qué otro número debería figurar en la placa del ascensor? ¿Y si tuviera una planta más de habitaciones?

MatemáticaMENTE

Aristóteles es un filósofo que nació en el año 322 antes de Cristo. Hipatia es una matemática que nació en el año 355 después de Cristo. ¿Cómo escribirías esos años con un número entero?

Cálculo MENTAL

Para cada número, calcula cuánto le falta para llegar a 100 y, después, para llegar:

- **A 140:** 1 6 3 8 7 9 5 2 4
- **A 190:** 3 5 9 4 6 8 7 2 1

¿Cómo lo calculas?

La recta numérica. Comparación de enteros

Descubre

Dibuja una recta numérica en tu cuaderno, elige un punto y márcalo como +2.

- Sitúa ahora +1, ¿lo colocas a la derecha o a la izquierda de +2? ¿Y +4? ¿Dónde colocarás los números mayores que +2? ¿Y los menores?
- Sitúa ahora el 0. ¿Dónde colocarás el −1, a la derecha o a la izquierda del 0? ¿Dónde irán situados todos los números negativos, a la derecha o a la izquierda del 0?
- Marca el número −2. ¿Lo colocas a la derecha o a la izquierda de −1? ¿Y −3?

Aprende

Los números enteros se representan de forma ordenada en la recta numérica:

- A la izquierda del 0 se sitúan los enteros negativos.
- A la derecha del 0 se sitúan los enteros positivos.

Todos los números situados a la izquierda de un número son menores que él.
Los situados a su derecha son mayores.

Ejemplo Para comparar −4 y −2, se representan en la recta numérica.

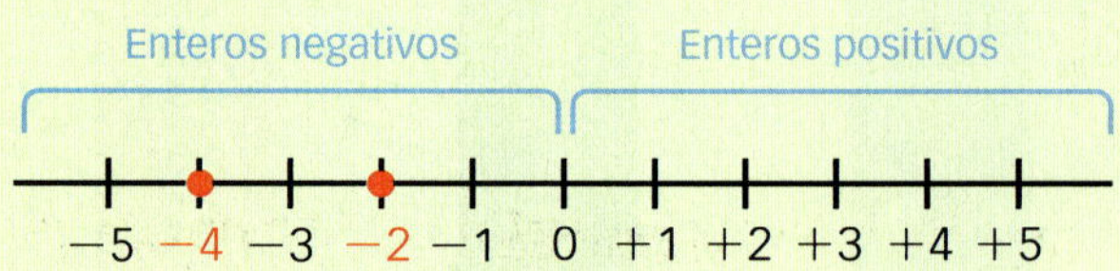

−4 está a la izquierda de −2. → $-4 < -2$

Practica

1 **COPIA** la recta numérica en tu cuaderno y complétala con los números que faltan.

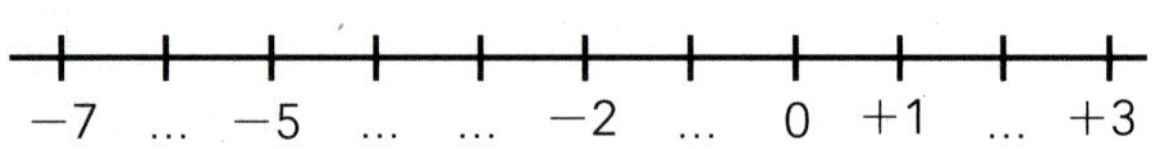

- Cuál es el mayor número que has representado? ¿Y el menor?

2 **REPRESENTA** cada pareja de números en la recta numérica y compáralos, escribiendo el signo adecuado.

- −4 y +4
- −8 y 0
- +1 y 11
- −7 y −10
- 6 y −9
- 0 y 7

3 **DI** el número anterior y posterior en cada caso.

- ■ < −3 < ■
- ■ < 0 < ■
- ■ < −1 < ■
- ■ < −5 < ■

Con las MANOS

PREPARAD, por parejas, 20 tarjetas con un número entero en cada tarjeta. Debe haber 10 números positivos y 10 negativos diferentes. Cada estudiante tiene que sacar sin mirar una de las tarjetas del montón y compararla con la de su pareja. Quien haya sacado el número menor ganará.

4 **ESCRIBE** tres números enteros, si se puede.

- Mayores que −5 que no sean negativos.
- Mayores que −8 y menores que 0.
- Menores que −6 que sean positivos.
- Mayores que +4 que sean negativos.

➤ ¿En qué casos no has encontrado solución?

MatemáticaMENTE

- ¿Es siempre posible encontrar un número mayor que cualquier entero positivo?
- ¿Es siempre posible encontrar un número menor que cualquier entero negativo?

5 **ORDENA** estos grupos de números.

De menor a mayor
−2 +3 −4
0 −1 +2

De mayor a menor
+8 −3
−6 +1
+5 −10
0 +6

6 **PIENSA** y completa cada frase con la palabra *mayor* o *menor* para que sean ciertas.

- Cualquier número entero positivo es … que 0.
- Cualquier número entero negativo es … que 0.
- Cualquier número entero negativo es … que cualquier número entero positivo.
- Cualquier número entero positivo es … que cualquier número entero negativo.

Conecta con la realidad

7 **OBSERVA** las temperaturas mínimas que se alcanzaron una noche de invierno en varios pueblos y contesta.

Peñacerrada	Dobres	La Hiruela	Almuñécar	Cantalojas	Taüll
−12 °C	+2 °C	−1 °C	+10 °C	−9 °C	−4 °C

- ¿En qué pueblo la temperatura fue más baja? ¿Y más alta?
- Ordena los pueblos de menor a mayor según la temperatura mínima que hizo ese día.
- En el pueblo de Valderrobres, la temperatura mínima registrada esa noche estuvo entre las temperaturas mínimas de Dobres y Cantalojas. ¿Cuál pudo ser?
- Hoy en La Hiruela se han registrado temperaturas menores que las de aquella noche. ¿Cuáles han podido ser?
- La previsión del tiempo indica que mañana, en Peñacerrada, subirá la temperatura mínima, aunque seguirá estando bajo cero. ¿Qué temperatura mínima podrá haber mañana en Peñacerrada?

Cálculo MENTAL

Sumar 1.001, 2.001, 3.001...

3.125 —(+ 1.000)→ 4.125 —(+ 1)→ 4.126 (+ 1.001)

2.798 + 1.001	3.089 + 3.001	5.250 + 5.001
3.505 + 2.001	3.859 + 6.001	6.478 + 8.001
4.367 + 3.001	2.239 + 7.001	8.289 + 9.001

Escribe 8.238 y 5.260 como suma de un número más 2.001.

Suma y resta de enteros

Descubre

Imagina que estás en un edificio de varios pisos que tiene también plantas de sótano.

- Estás en la planta 1 y subes 3 plantas, ¿a qué planta llegas? ¿Y si estabas en la planta -3 y has subido 2 plantas?
- Estás en la planta 2 y bajas 3 plantas, ¿a qué planta llegas? ¿Y si estabas en la planta -1 y has bajado 2 plantas?

Aprende

Para **sumar** y **restar** números enteros es conveniente utilizar la recta numérica.

- En una suma hay que moverse desde el primer sumando hacia la derecha tantos lugares como indique el segundo sumando.

Ejemplos

$+1 + 3 = +4$ →

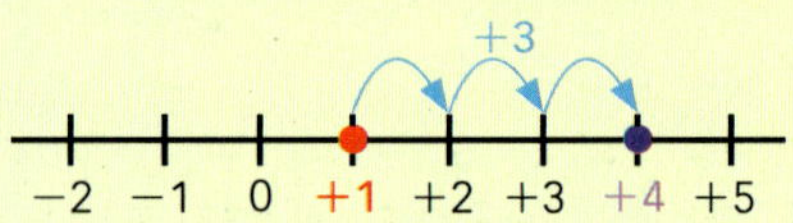

$-3 + 2 = -1$ →

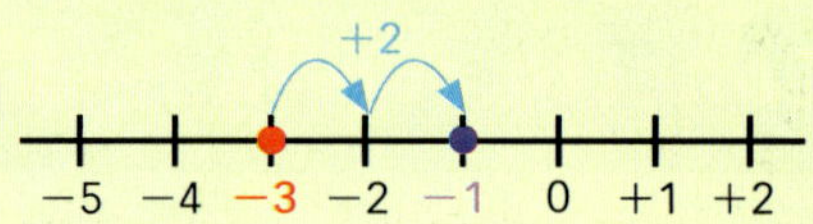

- En una resta hay que moverse desde el minuendo hacia la izquierda tantos lugares como indique el sustraendo.

Ejemplos

$+2 - 5 = -3$ →

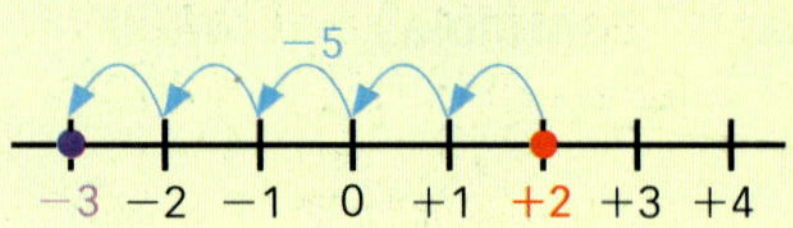

$-2 - 4 = -6$ →

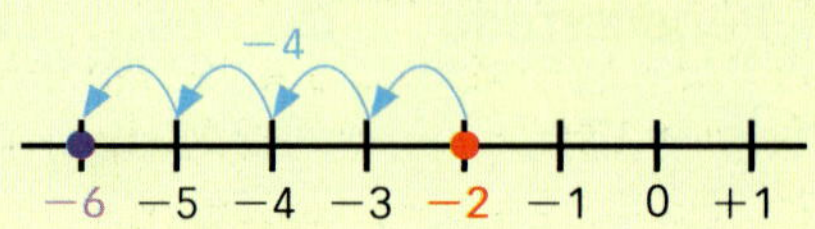

Practica

Si lo necesitas, ayúdate con la recta numérica.

1 **CALCULA** las siguientes sumas y restas de números enteros.

- $+9 + 4$
- $-8 + 3$
- $-4 - 5$
- $+1 - 6$
- $-9 + 12$
- $-3 - 10$
- $12 - 15$
- $5 - 3$
- $-7 + 7$
- $+10 - 14$

› Ahora, de los resultados obtenidos, rodea aquellos que sean negativos.

2 **LEE** y resuelve.

- Marta estaba en el segundo sótano de un edificio y subió cuatro plantas. ¿A qué planta llegó?
- Ricardo estaba en la sexta planta y bajó 7 plantas. ¿Llegó a un sótano? ¿A cuál?
- Ahora, Marta y Ricardo quieren encontrarse en la planta baja. ¿Cuántas plantas debe subir o bajar cada persona?

3 **LEE** y calcula, expresando las operaciones con números enteros.

- Patricia debía 22 € y ha devuelto 14 €. ¿Cuánto dinero debe ahora?
- Una barra de pan está a 15 °C. La metemos en un congelador y su temperatura desciende 20 grados. ¿A qué temperatura está ahora?
- Un batiscafo de observación científica estaba a 250 m bajo el nivel del mar. Primero, descendió 50 m y, después, ascendió 200 m. ¿A qué profundidad está ahora?

4 **PIENSA** y contesta.

- Debes una cantidad de dinero y te prestan más. ¿Debes más dinero que antes?
- Debes dinero y cobras una cantidad que usas para pagar esa deuda. ¿Sigues debiendo dinero? ¿De qué depende que debas o no?

MatemáticaMENTE

El **número opuesto** de un número entero es él mismo pero cambiado de signo.

- Pon ejemplos de enteros que sean opuestos.
- ¿Cuál es el resultado de la suma de un número entero y su opuesto?

Conecta con la realidad

5 **LEE y completa la tabla en tu cuaderno a medida que vayas averiguando los datos.**

En un laboratorio están analizando distintas sustancias para ver a qué temperaturas comienzan a pasar de sólido a líquido y de líquido a gas, respectivamente.

– El bromo está en estado sólido a una temperatura de −15 °C y lo van a calentar 8 grados para que comience a hacerse líquido.

– Han calentado el fósforo sólido 47 grados y ahora está comenzando a hacerse líquido, a 44 °C.

- ¿A qué temperatura comienza a hacerse líquido el bromo?
- ¿A qué temperatura inicial estaba el fósforo?
- Si el bromo lo calientan de nuevo 52 grados y el fósforo 236 grados, ambos comienzan a hacerse gaseosos. ¿A qué temperatura ocurre para cada sustancia?

	Bromo	Fósforo
Temperatura inicial a la que está sólido		
Temperatura a la que se hace líquido		
Temperatura a la que se hace gas		

Cálculo MENTAL

Restar 1.001, 2.001, 3.001…

4.658 —(− 1.000)→ 3.658 —(− 1)→ 3.657 (en total: − 1.001)

2.451 − 1.001	6.220 − 5.001	7.654 − 3.001
3.635 − 2.001	8.456 − 6.001	5.360 − 4.001
4.877 − 3.001	9.430 − 7.001	9.800 − 8.001

Escribe 2.475 y 4.089 como la resta de un número menos 3.001.

Problemas con números enteros

Descubre

El agua de una fuente está ahora a una temperatura de 10 °C.
Por la noche su temperatura disminuirá 12 grados.
¿A qué temperatura estará por la noche el agua?

- ¿Puedes escribir los datos utilizando números enteros? ¿Cómo?
- ¿Qué operación tienes que realizar para resolver el problema?

Aprende

Para resolver problemas con números enteros, antes de empezar sigue estos pasos:

1.º Lee el problema e identifica los datos, decidiendo si se trata de enteros positivos o negativos.

2.º Piensa si hay que realizar una comparación, una suma o una resta.

Ejemplo Estás en el segundo sótano de un edificio y quieres subir cuatro plantas. ¿A qué planta llegarás?

Segundo sótano → -2
Cuatro plantas → 4
Subir → Suma

→ $-2 + 4 = +2$
Llegarás a la segunda planta.

Algunas palabras clave que te pueden ayudar son:

Suma → Subir, añadir, aumentar, en total…

Resta → Bajar, quitar, disminuir…

Practica

1 **OBSERVA** la resolución de este problema y corrige los errores.

Una ardilla está en la rama de un árbol a 2 m de altura y sube 4 m para llegar a la copa. Después, desciende 7 m hasta llegar a su madriguera. ¿Es subterránea su madriguera? ¿Con qué número expresas su posición?

$2 + 4 = 6$
$7 - 6 = 1$
La madriguera está a 1 m de altitud. No es subterránea.

Con las MANOS

PREPARAD cuatro tarjetas y un dado.
En dos de las tarjetas deberéis escribir un signo $-$ y, en las otras dos, un signo $+$.
Lanzad dos veces el dado, sacad dos tarjetas y formad una expresión matemática con los dos signos y los dos números.
Inventad un problema que se resuelva con esa expresión y obtened su solución.

2 **ESCRIBE** una operación con números enteros que represente cada situación.

- La temperatura ha subido 3 grados desde anoche, en la que fue de 2 grados bajo cero.
- La temperatura es ahora dos grados más baja que hace una hora, cuando era de 1 grado bajo cero.

3 **INVENTA** un problema con números enteros en el que los siguientes números o grupos de números puedan ser su solución.

- −6
- +5
- 0
- −8 y −9
- Los enteros mayores que 0.
- Los enteros menores que −2.

Conecta con la realidad

4 **OBSERVA** el dibujo y contesta.

- ¿Cuántos metros descenderá el pájaro para llegar al coco de la palmera?
- ¿Y para pescar al pez naranja?
- ¿Qué animales están por debajo del nivel del mar?
- ¿Cuántos metros miden las algas rojas del fondo?
- Si el tiburón asciende 10 m, ¿llegará hasta el pez naranja?
- ¿Cuántos metros debe ascender la tortuga para llegar a tierra?
- Si la tortuga desciende 6 m, ¿conseguirá alcanzar las algas?

5 **PIENSA** y resuelve.

El Taipei 101 es uno de los rascacielos más altos del mundo. Se encuentra en Taiwán y, como su nombre indica, consta de 101 plantas no subterráneas.

- Desde la planta más alta del edificio hay que bajar 106 plantas para llegar al último sótano. ¿Cuántos sótanos tiene en total el Taipei 101?
- Una de las plataformas de observación del Taipei 101 se encuentra en la planta 89. Si desde el cuarto sótano subes 91 plantas, ¿llegarás a ella?
- En la quinta planta se localiza un centro comercial. Si desde allí bajas 8 plantas, ¿a qué sótano llegarás?

La Torre de Cristal (Madrid) consta de 45 plantas de oficinas, 5 de maquinaria, planta baja y azotea, además de las plantas subterráneas.

- ¿Cuántas plantas no subterráneas tiene más el Taipei 101 que la Torre de Cristal?
- Si la Torre de Cristal tiene más plantas subterráneas que el Taipei 101, ¿cuántos sótanos puede tener?
- Bajando 58 plantas desde la azotea de la Torre de Cristal se llega a la última planta subterránea. ¿Cuántas plantas subterráneas tiene?

Extraer datos de la resolución de un problema

1 **COMPLETA** estos enunciados en tu cuaderno, teniendo en cuenta las operaciones que se han calculado para resolverlos. Después, escribe su solución.

- En un taller tienen que cambiar las ruedas a ☐ coches, ☐ motos y ☐ camiones de ☐ ruedas. ¿Cuántas ruedas necesitan en total?

$8 \times 6 = 48$

$7 \times 4 = 28$

$2 \times 9 = 18$

$48 + 18 + 28 = 94$

- En mi colegio hay ☐ clases de 6.º de Primaria. En el grupo A, que es el que más estudiantes tiene, hay más chicas que chicos: ☐ chicas y ☐ chicos. El grupo B, que es donde menos estudiantes hay, es el que más chicos tiene: ☐ chicos y ☐ chicas. En el grupo C hay ☐ chicos y ☐ chicas. ¿Cuántos estudiantes de 6.º de Primaria hay en mi colegio?

$14 + 6 = 20$

$12 + 11 = 23$

$13 + 8 = 21$

$20 + 21 + 23 = 64$

- Un estudiante quiere hacer ☐ cursos este trimestre: un curso de informática, que tiene en total ☐ horas de clase en todo el trimestre, y otro de electrónica, que tiene ☐ horas más que el de informática. El curso de electrónica es el más caro, cuesta en total ☐ €, y el de informática, ☐ €. ¿Cuántas horas tiene que asistir a clase cada mes y cuánto cuestan en total los dos cursos mensualmente?

$42 : 3 = 14$

$42 + 6 = 48$

$48 : 3 = 16$

$14 + 16 = 30$

$96 + 105 = 201$

$201 : 3 = 67$

TRATAMIENTO DE LA INFORMACIÓN

STEAM lab 3

Interpretar coordenadas cartesianas

1 **OBSERVA** el mapa y contesta.

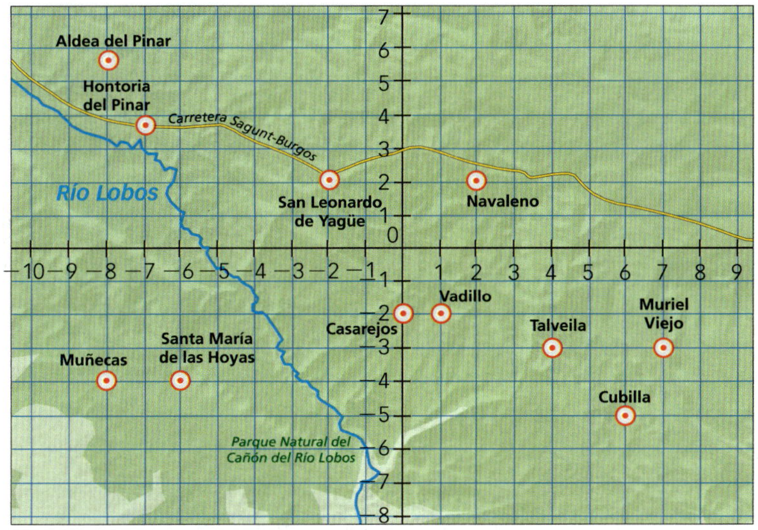

Para indicar dónde se sitúa un punto se utilizan las coordenadas cartesianas.

En este mapa, Vadillo se sitúa en el punto (1, –2).

- Indica las coordenadas de cinco pueblos que aparezcan en el mapa.
- ¿Qué coordenada tienen en común Muñecas y Santa María de las Hoyas? ¿Y Muñecas y Aldea del Pinar? Encuentra otra pareja de pueblos que compartan una de sus coordenadas.
- ¿Cómo serán las coordenadas de un pueblo que esté sobre los ejes?
- ¿Puedes indicar las coordenadas de tres puntos por los que pase el río Lobos?

2 **COMPLETA** la tabla con el dinero que tienes o debes cada día, e indica si son ciertas o no las siguientes afirmaciones.

Día	Dinero (€)
1	
2	
3	
4	
…	

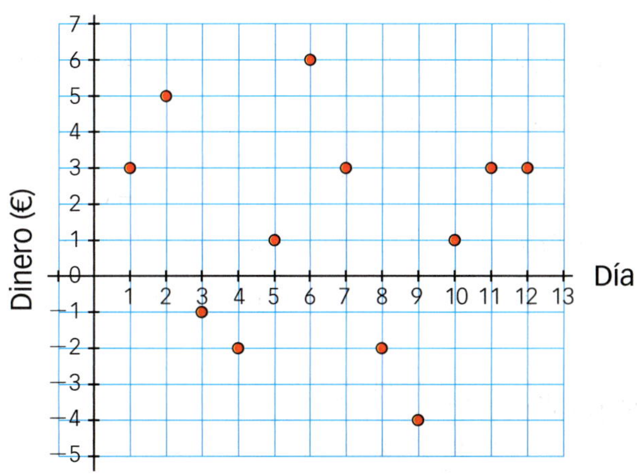

VERDADERO O FALSO

- Ha habido más días en los que debías dinero que en los que no.
- Ha habido cuatro días en los que el dinero que tenías era el mismo.
- Dos días debiste más de 3 €.

- Ahora, observa el ejemplo e inventa un texto que explique cómo ha ido variando el dinero que tenías cada día.

El primer día tenía 3 €. El segundo, mis abuelos me dieron 2 €. En el tercer día quise comprarme un cuaderno, pero como no me llegaba el dinero tuve que pedir prestado 1 €…

Comprueba tu progreso

1 **EXPLICA** qué son los números enteros y pon ejemplos de situaciones en las que se utilicen.

2 **ESCRIBE** el número entero que asocias a cada localización de un centro comercial y represéntalos en la recta numérica.

- El aparcamiento está en el tercer sótano.
- Los restaurantes se sitúan en la tercera planta.
- En el primer sótano hay un almacén.
- En la planta baja están los cajeros automáticos.

3 **REPRESENTA** en la recta numérica y contesta.

(rojo) −9, +4, 3, 0 (naranja) +8, −3, −2, −5

- ¿Cuál es el mayor número representado con un punto rojo?
- ¿Cuál es el menor número representado con un punto naranja?
- Escribe tres números que sean menores que el menor de todos los números.
- Escribe tres números que sean mayores que el mayor de todos los números.

4 **ORDENA** cada grupo de números.

- De menor a mayor: −3, +9, −4, 7, 0, −1.
- De mayor a menor: 4, 0, −6, −12, 9, 1.

5 **ESCRIBE** cada número como resultado de una operación entre enteros.

−2 +5 0 −7

6 **AVERIGUA** qué camino has recorrido en este jardín, sabiendo que has ido por los tramos que tienen el mismo resultado.

7 **CONTESTA** para cada operación.

Suma 4 a un número positivo.	Suma 4 a un número negativo.
Resta 4 a un número positivo.	Resta 4 a un número negativo.

- ¿Es el resultado positivo, negativo o depende de los números?
- ¿Es el resultado mayor o menor que el primer término de la operación?

8 **LEE** y resuelve.

En un videojuego, cada personaje tiene un determinado número de puntos de vida. Con cada tropiezo o caída pierden 5 puntos de vida. Cuando se queden con puntos de vida negativos, entrarán en modo de aturdimiento, y deberán esperar un tiempo para continuar jugando.

- La elfa tiene ahora 7 puntos de vida. Si se tropieza una vez, ¿se quedará aturdida? ¿Y si vuelve a tropezar una segunda vez?
- El trol estaba aturdido con −2 puntos. Tras esperar el tiempo necesario recuperó 15 puntos. ¿Cuántos puntos de vida tiene el trol?

9 **OBSERVA** las temperaturas y resuelve.

Gabriela anotó la temperatura que hizo ayer en su ciudad en tres horas distintas.

- De las 9 de la mañana a las 3 de la tarde, ¿subió o bajó la temperatura? ¿Cuántos grados? ¿Y desde las 3 de la tarde hasta las 9 de la noche?
- A las 12 del mediodía había 4 grados menos que a las 3 de la tarde, y a las 6 de la tarde había 2 grados más que a las 9 de la noche. De las 12 a las 6, ¿cuánto subió o bajó la temperatura?
- Inventa una temperatura posible para las 8 y las 10 de la mañana. ¿A cuál de las dos horas hacía más calor? ¿Cuántos grados más?

Aplica lo que has aprendido

10 **FÍJATE en la temperatura de congelación necesaria para cada producto y responde.**

En un supermercado disponen de tres congeladores para congelar cada tipo de producto: uno está a −20 °C, otro a −12 °C y otro a 8 grados bajo cero.

Entre −22 °C y −18 °C.	Entre −15 °C y −5 °C.	Entre −22 °C y −10 °C.

- ¿En qué congeladores se puede guardar cada tipo de producto? ¿Por qué?
- Los productos precocinados se deben guardar a una temperatura inferior a 15 grados bajo cero. ¿Hay algún congelador para guardarlos?

11 **OBSERVA las altitudes indicadas en el mapa y contesta.**

El Eurostar es un tren de alta velocidad que conecta Gran Bretaña con la Europa continental. Una parte de su recorrido lo hace pasando a través del Eurotúnel, excavado a unos 100 m bajo el nivel del mar. Estos son los recorridos que hace:

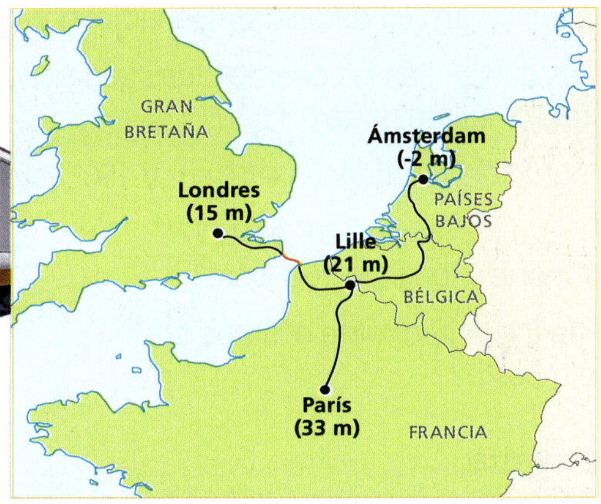

- Escribe con un número entero la altitud a la que está excavado el Eurotúnel.
- ¿Puedes saber cuál es la altitud mínima a la que pasa el Eurostar? ¿Y la máxima? ¿Por qué?
- ¿Cuál es la estación que está a menor altitud? ¿Y a mayor?
- ¿Qué desnivel hay entre las estaciones de París y Londres? ¿Y entre las estaciones de Lille y Ámsterdam?
- Un Eurostar que está en Ámsterdam, ¿cuántos metros de altitud debe bajar para alcanzar el punto de mayor profundidad del Eurotúnel?

Valora tu aprendizaje

12 **REFLEXIONA sobre lo que has aprendido en esta unidad y contesta en tu cuaderno.**

- ¿Aceptas las críticas cuando no has hecho bien algún trabajo? ¿Te parecen útiles?
- ¿Cuál es tu mejor aportación al trabajo en grupo? ¿Por qué piensas que es así?

Enfréntate al DESAFÍO

DADOS NEGATIVOS

OBSERVA estos dos dados iguales y halla cuáles de estos números no se pueden obtener utilizando los dos resultados de lanzarlos.

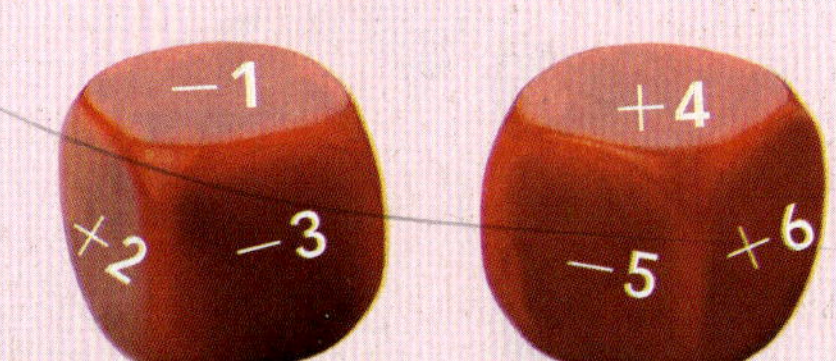

3 7 8 14

SITUACIÓN DE APRENDIZAJE

Vamos a buscarnos

Si queremos indicar la posición de un lugar, la mejor manera es dar sus coordenadas geográficas. Para ello consideramos el ecuador como el eje horizontal y el meridiano de Greenwich como el eje vertical. Utilizamos los puntos cardinales para indicar la posición en la que se sitúa un lugar, al norte o al sur del ecuador, y al este o al oeste del meridiano de Greenwich.

¿Cuáles son las coordenadas geográficas de tu localidad?

1 **Observa el mapa que aparece en la primera doble página de la unidad y las coordenadas geográficas de las cuatro ciudades que se indican y, después, contesta.**

- De las cuatro ciudades de las que se dan las coordenadas geográficas, ¿cuáles tienen longitud este? ¿Y latitud norte?
- ¿Dónde estará situado un punto de coordenadas 40º sur y 150º este?
- ¿Y un punto de latitud 50º norte y longitud 120º oeste? ¿Y otro punto de latitud 40º norte y longitud 100º este?
- Todos los países de Asia, ¿tienen latitud norte o latitud sur? ¿Cómo es su longitud: este u oeste?

2 **Analiza las coordenadas y contesta.**

- Si expresamos las coordenadas con números enteros, como se ve en el cartel de la derecha, escribe de esa forma las coordenadas de las cuatro ciudades de la doble página inicial.
- Con ese sistema de coordenadas, ¿cómo son las coordenadas de todos los puntos de Estados Unidos: positivas o negativas?
- Busca un país con:
  - Latitud y longitud positivas.
  - Latitud positiva y longitud negativa.
  - Latitud negativa y longitud positiva.
  - Latitud y longitud negativas.

Latitud norte → Positiva +
Latitud sur → Negativa −
Longitud este → Positiva +
Longitud oeste → Negativa −

3 **Observa la posición de España en el mapa y contesta.**

- ¿Cómo es la latitud de tu localidad, positiva o negativa? ¿Y la longitud? ¿Pasa lo mismo con cualquier punto de España?
- La latitud de tu localidad, ¿puede ser +60º? Y la longitud, ¿puede ser −40º?
- Busca las coordenadas geográficas de tu localidad y comprueba tu respuesta.

Actividades

1 **ESCRIBE** el número que representan estas descomposiciones numéricas.

- 6 D. de millón + 8 CM + 5 DM + 6 UM + 4 D + 1 U
- 8 C. de millón + 2 U. de millón + 2 DM + 1 UM + 8 C + 3 D
- 20.000.000 + 8.000.000 + 500.000 + 4.000 + 200 + 3
- 700.000.000 + 40.000.000 + 5.000.000 + 5.000 + 600 + 8

2 **AVERIGUA** tres números que cumplan las condiciones en cada caso.

- Números pares de seis cifras cuyas cifras de las decenas y las decenas de millar sean 7.
- Números de siete cifras en los que la cifra de las unidades de millón sea el doble que la de las centenas de millar.
- Números de 9 cifras comprendidos entre 152.004.099 y 152.005.100 cuya cifra de las centenas sea 1.

3 **CALCULA** el resultado de las siguientes operaciones combinadas.

- (2 + 3) × 5 − 7 × 3
- 2 × 7 − (11 − 5) : 2
- 8 × 4 : 2 + 9
- 45 : 5 − 2 × 3 − (1 + 2)
- (15 + 4 + 2) : (10 − 7) − 4
- 48 : 12 × 4 − (8 + 3)

4 **OBTÉN** los siguientes números.

- Los cinco primeros múltiplos de 12.
- Cuatro múltiplos de 7 comprendidos entre 75 y 100.
- Tres divisores de 20.
- Dos divisores impares de 18.

5 **CALCULA** todos los divisores de los siguientes números.

- 7
- 8
- 10
- 12
- 19
- 24
- 30
- 36

➤ ¿Cuáles de ellos son números primos? ¿Y compuestos?

Problemas

6 En un gimnasio hay este año 1.568 personas abonadas. De ellas, 1.230 están apuntadas a alguna clase colectiva. La mitad de las personas que no asisten a clases colectivas hace natación por libre en la piscina. ¿Cuántas personas no asisten a alguna clase colectiva ni a la piscina?

7 Para abonarse al gimnasio hay dos tarifas: la anual y la mensual. En la anual se paga una tarifa de 360 €, y en la mensual, 36 €. Este año, hay 955 personas que pagan la tarifa anual. ¿Cuánto ha recaudado el gimnasio este año?

8 En clase de zumba van a preparar un baile en el que se da un salto cada 8 segundos y una palmada cada 18 segundos. Si justo al comienzo del baile se da un salto y una palmada a la vez, ¿cuánto tiempo pasará hasta que los den juntos de nuevo?

9 En el gimnasio van a reorganizar la sala de bicicletas. Para ello, quieren dividirla en zonas cuadradas iguales lo más grandes posible. Si la sala mide 12 m de ancho y 9 m de largo, ¿cuánto medirá de lado cada zona?

¿Qué frutas hay ahora?

Períodos de recolección de distintas frutas en España

Comparte tus preguntas

- Plantea una pregunta observando los iconos de las frutas en la que utilices la palabra *simetría*.
- Inventa preguntas, a partir del dibujo de la naranja, en las que uses las palabras *ángulo* y *giro*.

4

TU PLAN DE TRABAJO

Aprenderás

- Las unidades de medida de ángulos
- Los tipos de ángulos
- La suma y la resta de ángulos
- Los giros y las simetrías
- Las traslaciones y las semejanzas

Pasarás a la acción

- LABORATORIO DE PROBLEMAS
- TRATAMIENTO DE LA INFORMACIÓN

Pondrás a prueba lo aprendido

- COMPRUEBA TU PROGRESO
- SITUACIÓN DE APRENDIZAJE
- REPASA LO QUE SABES

Haz memoria

- Dibuja en tu cuaderno un ángulo de 90°, uno de 140° y otro de 30°. Después, clasifícalos.
- Traza una figura en cuadrícula y obtén su simétrica respecto a un eje vertical. Después, traslada la figura obtenida 8 cuadritos hacia abajo.

Resuelve mentalmente

- Si consideramos los meses de 30 días, ¿cuántos días al año se recolecta la pera?
- ¿Cuántos días al año no se recolecta el limón?

Unidades de medida de ángulos

Descubre

- Si dividimos una pizza en cuatro partes iguales, ¿cuántos grados mide cada trozo de pizza?
- Si cada uno de esos trozos lo dividimos en cuatro partes iguales, ¿medirá cada parte un número exacto de grados?

Aprende

- El **grado**, el **minuto** y el **segundo** son unidades de medida de ángulos.
- Cada unidad es 60 veces mayor que la unidad inmediatamente inferior. Estas unidades forman un **sistema sexagesimal**.
- Observa cómo se pasa de una unidad a otra.

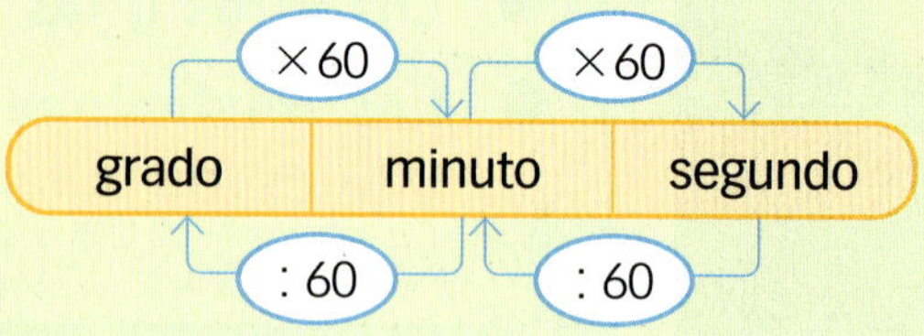

VOCABULARIO MATEMÁTICO

grado → °

minuto → ′

segundo → ″

Ejemplos

- $4° \ 7' = 240' + 7' = 247'$ (×60)
- 9.258″ → 9258 | 60

```
9258 | 60
325    154   →   154 | 60
258               34   2
 18
```

9.258″ = 2° 34′ 18″

Practica

1 **EXPRESA** en cada unidad y di cómo lo haces.

En minutos	5°	420″
	3° 25′	1.200″
En segundos	4°	6° 23″
	2° 7′	9° 11′ 13″
En grados	1.380′	21.600″

2 **PIENSA** y completa en tu cuaderno.

- 894′ = …° …′ 　　2.666″ = …′ …″
- 1.650″ = …′ …″ 　　3.720″ = …° …′
- 15.754″ = …° …′ …″
- 32.890″ = …° …′ …″
- 45.112″ = …° …′ …″

MatemáticaMENTE

Ordena de mayor a menor. Explica cómo lo haces y piensa si hay varias formas.

12.065″　　3° 21′　　202′

3 **PIENSA** en un reloj de agujas y resuelve.

- ¿Qué ángulo describe el minutero desde las 12 en punto hasta las 12 y media? ¿Cuántos grados mide? ¿Y desde las 12 hasta las 12 y cuarto?
  - ¿Cuántos grados mide el ángulo que describe el minutero cada vez que transcurre un minuto?
  - ¿Cuánto tiempo tiene que pasar para que el minutero describa un ángulo de 1°?

Tipos de ángulos

Descubre

Con las MANOS

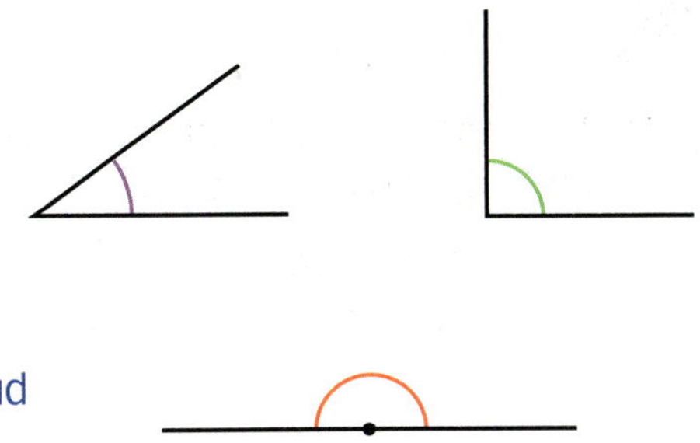

Utiliza el transportador para dibujar un ángulo de 36°.

- ¿Cuántos grados le faltan a ese ángulo para ser recto? Dibuja un ángulo con esa amplitud. ¿Cómo colocarías ambos ángulos para que unidos formen un ángulo recto?
- ¿Cuántos grados le faltan para ser llano? Dibuja un ángulo con esa amplitud y explica cómo colocarías los dos para que formen un ángulo llano.

Aprende

- Dos ángulos son **complementarios** si sus amplitudes suman 90°. Son **suplementarios** si sus amplitudes suman 180°.
- Dos ángulos son **consecutivos** si tienen el vértice y un lado comunes.
- Dos ángulos son **adyacentes** si son consecutivos y sus lados no comunes están en la misma recta.

Ejemplos

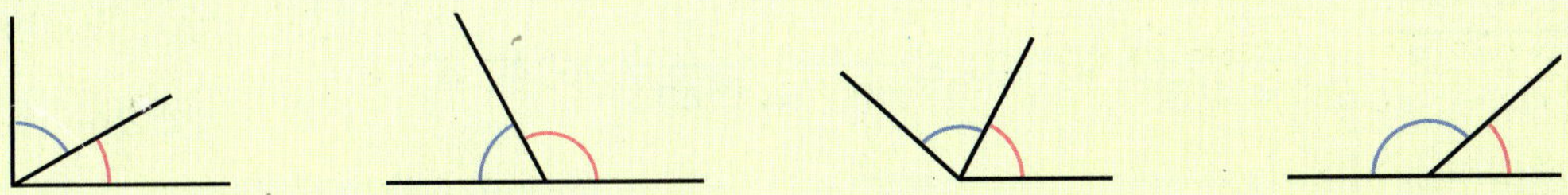

Complementarios — Suplementarios — Consecutivos — Adyacentes

Practica

1. **AVERIGUA** la amplitud de cada ángulo y dibuja cada pareja.
   - Complementario de: 30° 45° 70°
   - Suplementario de: 30° 80° 120°

2. **ESCRIBE** cómo son cada pareja de ángulos.

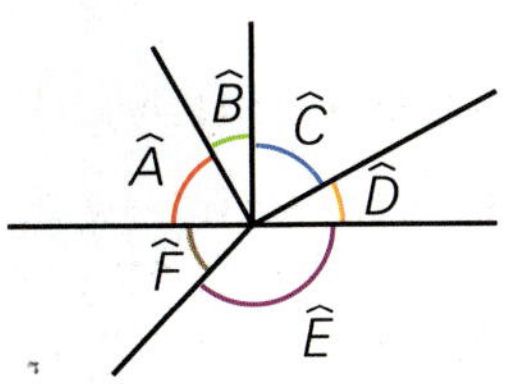

   - $\widehat{A}$ y $\widehat{B}$
   - $\widehat{F}$ y $\widehat{E}$
   - $\widehat{C}$ y $\widehat{D}$
   - $\widehat{A}$ y $\widehat{F}$
   - $\widehat{B}$ y $\widehat{C}$
   - $\widehat{E}$ y $\widehat{D}$

3. **DIBUJA** en tu cuaderno cuando sea posible.
   - Dos ángulos consecutivos que no sean complementarios.
   - Dos ángulos adyacentes que no sean suplementarios.

4. **PIENSA** y halla la amplitud de estos ángulos. Recuerda que un ángulo completo mide 360°.

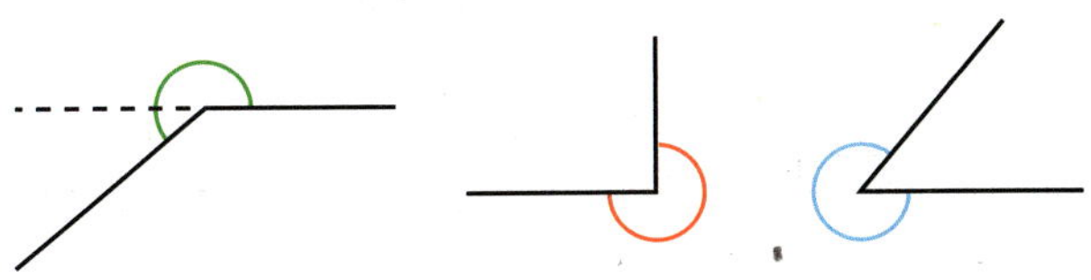

¿Tienen ángulo complementario? ¿Y suplementario?

Cálculo MENTAL

Halla cuánto le falta a cada número para llegar:

- **A 400:** 80 70 20 60 50 40 90 10 30
- **A 900:** 30 60 50 90 40 20 70 80 10

¿Cómo lo calculas?

Suma de ángulos

Descubre

Con las MANOS

Calca estos ángulos, pinta cada uno de un color y recórtalos.

- ¿Cómo colocarías los ángulos para saber lo que miden juntos? Después de situarlos, usa el transportador y hállalo.
- A partir de sus medidas, ¿podrías calcular cuánto miden los dos juntos?

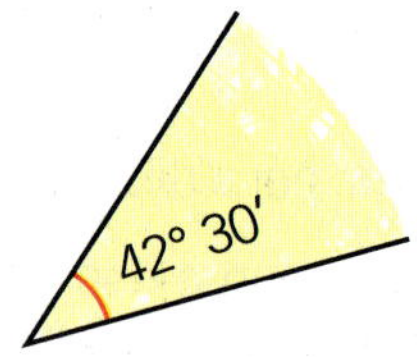

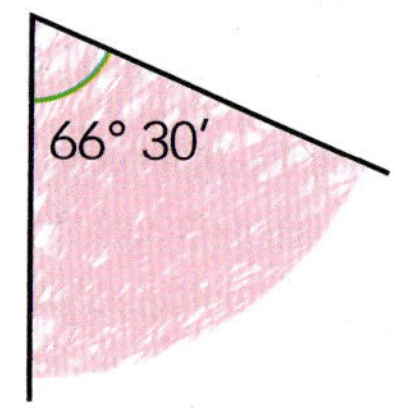

Aprende

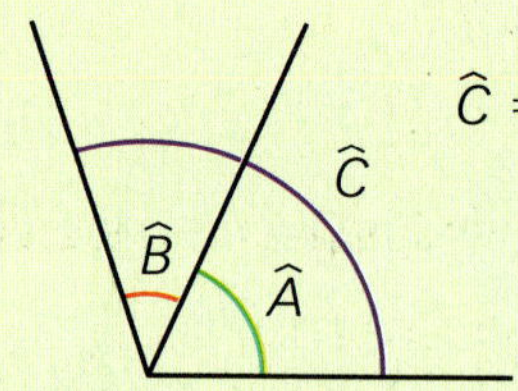

$\widehat{C} = \widehat{A} + \widehat{B}$

La **suma** de dos ángulos puede hacerse con un dibujo o un cálculo.

- Se dibujan los dos ángulos $\widehat{A}$ y $\widehat{B}$ de forma que sean consecutivos. El ángulo suma es el ángulo $\widehat{C}$.
- Para hallar su amplitud se suman las amplitudes, sumando las cantidades de cada unidad, y, si la suma de los segundos o de los minutos es más de 60, se pasa a la unidad inmediatamente superior.

Ejemplo

$$\begin{array}{r} 34^\circ\ 52'\ 26'' \\ +\ 61^\circ\ 47'\ 42'' \\ \hline 95^\circ\ 99'\ 68'' \end{array} \xrightarrow[68'' = 1'\ 8'']{} 95^\circ\ 100'\ 8'' \xrightarrow[100' = 1^\circ\ 40']{} 96^\circ\ 40'\ 8''$$

Practica

1 **SUMA** cada pareja de ángulos dibujando.

- 30° y 40°
- 120° y 30°
- 70° y 15°
- 140° y 90°

2 **CALCULA** la suma de estos ángulos.

- 15° 27′ y 28° 39′
- 12° 35′ 36″ y 19° 6′ 49″
- 39′ 47″ y 62° 55″
- 8° 19′ 24″ y 75° 28′ 36″
- 72° 52″ y 19° 37″
- 64° 25′ 56″ y 79° 44′ 59″

3 **PIENSA** y resuelve.

Un aspersor riega un ángulo de 20° 30′ de terreno y otro riega 5° 45′ más que él.

- ¿Qué ángulo riega el segundo aspersor?
- ¿Qué ángulo riegan en total si no se superponen sus zonas de riego?

Cálculo MENTAL

Sumar 999, 1.999, 2.999...

+ 1.999
1.875 → (+ 2.000) 3.875 → (− 1) 3.874

2.576 + 999	4.881 + 5.999	2.234 + 6.999
3.712 + 1.999	3.121 + 6.999	4.625 + 8.999
3.456 + 2.999	1.789 + 4.999	3.289 + 9.999

Escribe 6.372 y 7.423 como suma de un número más 3.999.

Resta de ángulos

Descubre

Con las MANOS

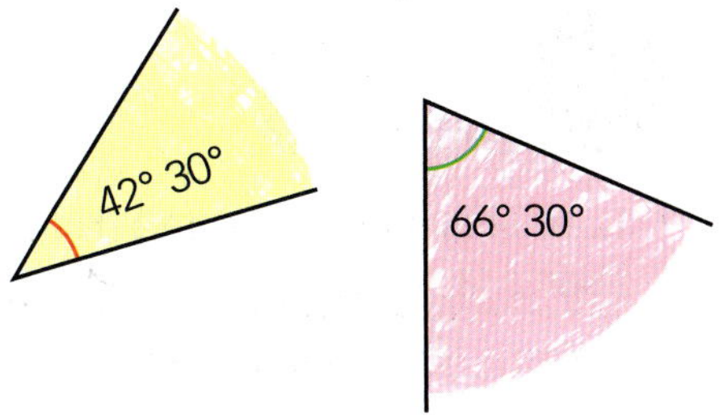

Utiliza los ángulos recortados en el Descubre de la página anterior.

- ¿Cómo colocarías los ángulos para saber lo que mide el mayor más que el menor? Tras colocarlos, usa el transportador y averígualo.
- A partir de sus medidas, ¿podrías calcular cuánto mide más uno que el otro?

Aprende

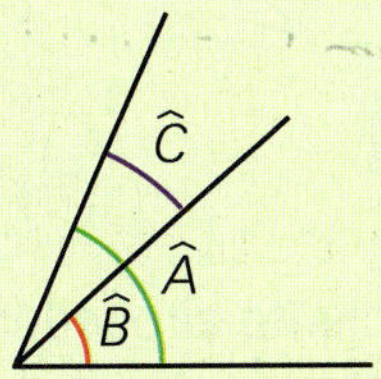

$\widehat{C} = \widehat{A} - \widehat{B}$

La **resta** de dos ángulos puede hacerse con un dibujo o un cálculo.

- Se superponen los dos ángulos $\widehat{A}$ y $\widehat{B}$ de forma que tengan en común el vértice y un lado. El ángulo resta es el ángulo $\widehat{C}$.
- Para hallar su amplitud se restan las amplitudes. Antes de restar, si los segundos (o minutos) del minuendo son menores que los del sustraendo, se convierte un minuto (o grado) del minuendo a la unidad inferior.

Ejemplo

$$\begin{array}{r} 74^\circ\ 22'\ 30'' \\ -\ 41^\circ\ 47'\ 40'' \\ \hline \end{array} \xrightarrow{1' = 60''} \begin{array}{r} 74^\circ\ 21'\ 90'' \\ -\ 41^\circ\ 47'\ 40'' \\ \hline \end{array} \xrightarrow{1^\circ = 60'} \begin{array}{r} 73^\circ\ 81'\ 90'' \\ -\ 41^\circ\ 47'\ 40'' \\ \hline 32^\circ\ 34'\ 50'' \end{array}$$

Practica

1. **RESTA** cada pareja de ángulos dibujando.
   - 70° y 15°
   - 140° y 90°
   - 30° y 40°
   - 30° y 120°

2. **CALCULA** la resta de estos ángulos.
   - 35° 57′ y 28° 39′
   - 22° 25′ 36″ y 19° 26′ 49″
   - 29° 47′ y 12° 52′
   - 8° 19′ y 5° 28′ 36″
   - 71° 55″ y 18° 56″
   - 42° 16″ y 39° 44′ 29″

Con las MANOS

TOMAD una pieza de cada círculo de fracciones y superponed, de dos en dos, la pieza menor sobre la mayor. Señalad cuánto mide el ángulo resta para cada pareja de piezas. Después, medid, restad y comprobad vuestras respuestas.

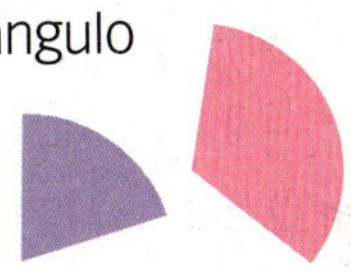

3. **PIENSA** y resuelve.

   Un cuchillo está afilado cuando su hoja tiene un borde con un ángulo entre 36° y 40°. Si tiene un ángulo menor, decimos que está muy afilado, y, si el ángulo es mayor, no está afilado.

   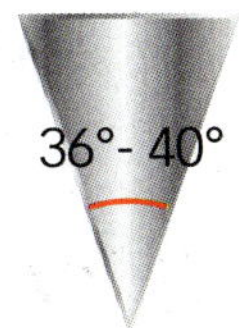

   - ¿Podemos afirmar que un cuchillo está afilado si el borde de su hoja tiene un ángulo de 37° 22″?
   - ¿Cuánto más debería medir el ángulo de ese borde para considerar que no está afilado? ¿Cuánto menos para que esté muy afilado?
   - Di un ángulo para que un cuchillo esté afilado. Después, calcula cuántos grados más o menos debería tener para que no esté afilado o esté muy afilado.

Giros

Descubre

- Tu brújula apunta al norte (N) y quieres ir al este (E). ¿Qué ángulo debes girar? ¿Hacia la derecha o hacia la izquierda?
- Si estás mirando hacia el norte y quieres ir al sur (S), ¿qué ángulo debes girar?
- Y, si quieres ir al oeste (W), ¿qué ángulo debes girar hacia la derecha? ¿Y hacia la izquierda?

Aprende

Un **giro** es un movimiento alrededor de un punto que conserva la forma y el tamaño de las figuras.

El **ángulo de giro** indica la amplitud del movimiento que se ha hecho.

Ejemplo Se ha girado la figura del barco 70° a la izquierda.

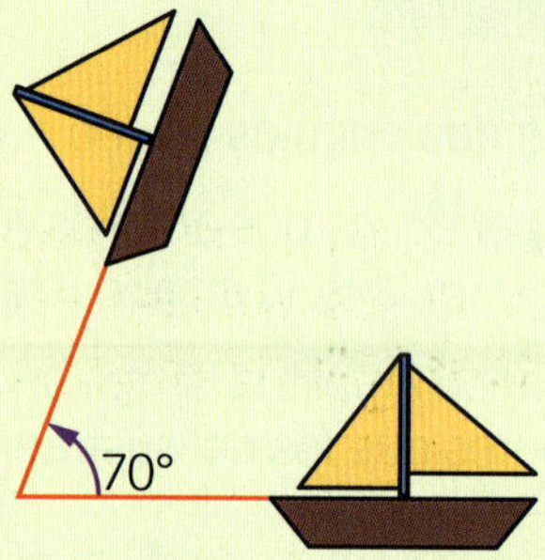

Practica

1 **FÍJATE** en la aguja horaria e indica qué hora sería si esa aguja girase el ángulo indicado.

- 180° a la derecha.
- 180° a la izquierda.
- 90° a la izquierda.
- 90° a la derecha.
- 270° a la izquierda.
- 270° a la derecha.

2 **OBSERVA** el mando de las temperaturas de un horno.

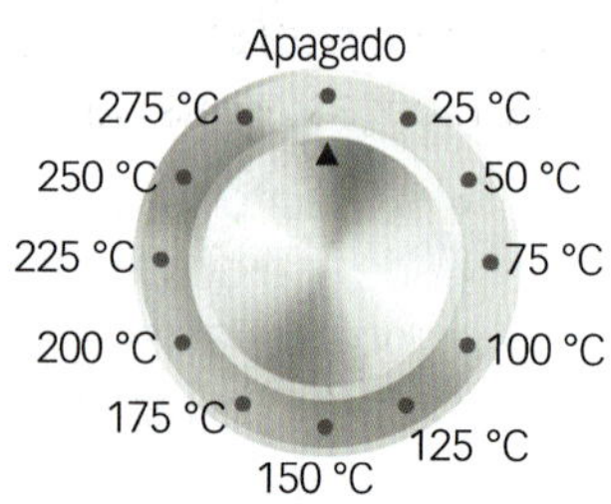

- ¿Cuánto mide el ángulo de giro entre dos posiciones seguidas del mando?
- Halla el ángulo que debes girar el mando para pasar de una posición a otra:
  - De 25 °C a 100 °C.
  - De Apagado a 125 °C.
  - De 200 °C a 75 °C.
  - De 100 °C a 200 °C.
  - De 50 °C a Apagado.
  - De 200 °C a 25 °C.

3 **DIBUJA** la flecha que resultaría después de realizar cada giro.

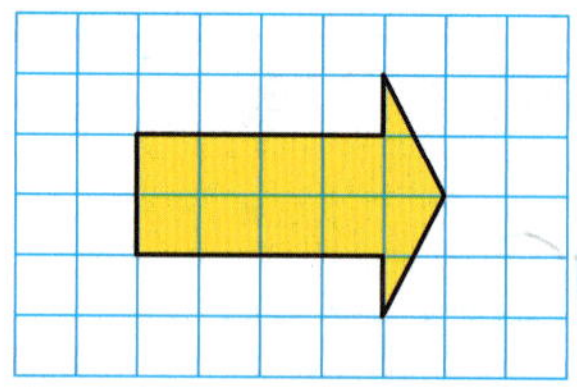

- 90° a la derecha.
- 90° a la izquierda.
- 180°.
- 270° a la derecha.
- 270° a la izquierda.
- 360°.

MatemáticaMENTE

Diseña un mando con 5 posiciones equidistantes e indica qué ángulo giras al pasar de la posición:

- 3 a 4.
- 2 a 4.
- 1 a 4.
- 1 a 5.

Simetrías

Descubre

Con las MANOS

- Dibuja esta figura en un papel cuadriculado. ¿Sabrías trazar una línea recta que corte la figura de manera que, si doblas el papel por esa línea, las dos partes de la figura coincidan?
- Dibuja ahora una línea recta, siguiendo la cuadrícula, que no corte a la figura. ¿Sabrías trazar una figura como esa al otro lado de la recta de forma que, si doblas el papel por esa línea, las dos figuras coincidan?

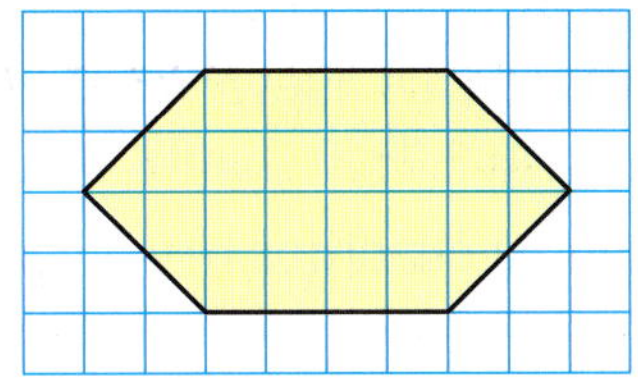

Aprende

Dos figuras son **simétricas respecto a una recta** si, al doblar por ella, ambas figuras coinciden. A esta recta se le llama eje de simetría.

Ejemplo

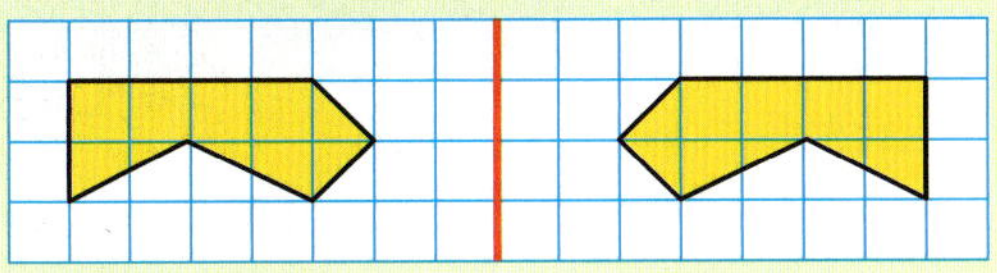

Una recta es **eje de simetría** de una figura si, al doblar por ella, las dos partes de la figura coinciden.

Ejemplo

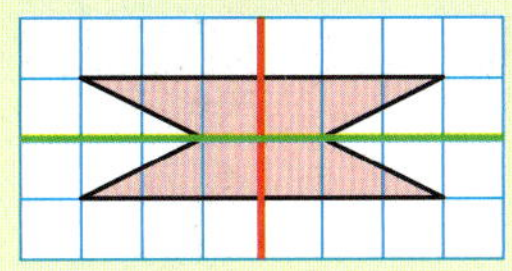

Practica

1. **TRAZA** la figura simétrica respecto a un eje:

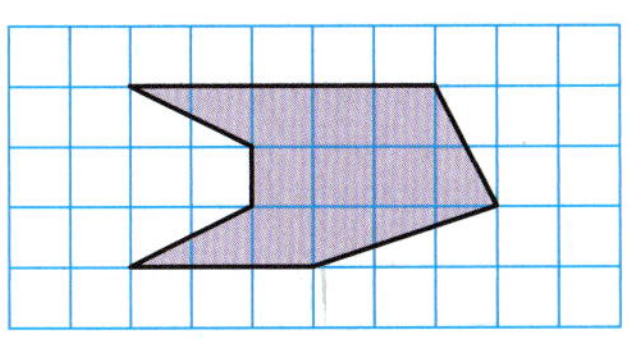

- Vertical, 3 cuadritos a su izquierda.
- Vertical, 4 cuadritos a su derecha.
- Horizontal, 5 cuadritos por encima.

› ¿Tiene la figura algún eje de simetría?

Con las MANOS

DIBUJAD una figura y marcad todos sus ejes de simetría.

Después, colocad el libro de espejos para que se generen otras figuras.

Trazad las figuras obtenidas en el cuaderno, anotando si los ejes de simetría originales siguen siendo ejes de las nuevas figuras.

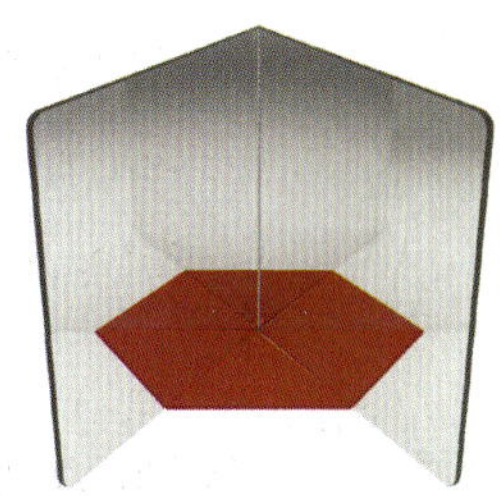

Cálculo MENTAL

Restar 999, 1.999, 2.999...

3.718 → (− 1.000) → 2.718 → (+ 1) → 2.719   (− 999)

2.145 − 999	7.831 − 5.999	8.256 − 6.999
3.862 − 1.999	9.173 − 6.999	9.688 − 8.999
4.734 − 2.999	6.449 − 4.999	7.201 − 5.999

Escribe 1.456 y 3.184 como resta de un número menos 4.999.

Traslaciones

Descubre

Con las MANOS

Dibuja esta figura y luego una igual a ella en otra zona de la hoja cuadriculada. La nueva figura también debe tener sus vértices en los puntos de la cuadrícula.

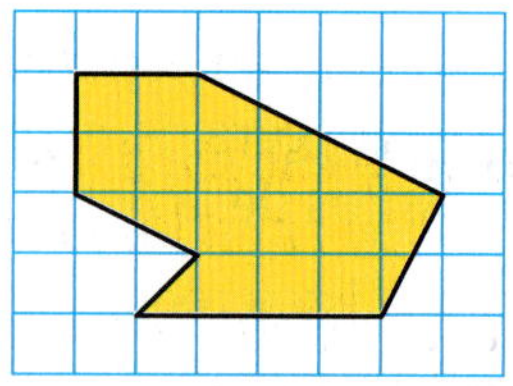

- ¿Cuántos cuadritos hay que moverse hacia arriba, o hacia abajo, y hacia la derecha, o la izquierda, para pasar de una figura a otra?

Aprende

Una figura es la **trasladada** de otra cuándo está a cierta distancia de ella y las dos son iguales.

Ejemplo

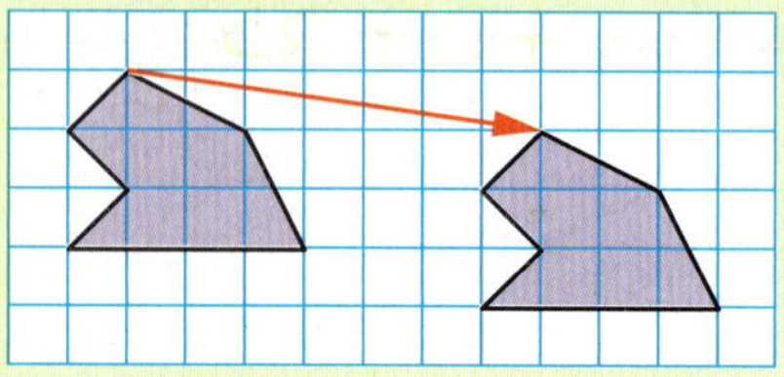

La figura se ha trasladado 7 cuadritos a la derecha y 1 cuadrito hacia abajo.

Practica

1. **DIBUJA** esta figura en tu cuaderno trasladándola 5 cuadritos a la derecha y 4 hacia abajo.

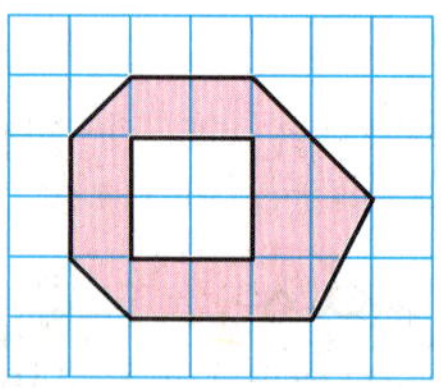

2. **TRAZA** la figura simétrica respecto al eje rojo y luego la simétrica de la obtenida respecto al eje verde (ejes paralelos).

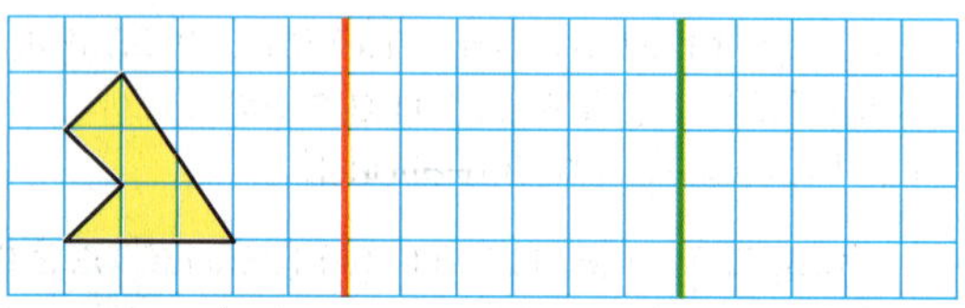

- ¿Puedes pasar directamente de la primera figura a la tercera? ¿Con qué movimiento?
- ¿Ocurre lo mismo siempre con dos ejes paralelos? ¿Y con tres ejes paralelos?

3. **TRAZA** la figura trasladada de la figura verde 8 cuadritos a la derecha y luego traslada esa figura 4 cuadritos hacia abajo.

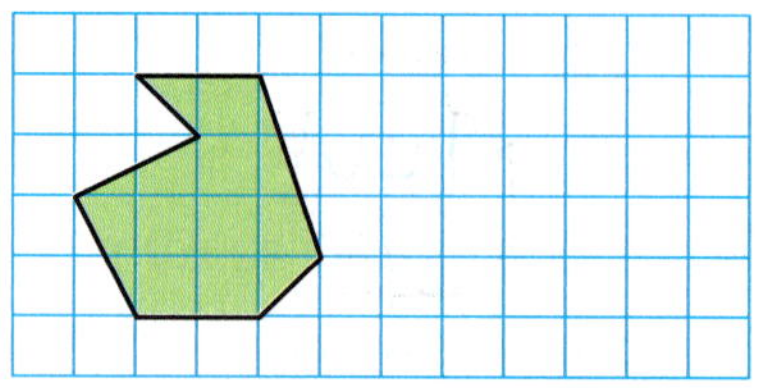

¿Puedes pasar directamente de la primera figura a la tercera? ¿Cómo? ¿Ocurre lo mismo siempre con dos traslaciones consecutivas? ¿Y con tres?

MatemáticaMENTE

Dibuja una figura de modo que trasladándola puedas recubrir, sin dejar huecos ni cortar ninguna figura, una hoja cuadriculada.

Encuentra varias soluciones, hay muchas.

Semejanzas

Descubre

Con las MANOS

- Las dos figuras, ¿tienen la misma forma? ¿Y tamaño?
- Mide el lado de la cabeza del gato en ambas figuras. ¿Qué relación hay entre las longitudes?
- ¿Ocurre igual con cualquier otra longitud que elijas y su correspondiente en la otra figura?

Aprende

Dos figuras son **semejantes** cuando tienen la misma forma pero distinto tamaño.

Al dividir la longitud de cualquier lado de una figura entre su lado correspondiente en la otra figura, el resultado es el mismo.

Ejemplo Las figuras son semejantes y cada lado de la figura mayor tiene el triple de longitud que su lado correspondiente de la menor.

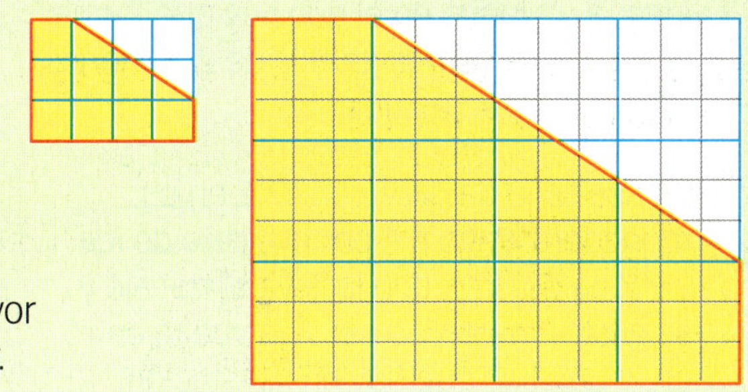

Practica

1. **DIBUJA** esta figura en tu cuaderno y construye otras dos semejantes cuyos lados midan el doble y el triple que los lados de esta, respectivamente.

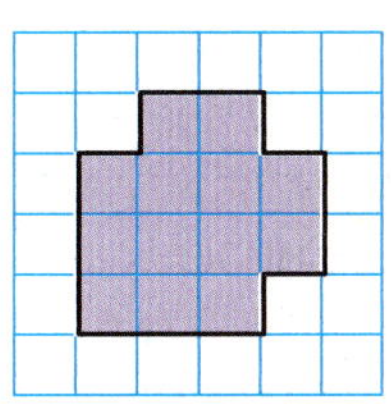

- ¿Cuántos cuadritos miden los lados de las nuevas figuras? ¿Se conserva la forma de la figura original?
- Mide cualquier ángulo de la figura original y su ángulo correspondiente de las figuras que has obtenido. ¿Qué observas?

2. **PIENSA** y contesta.

Tienes una figura y construyes otra semejante con lados del doble de longitud. Después, haces otra semejante con lados que miden la mitad que los de la segunda figura. ¿Qué relación hay entre los lados de la tercera figura y los de la figura inicial?

3. **OBSERVA** la maqueta de un hidroavión. Las longitudes en el hidroavión real son 200 veces mayores que las de la maqueta.

- La longitud del ala del avión en la maqueta mide 10 cm. ¿Cuánto mide el ala del hidroavión en la realidad?
- La longitud de la hélice en la realidad es 2 m. ¿Cuánto mide la hélice en la maqueta?
- El ángulo que forma la barra que sujeta las ruedas con el suelo es de 50° en la maqueta. ¿Cuánto medirá ese ángulo en la realidad?

LABORATORIO DE PROBLEMAS ¿?

Cambiar datos para obtener soluciones distintas

1 **DETERMINA** la solución de estos problemas haciendo las operaciones mentalmente. Después, reflexiona sobre el mínimo número de datos que hay que cambiar para que el problema tenga una solución distinta. Vuelve a redactar el problema y resuélvelo en tu cuaderno.

- Gasté 16,40 € en la frutería y 42,35 € en la pescadería. ¿Tuve suficiente para pagar con un billete de 50 €?

- En mi clase somos 12 chicas y 9 chicos. Hoy han faltado 5 estudiantes y queremos jugar a un juego en el que hay que formar grupos. Si hacemos grupos de 2 personas, ¿sobrará algún estudiante?
- Marisa salió de casa con 17 € en su monedero. Pagó 5 € por el billete de ida y vuelta del tren que la lleva al trabajo y se gastó 11 € en comer. A la vuelta entró en el quiosco que hay en la estación. Cuando llegó a casa le quedaba 1 €. ¿Compró algo en el quiosco?
- Para hacer unas albóndigas, primero debo cocer unas patatas, y tardaré unos 20 minutos. Luego tengo que mezclar la carne con las patatas aplastadas, un poco de ajo y algunas especias. En esto creo que no tardaré más de 10 minutos. Después, haré la salsa durante unos 15 minutos más y, por último, pondré a cocer las albóndigas en la salsa media hora. ¿Me bastará con una hora para cocinarlas?

- Un hotel de la costa tiene 3 plantas y en cada planta hay 12 habitaciones entre habitaciones dobles e individuales. Ha llegado una excursión de turistas y ha ocupado 26 habitaciones dobles y 10 individuales. ¿Quedan habitaciones libres en el hotel?
- Las visitas a una página web en esta semana han sido 5.427. En la semana anterior fueron el doble que en esta semana, y hace dos semanas hubo 1.438 visitas más que la semana pasada. ¿Se han superado las 10.000 visitas durante las tres semanas?
- Voy a hacer una ruta de senderismo en 4 etapas y quiero recorrer al menos 15 km. En la primera etapa haré 4 km; en la segunda, 2 km menos; en la tercera, 5 km, y en la última etapa recorreré 2 km menos que en la primera. ¿Conseguiré mi objetivo?

Representar en coordenadas cartesianas

1 **OBSERVA** los ejes cartesianos en los que vas a colocar lugares importantes de la ciudad. Cópialos en tu cuaderno y representa los sitios indicados.

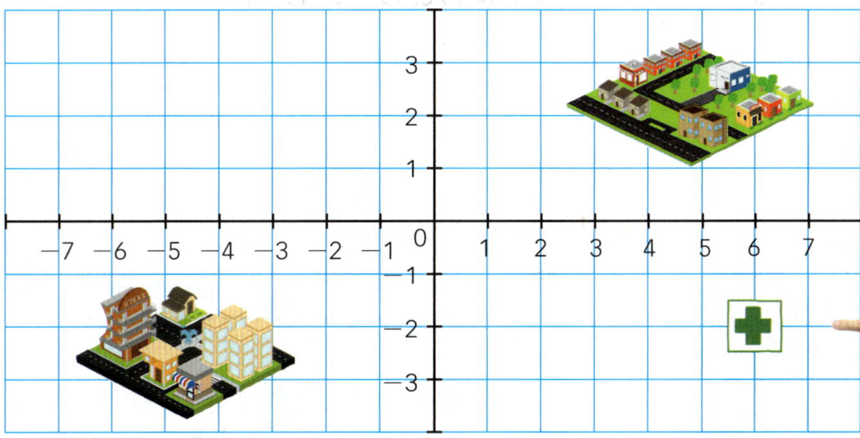

- H → (6, 3)
-  → (−3, 2)
- P → (2, 1)
-  → (−3, −2)
-  → (5, −1)
-  → (−7, −3)

- Inventa y dibuja un camino siguiendo la cuadrícula para ir de la gasolinera a la biblioteca, y escribe las coordenadas de todos los puntos de la cuadrícula por los que pasas. ¿El camino tiene puntos con alguna coordenada en común? ¿Por qué crees que es así?

2 **FÍJATE** en las coordenadas que tienen distintos lugares en un pueblo. Represéntalos gráficamente en tu cuaderno usando coordenadas cartesianas y, después, analiza si las oraciones son ciertas.

	Coordenadas
Fuente	(0, 0)
Cafetería	(−1, 6)
Chopera	(2, 5)
Parada de autobús	(−5, −2)
Merendero	(2, −1)
Mirador	(−7, −4)
Frontón	(3, 3)

? VERDADERO O FALSO

- La cafetería y la chopera están a la izquierda de la fuente.
- La parada de autobús y el merendero están por debajo de la fuente.
- Hay más lugares a la derecha de la fuente que a su izquierda.
- Hay dos lugares por encima de la fuente y a su derecha.

- ¿Qué oración crees que es más fácil de analizar con la tabla? ¿Y con la representación gráfica?
- Escribe dos oraciones más que sean ciertas y que se puedan analizar rápidamente con la representación gráfica.

Comprueba tu progreso

1 **PIENSA** y dibuja.

- El ángulo complementario de un ángulo de 35° y un ángulo consecutivo a él.
- El ángulo suplementario de un ángulo de 40° y un ángulo adyacente a él.
- Dos ángulos consecutivos que sumen 120°.
- La suma de dos ángulos de 40° y 110°.
- La diferencia de dos ángulos de 120° y 70°.

2 **TRAZA** un ángulo de 230° y explica cómo lo has hecho.

230° = 180° + …

360° − 230° = …

¿Hay más posibilidades?

3 **COMPRUEBA** que cada cantidad es la suma de las dos de debajo.

- 7° 35′ • 28′ 20″ • 9° 42″
- 2° 57′ 50″ + 6° 31′ 12″
- 14° 1′ 15″ − 5° 57′ 55″

4 **AVERIGUA** la medida del ángulo que falta.

- ■ + 27° 35′ 52″ = 50°
- ■ − 49° 16′ = 72° 24′
- ■ + 10° 20′ = 50° − 38° 12′

5 **PIENSA** y escribe qué giro se puede hacer para pasar de cada señal a las otras dos.

6 **CONSTRUYE** una cenefa dibujando la primera letra de tu nombre en una cuadrícula y realizando después simetrías y traslaciones.

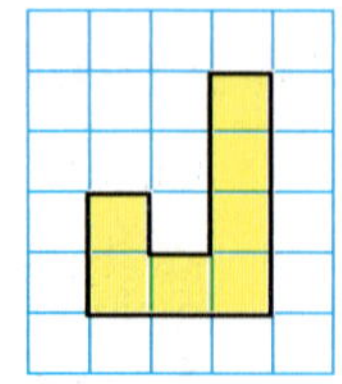

7 **TRAZA** la figura simétrica respecto al eje verde y luego la simétrica de la obtenida respecto al eje rojo (ejes perpendiculares).

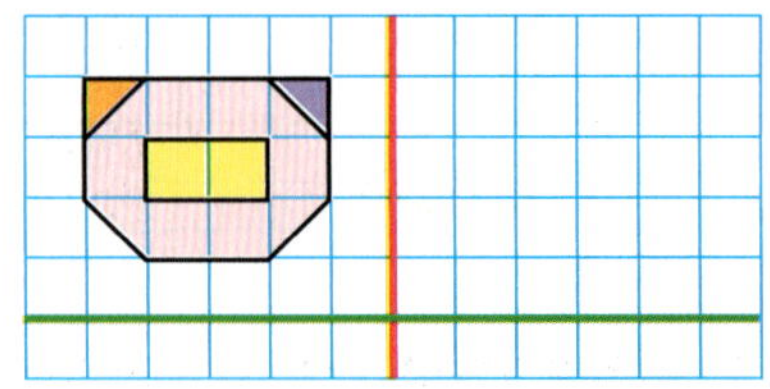

¿Puedes pasar directamente de la primera figura a la tercera? ¿Cómo? ¿Ocurre lo mismo siempre con dos ejes perpendiculares?

8 **CONSTRUYE** en tu cuaderno dos figuras: una cuyos lados midan la mitad que los de esta, y otra figura en la que midan el triple.

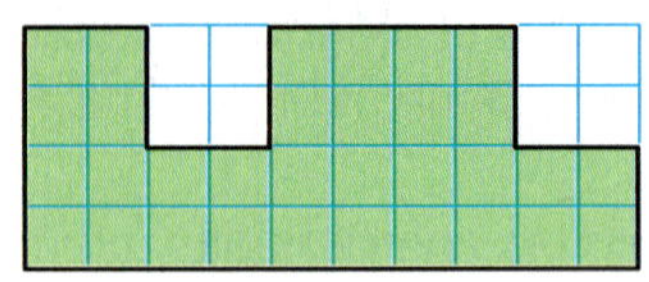

9 **PIENSA** y resuelve.

Un radiotelescopio giró 73° 25′ a la derecha y después volvió a girar 57′ menos también a la derecha.

- ¿Cuánto giró la segunda vez?
- ¿Cuánto giró en total?

10 **OBSERVA** estos mosaicos de la Alhambra de Granada e identifica la figura base a partir de la cual se han formado y cómo se han construido.

➤ Dibuja algún mosaico similar en tu cuaderno.

Aplica lo que has aprendido

11 **PIENSA** y resuelve.

Observa una escuadra y un cartabón.

- ¿Cuánto miden los tres ángulos de cada uno?
- Fíjate en el dibujo de abajo. ¿Qué ángulo forman las dos líneas rojas? ¿Cómo lo has averiguado?

- Explica cómo podrías dibujar estos ángulos usando la escuadra y el cartabón:

  105° 120° 135° 150° 15°

- ¿Cómo averiguarías si el triángulo interior y el triángulo exterior de una escuadra son semejantes? ¿Y los de un cartabón?

12 **OBSERVA** el mando de una lavadora y resuelve.

- ¿Cuántos símbolos tiene el mando? ¿Qué ángulo hay que girar para pasar de una posición a la siguiente?
- ¿Cómo podemos pasar de la posición *Cottons* a *Soak*? ¿Y de *Woollens* a *Spin*?
- Estando en la posición *Drain* hemos girado el mando a la derecha un ángulo agudo. ¿Qué posiciones hemos podido elegir?
- El mando está algo flojo y queremos girarlo el menor ángulo posible. Si tenemos que ir desde la posición *Delicates* hasta *Drain*, ¿qué debemos hacer? ¿Qué ángulo giraremos?

Valora tu aprendizaje

14 **REFLEXIONA** sobre lo que has aprendido en esta unidad y contesta en tu cuaderno.

- En el trabajo de este trimestre, ¿de qué te sientes más satisfecha o satisfecho?
- ¿Te organizas bien cuando trabajáis en grupo? ¿En qué podrías mejorar?

Enfréntate al **DESAFÍO**

CORTES SEMEJANTES

Marcos tiene un triángulo rectángulo cuyos lados menores miden 6 cm y 8 cm, respectivamente. Quiere cortarlo en 4 triángulos rectángulos iguales de forma que cada uno de ellos sea semejante al triángulo original.

> ¿Cómo puede hacerlo? ¿Cuánto medirán los lados de esos triángulos?

SITUACIÓN DE APRENDIZAJE

Macedonia de simetrías

En cada época del año crecen frutas diferentes. Por ejemplo, la sandía solo crece en verano, sin embargo, otras frutas son de invierno. Para saber cuáles son de cada época, lo mejor es guiarse por un calendario.

¿Sabes qué frutas son ahora de temporada?

1 Observa el calendario que aparece en la primera doble página de la unidad y contesta.

- ¿En qué meses se cosechan las naranjas? ¿Y las peras?
- ¿Qué fruta se recolecta solo en otoño? ¿Y solo en primavera?
- ¿Qué frutas se cosechan en tres estaciones del año distintas?
- ¿Qué frutas se recolectan durante tres meses?
- ¿Cuál es la fruta que se recolecta menos tiempo en total?
- ¿Qué fruta se cosecha durante todo el año?

2 Analiza los datos.

- ¿En qué estaciones del año hay más variedad de frutas? ¿Por qué crees que es así?
- Este mes, ¿cuáles son las frutas de temporada?
- ¿Has comido alguna de ellas en los últimos días?
- ¿Has comido en los últimos días frutas que no son de temporada?
- ¿Se venden en las tiendas otras frutas que no sean de temporada? ¿Por qué crees que es posible?

3 Investiga y dibuja.

- Averigua qué frutas se producen en tu comunidad. Busca fotos de esas frutas y piensa si tienen ejes de simetría. ¿Hay alguna fruta que no tenga?
- Elige una fruta, dibújala en tu cuaderno y marca sus ejes de simetría.
- Dibuja un logotipo para la frutería de tu barrio usando polígonos. Después, haz otro semejante cuyas longitudes sean el doble que las del inicial.

Actividades

1 **ESCRIBE** con cifras y letras el número correspondiente.

- 3 C. de millón + 4.000.000 + 7 CM + 6.000 + 4 D + 3
- 8.000.000 + 9 CM + 70.000 + 3 UM + 5 D
- 6 D. de millón + 9.000.000 + 500.000 + 6 UM + 400
- 4 C. de millón + 20.000.000 + 9 DM + 5 C + 70

2 **ORDENA** cada grupo de números de mayor a menor.

- 89.666 90.001 9.123 89.700
- 999.756 989.999 999.024 990.111
- 32 −87 41 −4
- −11 −25 6 −78

3 **COMPLETA** los huecos. Piensa si hay más de una posibilidad.

- 3.145.820 < 3.■03.714 < 3.401.999
- 78.034.510 > 78.0■0.493 > 78.030.49■
- 5.034.510 < 21.■06.499 < 21.420.621
- −1 > ■ > −4
- −1 < ■ < 3
- −13 > ■ > −15

4 **CALCULA** en tu cuaderno.

- 327.099 + 94.853
- 875.123 − 777.284
- 874 × 375
- 1.907 × 408
- 3.756 : 49
- 623.456 : 321

5 **AVERIGUA** cuáles de estos números son primos.

17 49 63 71 75 97

Problemas

6 En el laboratorio Sonia enfrió una sustancia a 75 grados bajo cero. Después, hizo subir su temperatura 90 grados y por último la enfrió 45 grados. ¿Cuál fue la temperatura final?

7 Cada 15 días Sonia envía un informe a su jefa y cada 20 días le manda un correo con los datos de sus experimentos. Si envió los dos el 12 de marzo, ¿qué día volverá a enviarlos juntos por primera vez?

8 El laboratorio tiene un presupuesto mensual de 763.140 €. Cada uno de los 12 equipos recibe el mismo dinero y en cada equipo hay 6 personas. El sueldo de cada una es de 1.975 € al mes. ¿Qué dinero tiene cada equipo al mes para el resto de los gastos?

Fin de trimestre

El rincón de los **PASATIEMPOS**

PEQUEÑA Y GRANDE

Sabemos que:

$A + 1 = B + 2 = C + 3 = D + 4 = E - 5$

- ¿Qué letra representa el número mayor? ¿Cuál representa el menor?

CUADRADO NEGATIVO

- **COPIA** y completa el cuadrado mágico.

7		−7	4
−4	1		−1
0		−2	
−5	6		

El rincón de la **LECTURA**

MARYAM MIZARKHANI (1977-2017)

Mizarkhani nació en Irán. En sus comienzos en el colegio tuvo malas experiencias con las matemáticas, pero una profesora descubrió todo su potencial y la ayudó a desarrollarlo.

Con 17 años ganó la medalla de oro en la Olimpiada Internacional de Matemáticas, siendo la primera mujer de su país en conseguirlo.

Tras estudiar la carrera de Matemáticas, investigó en muchos campos, sobre todo en geometría alcanzando resultados importantes y siendo muy reconocida.

En 2014 fue la primera mujer en la historia en conseguir la medalla Fields, que es el galardón más importante en esta disciplina.

- A Maryam le gustaba hacer dibujos cuando se enfrentaba a un problema para entenderlo mejor. Inventa un problema de geometría y resuélvelo ayudándote de un dibujo.

El rincón de los **JUEGOS**

EL JUEGO DE MÚLTIPLO O DIVISOR

Material: lámina cuadriculada, lápices de colores y tarjetas numéricas.

Número de participantes: 4

Reglas del juego:

1	2	3	4	5	6	7	8	9	10
11	12	13	14	15	16	17	18	19	20
21	22	23	24	25	26	27	28	29	30
31	32	33	34	35	36	37	38	39	40
41	42	43	44	45	46	47	48	49	59
51	52	53	54	55	56	57	58	59	60
61	62	63	64	65	66	67	68	69	70
71	72	73	74	75	76	77	78	79	80
81	82	83	84	85	86	87	88	89	90
91	92	93	94	95	96	97	98	99	100

- Se escriben los números del 1 al 100.
- En el turno de cada participante:
  - Extrae 2 tarjetas numéricas sin mirar, forma un número de 2 cifras con ellas y las devuelve al montón.
  - Marca con su color en la cuadrícula todos los múltiplos (o divisores, según prefiera) del número formado que no estén ya marcados.
- El juego termina cuando dos jugadores seguidos no han podido tachar ningún número.

Puntuación: cada casilla tachada con su color da 1 punto. Gana quien más puntos tenga.

El rincón de los PASATIEMPOS

CRECE Y CRECE

Una planta acuática crece muy rápido. Cada día ocupa en el estanque el doble que el día anterior.

- **La planta ha llenado el estanque en 10 días. ¿Cuántos días hace que ocupaba la cuarta parte? ¿Y la octava parte?**

MUCHOS CAMBIOS

En un taller han cambiado todas las ruedas a 40 vehículos, entre coches y motos. En total han puesto 100 ruedas.

- **¿A cuántos coches les han cambiado las ruedas? ¿A cuántas motos?**

El rincón de la LECTURA

MOSAICOS DE MUCHOS TIPOS

Un mosaico es una agrupación de figuras (generalmente polígonos) de manera que no se solapan entre sí y rellenan todo el plano.

Un mosaico es regular si está formado por polígonos regulares iguales y del mismo tamaño.

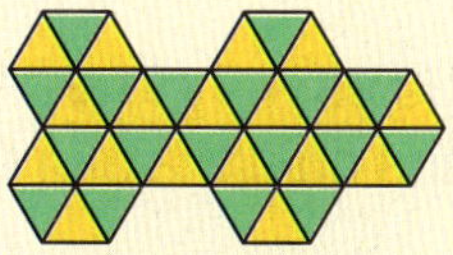

Si en el mosaico aparecen dos o más tipos de polígonos regulares de forma que en cada vértice coinciden los mismos polígonos en igual orden, el mosaico se llama semirregular.

- **Investiga y dibuja otros dos ejemplos de cada tipo de mosaico. Identifica la figura base de cada uno y di cómo se puede obtener el mosaico a partir de ella con giros, traslaciones, simetrías…**

El rincón de los JUEGOS

EL JUEGO DEL DRAGO (BROTES)

Material: papel y lápiz.

Número de participantes: 2

Reglas del juego:

- Se dibujan en el papel un cierto número de puntos (brotes).
- Cada participante, en su turno, une un brote con otro, o consigo mismo, mediante una línea recta o curva (llamada rama). Tras unirlos, dibuja un nuevo brote en esa rama.
- Las ramas no pueden cortar otras ramas, ni a sí mismas, ni pasar por otro brote diferente a los dos que se unirán.
- De ningún brote pueden salir más de tres ramas.
- La partida para cuando un jugador no puede dibujar una nueva rama.

Puntuación: quien dibuje la última rama gana 1 punto. Gana la persona con más puntos después de tres rondas.

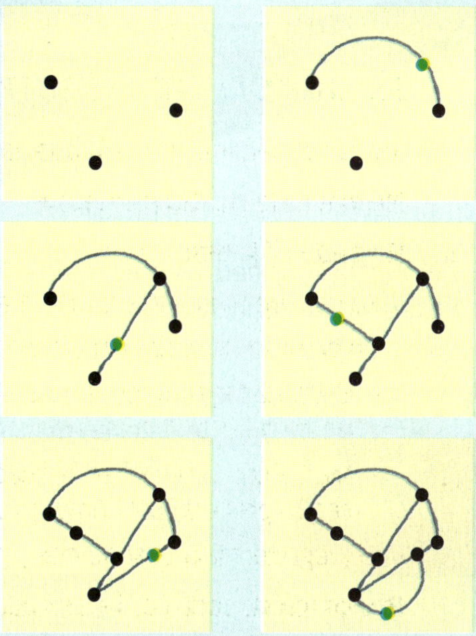

Nuestro reto

Nos cuidamos

La salud es muy importante y es responsabilidad de todos cuidarla al máximo.

Nuestro estado de salud también afecta a las demás personas, ya que si estamos enfermos podemos transmitir nuestra enfermedad a las personas que nos rodean, además de que quizás necesitemos que alguien nos cuide.

La salud no solo consiste en intentar curarnos cuando ya estamos enfermos, sino también en llevar a cabo acciones para prevenir enfermedades y accidentes.

¿Crees que es necesario proteger nuestra salud de forma activa? ¿Qué puedes hacer tú en ese sentido?

Objetivo del reto

Elaborar una estadística de las acciones para prevenir enfermedades y accidentes, y realizar gráficos para analizar los datos obtenidos.

EN EQUIPOS, leed las preguntas e intercambiad vuestras ideas.
Pensad de forma individual y luego ponedlas en común.

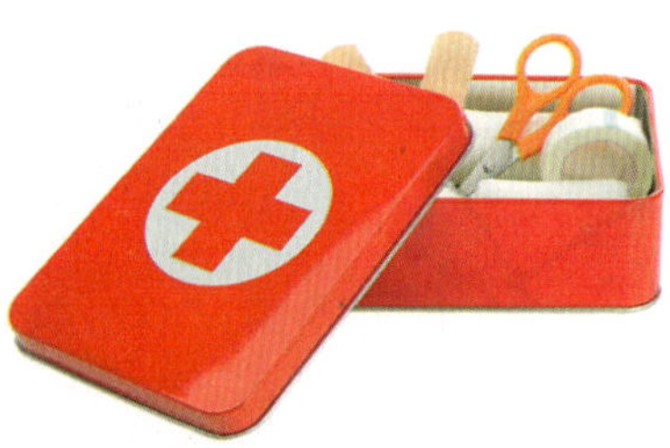

- ¿Qué amenazas para la salud te parecen más peligrosas? ¿Puedes hacer algo contra ellas?
- ¿Crees que es importante proteger nuestra salud?
- ¿Es necesario proteger la salud mediante la prevención?

Más vale prevenir que curar

ANALIZAD las acciones de cuidado de la salud que lleváis a cabo.

1. Elegid entre todo el equipo siete acciones que creáis que son las más importantes para proteger vuestra salud.

VACUNARSE

LAVARSE LAS MANOS ANTES DE COMER

LLEVAR PROTECCIONES EN EL TRABAJO Y AL PRACTICAR DEPORTE SI SON NECESARIAS

REALIZAR EJERCICIO FÍSICO

MANTENERSE HIDRATADO

IR A LAS REVISIONES MÉDICAS PERIÓDICAS

DORMIR LAS HORAS SUFICIENTES

VENTILAR LA HABITACIÓN

LAVARSE LOS DIENTES

LLEVAR LA ROPA ADECUADA A LA TEMPERATURA AMBIENTE

2. Pregunta a varias personas de tu familia o entorno qué acciones llevan a cabo de las siete que habéis elegido y anota el número de personas que hacen cada una. La sinceridad en las respuestas es importante.

Anota también el número total de personas al que has preguntado.

Registro de los datos

ACCIÓN	NÚMERO DE PERSONAS
1	
2	
3	
4	
5	
6	
7	

- ¿Qué acción es la que más se lleva a cabo? ¿Y la que menos?
- ¿Qué fracción de personas del total entrevistado lleva a cabo cada acción? Ordena las acciones según se realicen más o menos.
- ¿Ha habido alguna acción que hayas elegido y que no lleve a cabo nadie? ¿Por qué piensas que es así?
- ¿Crees que las personas entrevistadas han dicho la verdad? Si no es así, ¿por qué opinas que ha podido ser?

COMPARAD los datos de todo el equipo.

1. Elabora una tabla en la que aparezcan tus datos y la suma de los datos registrados por los demás miembros de tu equipo.

Organización de los datos

ACCIÓN	TUS DATOS	DATOS DE TU EQUIPO
1		
2		
3		
4		
...		

2. Dibuja un gráfico de barras apiladas con los datos de la tabla. Utiliza dos colores distintos para las barras, uno para tus datos y otro para los datos del resto de tu equipo.

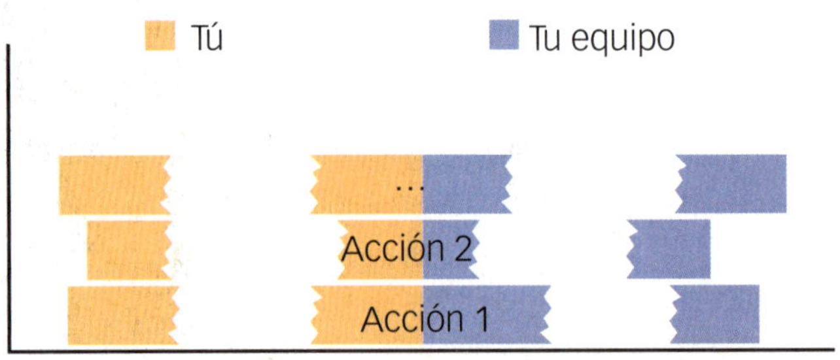

Elige la escala mirando los datos de la tabla para que el rectángulo de tus datos no sea demasiado pequeño. Si ocurre así, cámbiala.

ANALIZA el gráfico que has dibujado y contesta estas preguntas.

Interpretación de la información

- Compara los datos que habéis obtenido. ¿Qué observas? ¿Esperabas que ocurriera así?
- ¿Coinciden en la acción más común? ¿Y en la menos común?
- Si ordenas las acciones de tus datos de menor a mayor según el número de veces que aparecen, ¿coincide ese orden con el obtenido al ordenar las acciones del resto del equipo?
- Divide, usando la calculadora, para cada acción, el número de personas que la hacen entre el total encuestado. Haz lo mismo con los datos del resto del equipo. ¿Obtienes valores similares para cada acción?
- ¿Qué piensas que ocurre si en una acción tus datos son muy diferentes respecto a los de los demás?
- ¿Crees que variarían los datos si hicierais el estudio con otras personas?

RESPONDED a estas preguntas en vuestro cuaderno y luego comentadlas en grupo.

¿Hay que esperar a estar enfermos para preocuparnos de nuestra salud? ¿Se puede hacer algo antes?

¿Qué acciones creéis que son las más importantes para prevenir posibles problemas de salud?

¿Qué acciones se pueden tomar a nivel social para ayudar a los ciudadanos a mejorar su salud mediante la prevención? ¿Son importantes? ¿Por qué?

Elaboración de las conclusiones

REALIZA un gráfico usando todos los datos recopilados por la clase y, después, haz una lista de acciones nuevas que tú puedes hacer para mejorar tu salud.

- Recopila todos los datos de la clase. Ten en cuenta que puede haber acciones distintas a las tuyas y a las de tu equipo.
- Piensa en qué tipo de gráfico los vas a representar. Analiza los que conoces y elige el que creas más adecuado.
- Revisa de vez en cuando tu lista por si necesitas prestar más atención a alguna según las circunstancias.

Lista de acciones

Beber suficiente agua.
Comer alimentos saludables.
...

Tu aportación

¿Cómo lo hemos hecho?

- ¿Tuviste problemas para elegir las acciones y anotar las respuestas que te daban? ¿Se te ocurre otra forma de hacerlo?
- ¿Fue sencillo realizar el gráfico de barras apiladas? ¿Te sirvió para fijarte en las similitudes y diferencias entre tus datos y los del resto de tu equipo?
- ¿Te parece que un gráfico es una buena forma de resumir todo lo que la clase ha averiguado? ¿Qué te ha parecido más difícil del reto?
- ¿Crees que este reto te ha servido para tomar conciencia de la importancia de la prevención en la salud?